贾东　主编　建筑设计·教学实录　系列丛书

材料识造·一年级教学实录

潘明率　著

中国建筑工业出版社

图书在版编目（CIP）数据

材料识造·一年级教学实录 / 潘明率著. — 北京：中国建筑工业出版社，2018.10

（建筑设计·教学实录　系列丛书 / 贾东主编）

ISBN 978-7-112-22736-5

Ⅰ. ①材…　Ⅱ. ①潘…　Ⅲ. ①建筑材料 — 教学研究 — 高等学校　Ⅳ. ① TU5

中国版本图书馆CIP数据核字（2018）第221462号

本书以材料介入为依托，从纸板、石膏、聚苯、铁丝、木五种不同性质的材料出发，形成以“五造”为核心的教学内容。该五造教学训练注重培养学生的动手能力、材料认知、空间设计、建造意识和专业表达等核心能力，将专业要求的基本能力和素质与教学训练紧密结合。本书适用于建筑学专业院校的师生阅读使用。

责任编辑：唐　旭　吴　绫　张　华

责任校对：李美娜

贾东主编　建筑设计·教学实录　系列丛书

材料识造·一年级教学实录

潘明率　著

*

中国建筑工业出版社出版、发行（北京海淀三里河路9号）

各地新华书店、建筑书店经销

北京点击世代文化传媒有限公司制版

北京中科印刷有限公司印刷

*

开本：787×1092毫米　1/16　印张：15　字数：282千字

2018年12月第一版　2018年12月第一次印刷

定价：68.00元

ISBN 978-7-112-22736-5

（32696）

前　言 | PREFACE

对于学习建筑学专业的初学者而言，如何迈入专业设计的大门，理解和掌握设计的基本问题，都是学习的必经过程。建筑专业院校依据教学规律，组织教学课程用以引导初学者尽快了解专业的基本特征，掌握专业的基础知识，并浅尝设计的整个过程。无论如何安排具体的教学环节，教学始终围绕着建筑的基本问题展开，对空间、功能、形式、材料、结构、场所等基本知识的认知，对手绘表达、模型表达与口头表达等相关技巧的训练。

北方工业大学建筑与艺术学院创办于1984年，始名建筑学部，由学校邀请清华大学教授汪国瑜先生主持创立。三十余年来，从老一辈教授学者到现今的青年骨干教师，建筑学专业教学秉承培养良好素养、专业品质和实践能力的教学理念，积累了丰富的教学经验和成果。北方工业大学的初步教学课程，按照学习认识特点，以形象认识、感性体验、理性分析、创新运用、清晰表达为指导思想，是建筑学、城乡规划和风景园林三个本科专业的设计基础课程。专业基础教育要求学生，不仅能具备一定表达能力，而且还能有一定设计想象能力，提高学生的综合素质。因此，三个专业的“通识”性教育便成为建筑初步课程的重要内容。

突破传统教学模式，建筑初步课程改变教学载体，整合教学要求，深化教学内容，搭建了“同源·同理·同步”的三个专业统一教学平台。以材料介入为依托，从五种不同性质的材料出发，形成了以“五造”为核心的教学内容。五造教学训练注重培养学生的动手能力、材料认知、空间设计、建造意识和专业表达等核心能力，将专业要求的基本能力和素质与教学训练紧密结合。

五种材料是“抓手”，实际上是一系列多重训练的过程组织，并不是单纯的五种材料重复的训练。“五造”教学的明确提出，形成了材料、理论、设计、营造诸多交叉点和丰富、可选择的题目库。

“五造”教学，遵循了以实践创新为主干，以国际视野与文化自信为两翼的总体原则，这是北方工业大学建筑学专业教学中形成的基本脉络与主要特色。本书及时总结“五造”教学的阶段性成果而撰写出版。在本书材料搜集、整理和写作的过程中，我们进一步梳理了已有的教学经验积累，真实记录了教学内容和环节，本着开放与学习的态度，以期在后续教学中得以不断完善和提高。

在团队支持和北京市人才强教计划——建筑设计教学体系深化研究项目、北方工业大学重点研究计划——传统聚落低碳营造理论研究与工程实践项目、北京市专项——专业建设 - 建筑学（市级）PXM2014_014212_000039、2014 追加专项——促进人才培养综合改革项目—研究生创新平台建设 - 建筑学（14085-45）、本科生培养 - 教学改革立项与研究（市级）- 以实践创新能力培养为核心的建筑学类本科设计课程群建设与人才培养模式研究（PXM2015_014212_000029）、北方工业大学校内专项——城镇化背景下的传统营造模式与现代营造技术综合研究的资助下,本书最终得以出版。作为“建筑营造体系研究系列丛书”中的一部，期望本书的出版能够为团队的研究贡献绵薄之力。

由于时间仓促加之水平所限，本书难免有错误、疏漏之处，敬请同行、专家和各位读者见谅，并恳请给予批评指正。

目　录 | CONTENTS

第7章 | 铁丝造 / 141

第8章 | 木造 / 180

第9章 | 不止五造 / 208

后 记

第1章 材料认知

建筑是一种人造物质环境。建筑产生最初的目的是为了遮风避雨、驱虫弊害，为人类提供生存与发展的环境。人类开始利用天然山穴和巢架满足居住所需，逐渐使用工具、选择材料，搭建出可供活动的遮蔽所，此时真正有意义的建筑正式产生。从利用自然存在到有目的的建造行为，人类通过这种特有活动与动物本能区分开来。可以说，建筑活动本质就是选择和使用材料，建造出可供使用的空间的人类行为。因此，材料一开始就伴随着建筑的两大主题空间和建造而存在。

材料是建筑学的基本问题之一。

1.1 材料与空间

建筑空间的存在是以材料使用的真实表达为前提的。空间形成离不开周围界面的围合与限定。在现实生活中界面是由各种材料组成。可以说，材料建构了空间的形成。反观材料，本身只是一种物质存在而不具任何表达力。当与空间建立相应的关系，材料借助空间的语汇，延伸出空间的界面内涵。材料在空间中富有了生命的诗意，相互依存的共生是空间和材料的重要联系。重温《老子》关于空间的名言："埏埴以为器，当其无，有器之用。凿户牖以为室，当其无，有室之用。故有之以为利，无之以为用。"这里指出建筑组成的两大部分，即满足一定使用要求的空间部分和形成空间的实体部分。建筑实体部分是"有"，空间部分是"空"。人们通过材料建造建筑实体，其目的是为了使用其中的空间。材料是"实"，空间是"虚"，这种虚实内涵反映出空间与材料的真实关系。

现代主义建筑教育开创者包豪斯很早便意识到材料与空间关系的重要性。其基础教学可以分为"形式"和"材料"两大类。形式教学源于 20 世纪早期的抽象艺术，主要体现为艺术知识的教学，后逐渐发展为二维图像领域。材料教学初期是工艺知识教学，后逐步演化为材料与空间的综合训练。包豪斯基础教学课程的重要贡献在于，摆脱了原有的学院派以图纸和渲染为主的教学模式，建立了以实物材料为设计主要媒介，从材料拼贴到肌理研究，从性质实验到造型加工，把材料与形式、空间建立了感性与理性的联系。包豪斯的影响在第二次世界大战后传到了世界各地，被建筑教育界所吸收与深化。

由此可见，建筑学学习伊始便需要确定空间认知与材料呈现之间的相互关系，通过真实材料或是模型材料不同形态的呈现，形成空间的不同感知与属性（图 1-1）。空间一开始就需要从材料的表达而来，建立明确的感知意识。

1.2 材料与建造

建筑建造过程是运用建筑材料、组成构件，形成建筑实体的过程。材料建造形成复杂多变的空间。建造过程实际是一个材料选择、加工、连接等工艺与技术的研究过程。早在两千多年前，维特鲁威在《建筑十书》中提出了"实用、坚固、美观"的三原则。对于坚固的论述，他阐述了建筑材料、建筑结构和建造方式三者之间的关系。现代建筑学建造教学源于工艺美术运动影响下建筑对

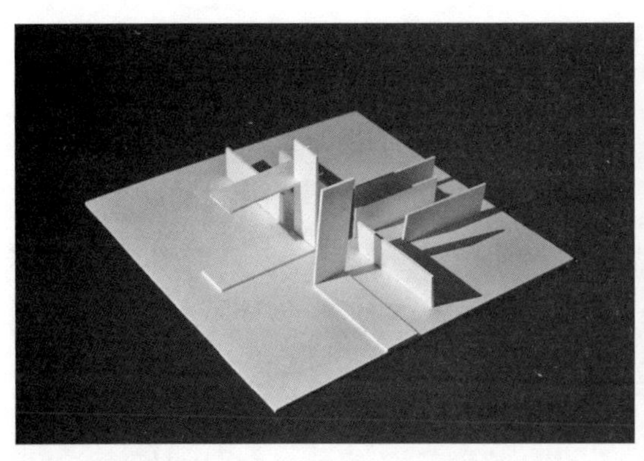

图 1-1　纸板造 设计：吴斯敏（建筑 2014 级）

纸板造设计作为课程第一个综合作业，希望学生能使用给定尺寸的纸板来营造空间，满足人的一定行为需要。纸板材料用以形成空间，指代界面中最常见的建筑墙体。纸板面状性质与墙体形状吻合，对于空间形成的作用一致。通过几片纸板的围合，空间所具有的感知力被表达出来。尽管学生对空间仅有初步的认知，但是通过对纸板进行简单操作，空间直观地呈现在眼前。空间意识开始植入学习者的知识体系中。

材料与技术的回归。著名建筑理论家肯尼思·弗兰姆普顿（Kenneth Frampton）在《建构文化研究》中指出建构是一种艺术，既非具象艺术又非抽象艺术能够概括。工艺技术是建造的前提，建造使材料使用更加符合材料特性。

建筑作为一种材料实践的方式，通过材料组织及其与结构的结合来实现与社会、文化和生态的相互关联。从材料操作的认知方式可以看出我们如何从最基础的方面来思考建筑。然而，技术发展的过程往往无法规避设计中的惯性思维。材料的合理运用与建造方式的恰当选择往往无法同步。我国传统陵寝建筑，石材的应用并没有体现出石质材料的特点，反而采用了木质纹饰，体现对木质建筑的偏爱。同样，英国 18 世纪晚期的第一座铸铁桥梁的结构和节点设计也是以仿制木结构为原型的。随着对材料性质的进一步理解，材料又为建造提供了发展的可能。1851 年英国伦敦水晶宫正是钢材与玻璃结合运用，1889 年法国的埃菲尔铁塔也正验证了人们对钢铁材料的掌控。

建筑大师注重材料在建造中的运用与表达。材料本身的属性与连接节点塑造高品位的建筑作品。密斯·凡·德·罗（Ludwig Mies Van der Rohe）设计的巴塞罗那德国馆创造了精美的钢结构之间的连接方式；赫尔佐格与德梅隆（Jacque Sherzog and Pierre Demeuron）回归材料本质，将石块置于金属网中，成为建筑外墙的新砌法；彼得·卒姆托（Peter Zumthor）在瓦尔斯温泉浴场挖掘当地石材的使用，砌筑中表现了传统与现代的融合。近年来，建筑教育领域中材料与建造成为研究的热点。材料选择上，有使用真实材料研究建造方式不同所带来的建筑美感，也有通过指代材料来研究新的加工与建造方式。图 1-2 是哈佛大学设计研究院通过砖砌块，研究砌筑与建造形式之间的关系。图 1-3 是瑞士苏黎世高工研究数控技术对建造方式的影响。

建筑建造，由不同的材料产生富有诗意的变化。这种变化需要通过建筑师对材料的了解、感知，甚至亲历加工过程，才能有所真实的体会。因此，在设计教学中，对材料的直接接触成为学习建筑中的重要一环（图 1-4）。

图 1-2　砌筑设计研究

图 1-3　数控建造技术

图 1-4　木造 设计：黎洋、马格文心、游奕琦、曾程、韩雨晴、刘雅然、张亮亮、赵舒雅等（建筑 2013 级）

木造设计是学生第一次面对真实材料的设计与操作。直接加工材料是认知和理解建筑建造，体会空间、建造和材料三者关系最直接有效的方法。学生从模型中思考问题，改变以往的从纸面中学建筑的学习认知方式。在对材料的认知、加工和连接的过程中，全方面地实现人与材料、与建造，乃至建筑的互动，在不同层面上获得训练。学生面对前所未有的问题，在解决问题中得到自我的全面提升。此外，题目以小组合作的形式进行，合作的好坏直接关系到最终成果质量的高低，这将有助于培养学生在今后学习与工作生涯中所必备的精神品质。

1.3　材料的属性

对于材料的体验，首先需要了解和认知材料的不同属性。材料属性包括材料的物理方面和化学方面。物理方面包括材料的强度、抗压、抗拉等力学性质，也包括材料的传热、导电、光学性能等属性。化学方面包括材料的耐酸、耐碱、耐腐蚀等性质。材料的物理与化学方面属于材料基本性质。这些性质不同的材料会显现出各异的表面效果，即便是同一材料在经过不同加工工艺亦会产生不同的表面效果，因此材料具有丰富的质地与肌理表达能力。

作为营建空间的重要因素，材料在功能上满足使用要求是设计中首要考虑的方面。主要包括两个方面：首先，作为人类生活和发展需要的空间，设计应考虑提供具有适宜舒适度的室内环境。舒适度涉及许多方面，其中室内环境质量与材料物理性质有密切关系，为材料的保温性能、透光性能、防水防潮等使用提供了重要依据。其次，从空间的形成出发考虑，材料需要具有一定力学性能，除了支撑材料自身重力之外，还得承受其他的外力需求。关于材料基本性质的知识将会在不同阶段的建筑学学习中给予讲述。在设计基础阶段，对于材料基本性质不可能系统地讲解，但通过实际的制作，感性认知得以加强。在空间营造过程中，材料所具有的表观特征也应有所表达。空间使用中，人们通过视觉、触觉来丰富对空间的认知。在相同空间中，材料不同的质地也会给人们带来不一样的感受，对材料质感的表达是基础教学中的重要内容。

作为实施建造的重要因素，材料的加工、构造和组织方式是设计中重点考虑的内容。一方面，基于材料力学性质的正确表达和使用，合理实现建造表达。以木材为例，木材作为一种天然材料，取材方便，具有优良特性。木材具有一定的多孔性，质轻抗拉，易于加工，因此在构造节点上可以采用开榫打孔等拼接方式。另一方面，材料的表现与肌理特征也关系到建造完成效果的实现。同样以木材为例，木材具有天然的色泽和纹理，不同树种的木材或同种木材不同地区，都具有不同的纹理特征。不同粗细、曲直特点的木材可以成为建造设计中重点表达的内容。

材料属性的意义在于，材料性质是体验材料属性首先认知的内容。这种认知对于设计而言，不仅体现在应用材料的基本属性，而且更重要的是体现在挖掘材料的质感表现上。将两者结合，或者充分发挥其中一方面，都可以影响到整个设计发展。在基础教学中强调材料属性，就是要求认识材料的基本属性与外在表现，注重材料性质在空间和建造中的重要作用（图 1-5）。

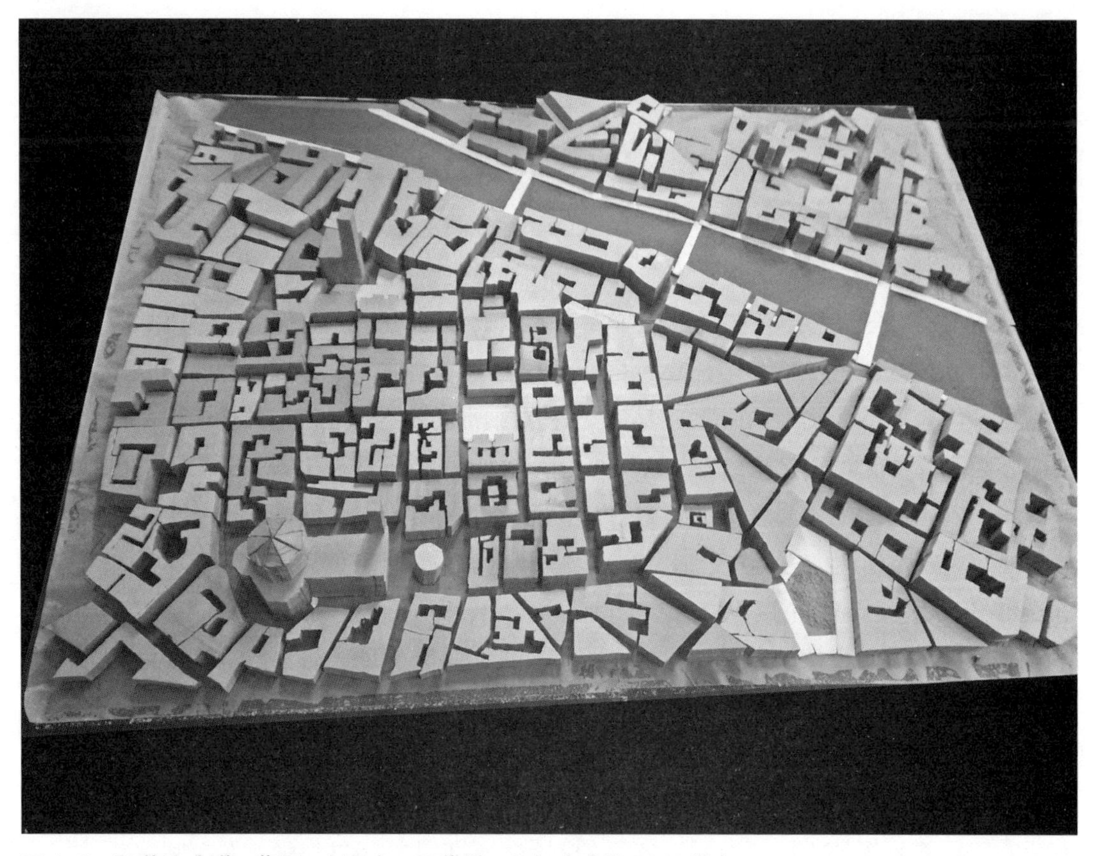

图 1–5　聚苯造 制作：蔡周、赵任宇、王紫媛、何旭（建筑 2012 级）

城市模型设计使用的材料主要是聚苯板。在现实建筑工程中，聚苯板的使用主要是利用材料导热系数低的特点达到为建筑保温，提高建筑内部热舒适性的目的，这属于材料的基本属性使用。在聚苯造设计中，聚苯板的使用主要是利用材料块状体的表观性质来制作模型。材料容易分割成型，体量感好，在城市尺度比例中能清楚指代建筑体量，能较好表达城市空间特征。

1.4　材料的指代

建筑形成的本质是由于不同的材料转化形成的新形态。材料包括混凝土、砖石、木材、玻璃等，在实际建造过程中，材料按照一定的方式转化结合，完成形态重新结合，形成建筑空间。然而在设计教学过程中，由于场地、时间、资金等方面的限制，不可能完全使用实际材料进行研究设计与建造，材料的对应、概括、指代、隐喻是必然的，需要相应的模型材料指代实际建材，以达到学习和认知的目的。

材料指代是从材料的表观形态和性质特点出发，用模型材料来指代实际材料进行设计的过程。材料指代可根据设计者的需要进行综合应用。不同模型材料可指代不同的实际材料，纸板常用于指代墙面，透明玻璃纸指代玻璃等。同一模型材料也可指代不同材料。同样是纸板材料既可以指代墙面,也可指代地面,同时还可以用于表达环境中的地形变化。

材料指代包括形态指代、尺度指代、细部指代、质感指代和过程指代等几个方面。形态指代是指材料在模型设计制作中，直接对应体现出实际材料的使用。这种指代基于模型材料形态，与现实材料具有一定关联性，与实际材料在空间营造与感受方面相一致(图1-6)。尺度指代是在按照比例进行表达的模型中，模型材料通过适宜比例尺度加工，其形态、质感等能够正确表达现实建筑中的尺度感(图1-7)。细部指代是模型材料的加工制作过程中，材料之间对连接关系的处理和做法设计与实施，用以模拟或再现实际材料对细部的表达。通过细部指代，可以直观观察到材料的建造关系，从中体现设计对材料性质的把控(图1-8)。质感指代是通过模型材料肌理来表达实际材料的质感，从视觉和触觉两方面感受设计中的材料变化。材料质感设计是空间设计中不可缺失的部分，模型材料质感可以直观表现出质感在空间中的作用(图1-9)。过程指代是通过模型材料成型、搭建的过程来表达实际材料的建造过程。建筑在建造过程中，不同的建造方法会导致建成材料表达效果的差异，因此通过模型制作，来研究建造工艺对材料呈现的影响(图1-10)。

材料指代的意义在于:模型材料对空间和建造的认知作用是通过指代认知，可以在模型设计中搭建出实际材料与模型材料联系的桥梁。通过指代过程学习，有利于认知材料特点，有利于推敲空间特点，有利于研究建造过程，对设计进行快速推进。

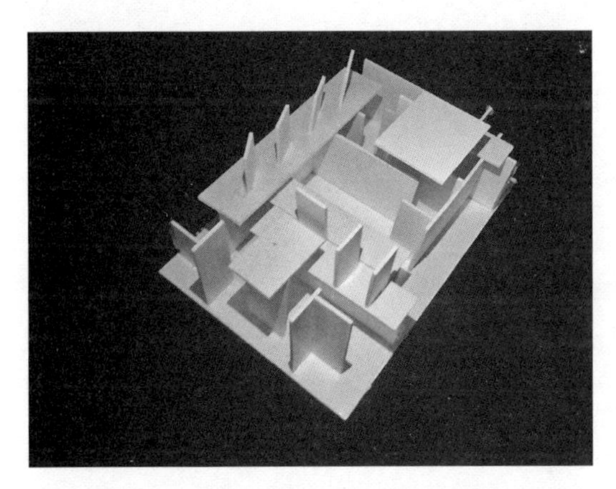

图1-6 形态指代 纸板造 设计:孟芝慧(建筑2016级)

该作业表达了材料形态指代。纸板在形态上与现实中的墙体一致，尤其是在空间的围合上有着相同的作用。该设计以空间的围合为主题，以拼插连接的方式，将所给定的纸板模块在三个维度上进行组织。

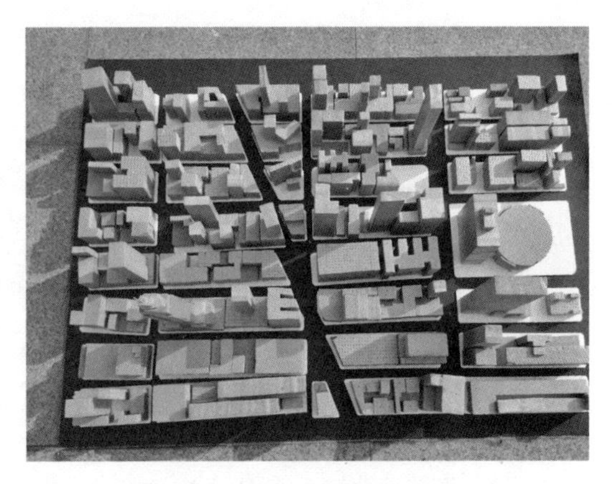

图1-7 尺度指代 聚苯造 制作:贺润、覃惠、吴佳依、杨兴正、范子豪(建筑2014级)

设计以美国纽约曼哈顿为研究对象，制作该地段的城市空间模型。模型制作利用聚苯板材料的块状特性，按照所需比例尺度，切割材料拼接体块。尺度指代，模型简洁表达了建筑群体的体量关系，清楚地体现出该区域的密集区块化的城市空间特征。

图 1-8　细部指代 木造 设计：相杨、王诗阳、骆璐遥、张屹然、吴兴晔等（建筑 2013 级）

设计采用木枋为主要材料。木枋之间的连接采用不同的形式得以实现。通过燕尾榫、十字搭接、暗榫连接等方式，配合角铁加固，实现不同数量木枋之间的连接。经过实际操作，直接在材料上研究连接设计的可能性，体会细部处理手法的差异。

图 1-9　质感指代 铁丝造 设计：郭俣男、李嘉欣、胡钟天（建筑 2015 级）

设计以铁丝和木条为材料，两种材料有不同质感。钢丝突出可以弯折的性质，通过曲线形成面，并显现出一定的光泽质感。木条材料主要表现木质肌理，以直线形成框架。两种不同材料的质感，以不同的处理手法得以表现。

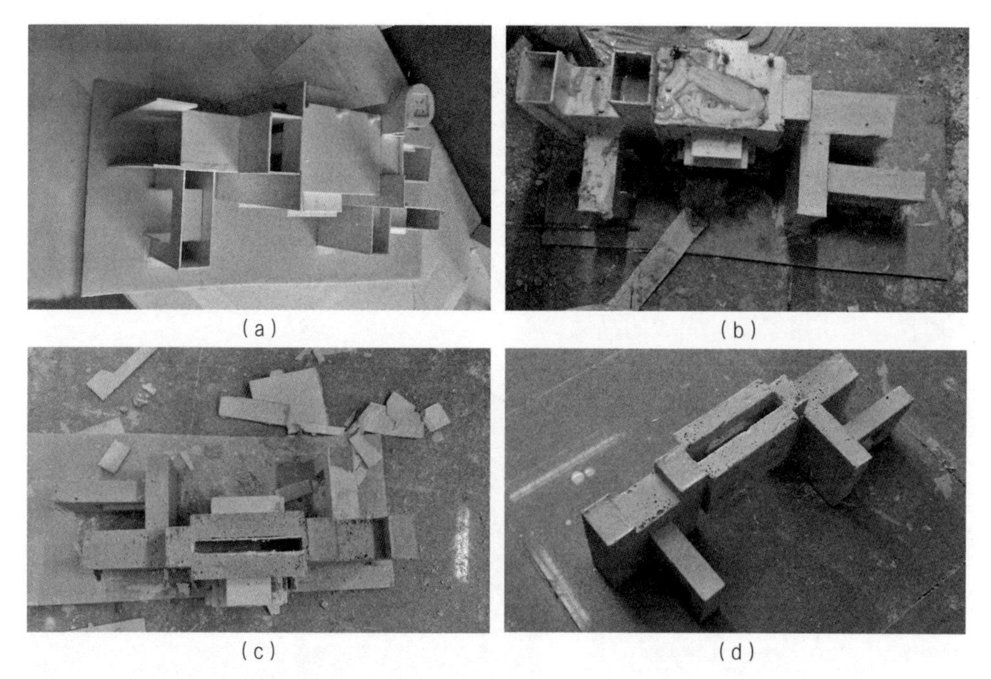

图 1-10　过程指代 石膏造 设计：黄震（建筑 2012 级）

模型主要是以石膏为制作材料。石膏在模型成型，有制浆、灌浆、凝结、脱模等一系列过程，这一成型过程与现实建筑材料混凝土十分类似，可以用于指代混凝土成型过程。这种模型制作过程是一种特有的设计过程，有助于对设计的整体认知。

1.5　材料的工艺

材料的转化过程中涉及材料的加工处理。通过加工，材料重新组合变化形成所需建筑构件继而形成使用空间，完成建造过程。这一加工过程，不仅涉及材料的物理与化学性质的变化，还由于组合方式与构造方法的不同，涉及审美感受。正如现代主义建筑大师密斯·凡·德·罗所言，建筑始于两块砖被仔细地连接在一起。这里砖的仔细连接，其实质反映出的是砖这种材料的加工过程。

材料因性质而异导致加工方式不同。材料的性质是材料加工的重要依据。材料的密度、孔隙率与空隙率、吸水性、抗压强度、抗弯强度、抗剪强度、弹性与塑性、脆性与韧性、硬度等方面不同，会影响对材料加工方式的差别。以纸板为例，纸质材料有一定的强度，易被裁剪，因此多用刀剪进行加工，并通过粘接成型。同一种材料使用不同也会导致加工方式不同。以木材为例，可以根据不同的使用特点将原木加工为木板、木枋等不同形态，板状与条状材料有不同的材料性质，加工与连接的方式也有所差别。

模型材料的拼接、搭建等同样需要方法，这些方法有的借鉴实际材料的加工方式，有的则表现出模型材料的指代性质。木枋连接可借鉴实际材料的加工方法，采用榫卯、钉连、粘接等方式。铁丝材料的加工方法，利用材料易弯折定形的特性，采用不同的缠绕方式（图 1-11、图 1-12）聚苯板材料的模型制作方法则主要利用其体积的表现，加工以裁剪为主，同时辅以双面胶带、大头针等进行连接。

材料工艺的意义在于：培养学生重视材料的加工过程，工艺体现了材料的性质属性，也决定了设计完成的品质。

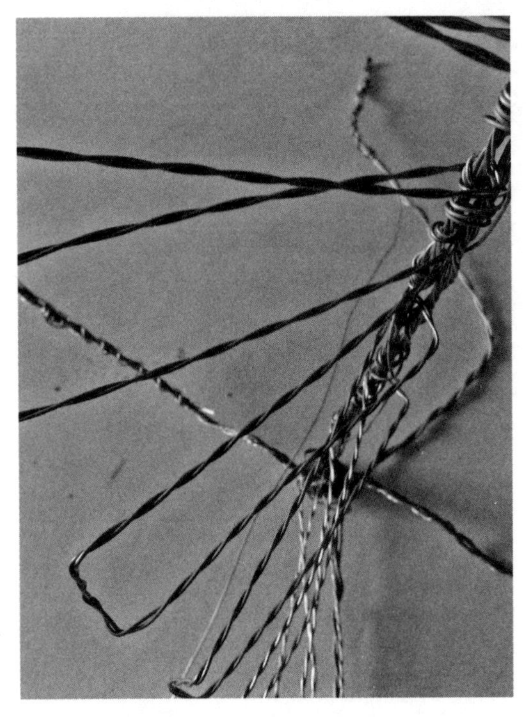

图 1-11　铁丝的加工 制作：林志云（建筑 2012 级）

图中铁丝以两股相互缠绕方式成型，一方面利用铁丝可以弯曲的性质，另一方面，通过这样的加工方式，增强了铁丝的轻度。与单根铁丝相比，形态更容易把握，也形成了一定的纹理效果。

图 1-12　铁丝的加工 制作：张迪（建筑 2012 级）

以一根铁丝为轴，另一根密集缠绕成型。与图 1-11 采用相同的加工方法，但所表现的效果有所差别。

1.6　材料的表达

材料的表达可以分为实体模型与图纸绘制两种方法。实体模型表达，其优点在于可以直观地展示出材料在空间和建造中的内容。图纸绘制，其优点在于可以精确记录材料在设计中的内容。材料的表达需要将两者并重，从不同方面去表达理解材料。

实体模型表达，主要通过模型材料直接加工，能够直观表现出设计所使用的材料的性质特征，空间表现更加直观，细部处理也易于表现。材料属性、指代、工艺等都是材料实体模型表达重点考虑的要点。通过实体模型制作，可以直接把方案展现在空间、形体、细节等多个方面，便于学习者掌握，也有利于方案的互相交流。实体模型的作用不仅在于表现设计想法，更重要的是通过模型对方案进一步推敲，完善设计方案。不足之处在于实体模型最终成果不易长期保存，容易损坏。

图纸绘制表达，主要通过二维与三维图形表达呈现材料各个阶段的状态。图纸内容可以表达材料的选择比较、使用工具、加工过程、细部分析、整体效果等方面。图纸绘制可以用以提升和总结设计构思，能够从另一个角度对设计方案进行再思考。同时图纸也便于保存。图纸表达是建筑学的基本功，应得到足够的重视（图 1-13）。

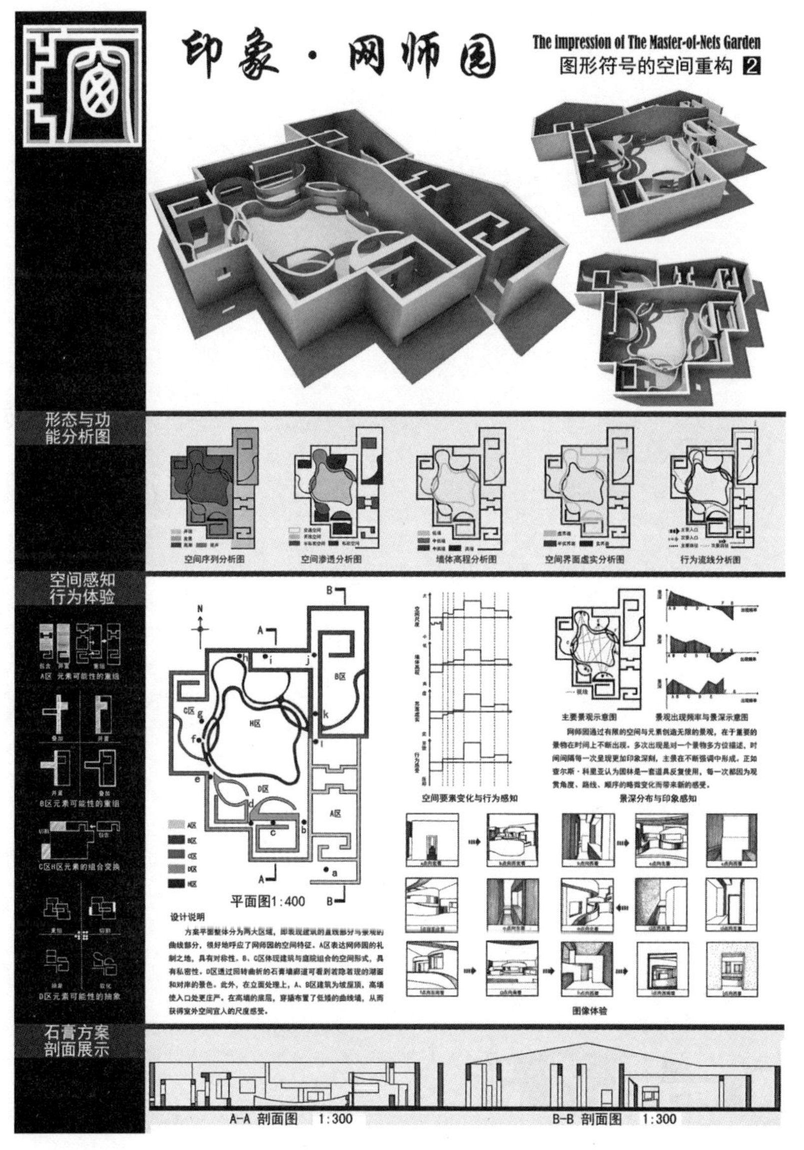

图 1-13　图纸表达 印象网师园——图形符号的空间重构　指导教师：安平，学生：苏伊莎、修琳洁、计轲然（规划 2012 级）、赵世元（景观 2012 级）

图纸通过照片、手绘等方式，经过图纸排版处理，将方案所设计的功能、空间感知、基本技术图纸、最后形态等内容详细表达出来。图解分析图纸的绘制，深化了对设计形体的认知，便于对方案进行推敲。

第2章 五造缘起

《说文解字》中“造，就也。谭长说：造，上士也。”造指做出，也代表为有技艺的人。《诗经·大雅》中“小子有造”，造这里指的是造诣与成就。教学以“造”为名，将五种不同材料作为载体，把建筑设计入门教育的核心内容融入其中，其形成原因、组织安排、教学特点等与北方工业大学建筑学设计基础教学的实践密切相关。本节内容基于北方工业大学建筑学多年的教学实践经验，阐明以“五造”为主线的教学要求与特点。

2.1　基础教学要求

建筑设计课程群中，基础类课程承担着重要作用，有助于培养学生正确的设计观念与方法。北方工业大学的建筑初步课程按照学习认识特点，以形象认识、感性体验、理性分析、创新运用、清晰表达为指导思想，使学生初步认识建筑设计的目的和意义；初步掌握建筑设计必须满足人们对建筑的物质和精神方面不同需求的原则；初步掌握建筑美学的基本原理和构图规则。

建筑初步课程是建筑学、城乡规划和风景园林三个本科专业的设计基础课程。三个专业分别隶属于建筑学、城乡规划学和风景园林学三个一级学科。这三个学科在发展过程中，尽管有各自特点，但一直保持着相互依赖和促进的作用。专业基础教育要求学生不仅能具备一定表达能力，而且还能有一定设计想象能力，提高学生的综合素质。因此三个专业的“通识性”教育需求显得尤为重要。作为培养设计基础能力的建筑初步课必然要顺应三个学科发展趋势，建设“同源・同理・同步”一年级教学平台，突破传统教学模式，建立新的教学载体模式的契机。

“同源・同理・同步”的基础教学平台，具有共同的特点，都是研究具体形态，落实为形体的设计，具体表达上则需要使用相应材料给予呈现。经过对材料的直接触摸、裁割、组合等加工设计，动手实作，思考解决出现的设计问题。以培养具备专业设计品质为目的，在实践过程中不断出现需要探求的问题，在教学互动过程中启发新的设计可能性，实作、过程、潜质成为教学组织的基本原则。

以材料为载体，建立“同源・同理・同步”建筑初步课程教学平台，组织上始终贯彻三个原则：

（1）始终围绕动手为先，动脑在中，植根素养的实践实做原则。

课程安排上，强调动手能力，将材料作为设计研究的对象，通过对材料加工，空间直接发生。在对材料不断加工的过程中，思考和体会设计内涵，以实做动手为先导，手脑综合。

（2）合理分解，阶段明确，要求具体，启发思考的过程发现原则。

课程组织上，每一个课题有明确的阶段要求，课题通过对材料认知、材料试做、经典解读、学习升华等不同的要求，从不断发现问题到逐步解决问题，将设计的过程与结果并重。

（3）资源综合运用，节点清晰阐述，注重潜质养成的原则。

课程内容上，不仅保持原有图纸表达训练，同时强化了模型动手制作能力。以模型实作为先导，在模型与图纸共同作用中设计节点不断深化，逐步养成良性设计思维。

2.2 现有体系特色

北方工业大学建筑学专业近三十年的办学历史是弥足珍贵的财富，建筑初步、建筑设计、建筑 Studio、模拟设计院等设计系列课的改革基础是 1989 年建筑学本科招生以来的有序延续（图 2-1）。在不断摸索过程中，逐渐形成了自己的教学体系特色。

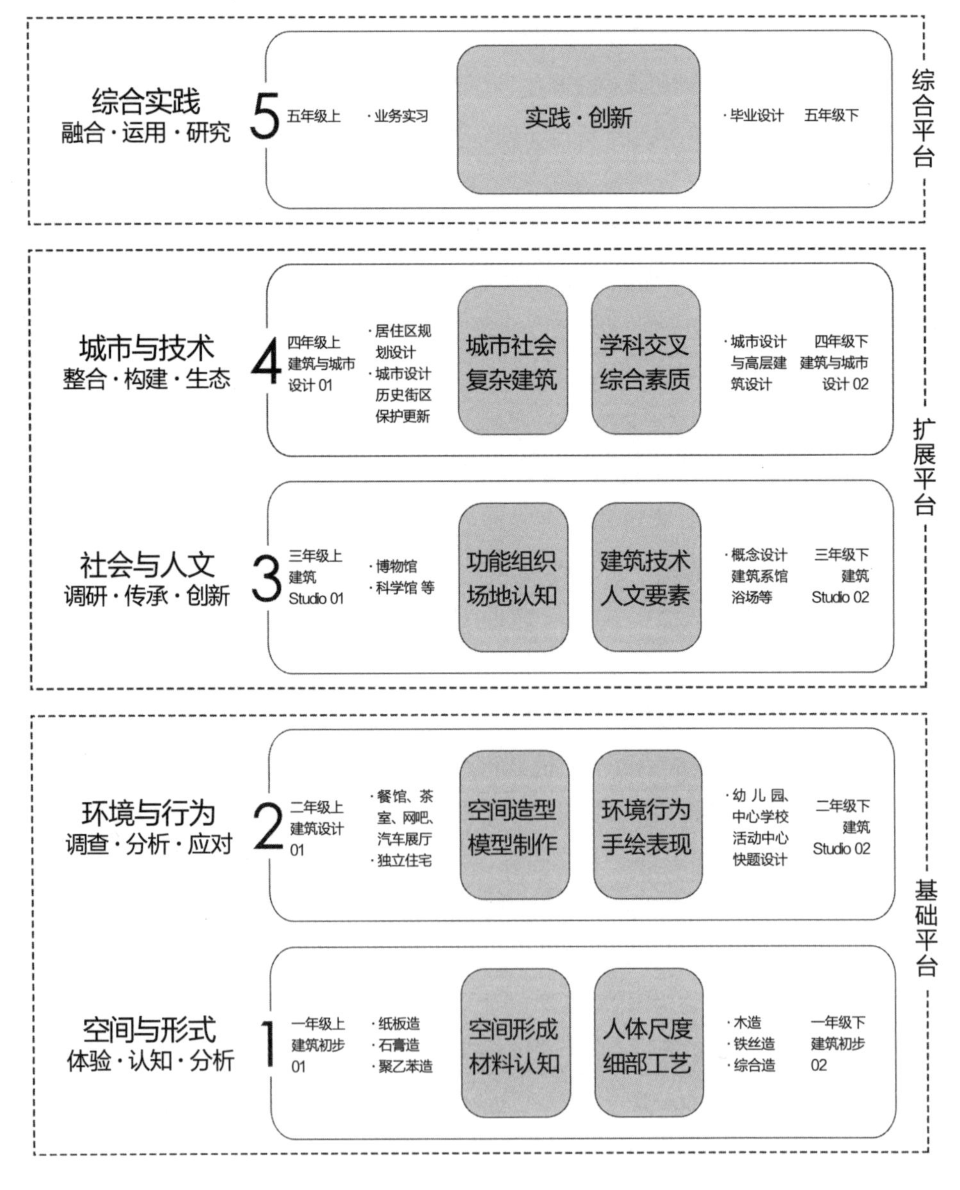

图 2-1 北方工业大学建筑学专业教学体系

（1）专业课程体系建设特色 1：实物

以模型制作为突破，动手实作，激发创造，夯实基础。明确建构主题。以模型制作为突破口，把学生兴趣引导到手、眼、脑的实际综合运作中，积极导入实物实体创造的意识，从而引导学生进入空间想象和实体实现的互动学习过程中。

（2）专业课程体系建设特色 2：实战

以模拟设计院为载体，拓展视野，丰富知识，探寻方法，突出地域主题。以阶段性主要题目配合相应小题目和短时间的调研报告为着眼点，引导学生立足于建筑设计，放眼于地域问题（包括生态问题、城市问题、文化问题、社会问题），从而开拓学生视野、转换学生视角，由单纯的建筑设计向综合的城市设计发展。

（3）专业课程体系建设特色 3：实时

明确国际建筑学专业发展趋势，与时同步，双向选课，加强国际合作，推进国际办学。积极向国内外院校学习，与国内外名校同台交流，明确国际建筑学专业发展趋势，积极参加全国性的和国际性的竞赛，教学进程与国内外名校同步。各年级打破自然班的编制，以双向方式来满足学生学习需求。

2.3 原有内容安排

原有建筑初步课程历经几轮变革，参考国内重点院校教学优点，从传统临摹抄绘为主教学内容逐步过渡到空间分析与设计教学。内容安排上分为上下两个学期，四个主要部分（图 2-2）。上学期主要包括基础认知和材料体验两个部分。其中，基础认知部分涉及建筑制图、小品测绘、钢笔线条表达等内容；材料体验部分涉及材料认知、构成表达、综合表现等内容。这两个内容侧重点在于建筑表达、材料认知和构成知识的学习。下学期主要包括空间分析设计和小型建筑设计两个部分。其中，空间分析设计包含经典作品分析和空间设计，小型建筑设计主要是以单层建筑为主的设计方法认知。这两个内容侧重空间分析、设计生成与表达能力等内容训练。

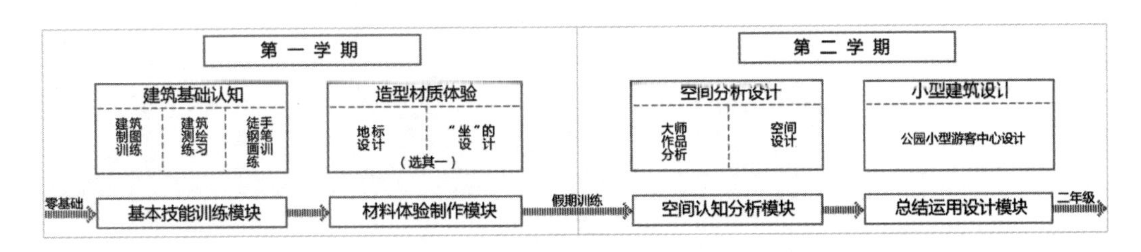

图 2-2 原有建筑初步课程内容安排

教学安排上建立了从二维到三维的认知模式，逐步形成了从单一到多元的训练目标，课程内容和成果得到了一定的认可。以空间设计题目为例，内容上以 3m × 3m × 3m 为单位，满足“我”的学习、工作、娱乐与交友等行为活动。其中“我”可以是自我，也可以是假想的某一特定人群，比如篮球队员、音乐发烧友等。该题目的提出改变了当时通过临摹训练建筑基本功为主要内容的建筑初步课程体系，将空间概念、模型制作以及人体尺度等诸多建筑要素融汇到了课程题目中，丰富了题目内涵，提高了教学趣味性。学生以“我”作为出发点，以人的需求为设计依据，在大约 30m^3 空间中学习设计方法，兴趣极大激发，收到了较好的教学成果。在全国建筑系学生作业评比中，该题目作业分别在 2003 年和 2004 年获得优秀作业奖（图 2-3）。

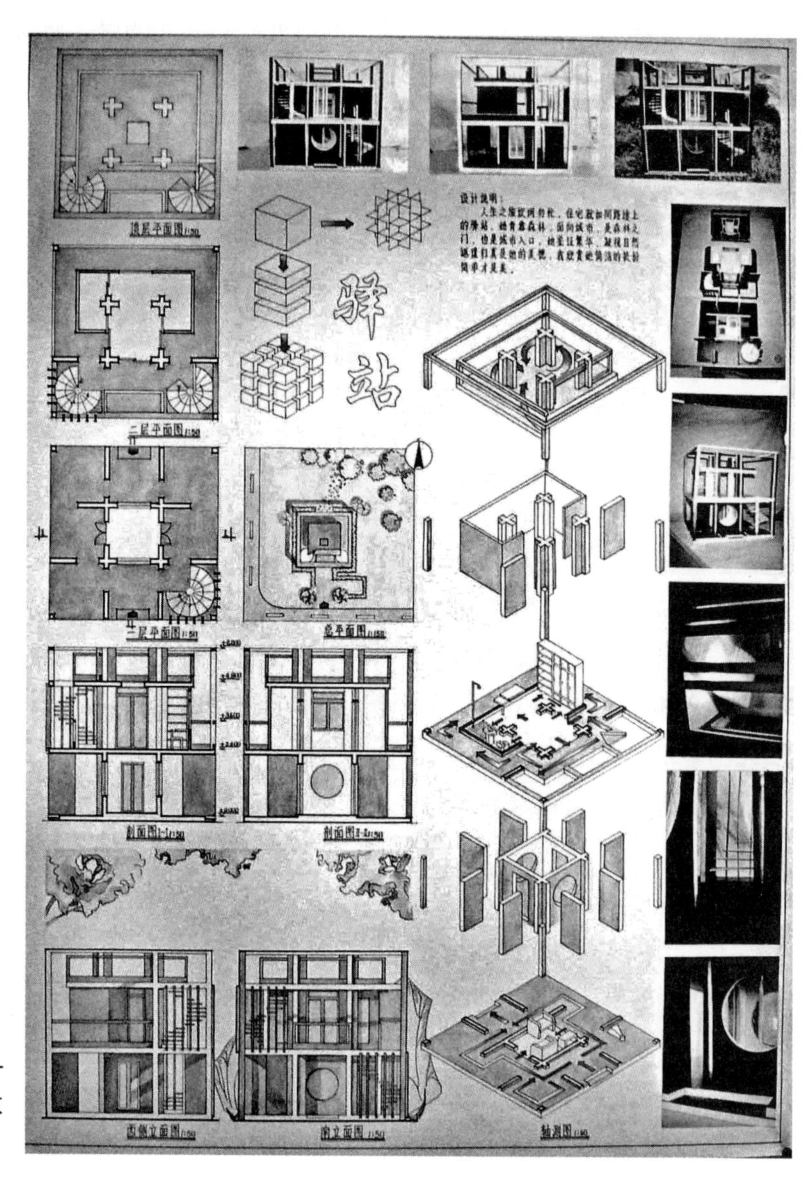

图 2-3　我的空间——2003 年获奖作业（指导教师：卜德清，学生：汪玮）

以此为基础，将空间的分析与设计深化，把经典作品分析与空间设计结合，作品分析教学重点，强调学生分析的深度。教学将环境、空间、功能、交通、结构、造型等六个方面作为分析的主线，同时将材质、光影、色彩等作为重要的分析内容，通过小组合作的方式，对经典作品有较深入的了解和认识。小组合作形式，锻炼了学生的团队合作意识。教学过程中特别强调对作品空间的分析。通过对建筑空间的多角度分析，拓宽了学生对设计作品的认知，有利于对经典大师作品的学习，有利于下一步对空间设计课题的深入。对于空间设计题目的内容本身也有所调整。拓宽尺度要求，提出了“3×3×3”的模数尺度，“3”可以为 3m，也可以为 6m。在设计要求上，空间设计要再现所分析作品的空间特征，把握经典作品的空间特点，满足一定的使用功能，因此在内容上强调空间的生成方法，弱化空间的实际使用功能。该题目作业在 2009 年全国建筑系学生作业评比中获得优秀作业奖（图 2-4）。

然而，近年来在建筑初步的教学中，我们感受到了新的变化与压力。由于高中课改，学生综合素质不断提高，有些学生在高中阶段甚至选修过建筑设计类课程。学生的学习热情高，思想活跃，但是学生普遍存在一些问题，诸如逻辑思想强于形象思维，高中式学习方法，主动探究能力差，缺少团队合作精神，

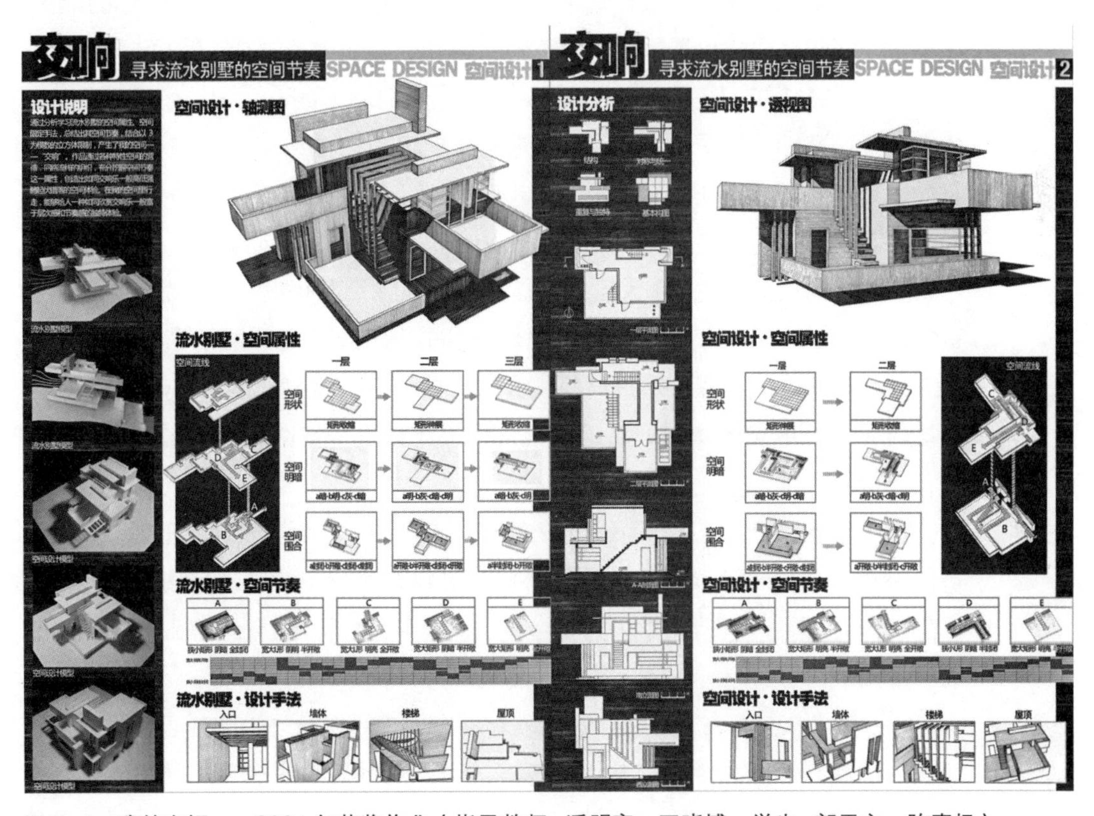

图 2-4　我的空间——2004 年获奖作业（指导教师：潘明率、王晓博，学生：郭天宇、陈嘉扬）

等等。另一方面，随着网络时代的发展，信息交流加速，需要拓宽教学知识面，培养创新能力，需要提高教学题目的综合性，不能仅仅是单一训练目的与任务要求。在“同源·同理·同步”教学平台下，将形态、尺度、材料等诸多要素融合到题目之中，运用新的教学载体，将原有教学内容的特点和精华继承与发扬出来。

2.4 五造能力核心

教学平台以材料介入为主要依托，从纸板、聚苯、木材、石膏、铁丝不同性质和特点的五种材料出发，将设计基础所应涉及的能力训练贯穿其中，重点突出了学生的综合能力与素质培养，进行建筑学、城乡规划和风景园林三个专业的通识教育。

五造教学主要有以下五个方面的核心能力训练。

（1）动手能力：建筑类学科是一门实践性强的学科，只有理论的灌输远远不够，还需要一定的实践动手能力。基础教学平台的设计，强调学生的动手能力，手脑并用，不同动作引发设计思考。从裁剪、编织到浇灌等一系列动作的经历，使得学生摆脱高中时代纸面教学的束缚，培养了实践动手的基本能力。

（2）材料认知：作为建筑的基本问题之一，材料问题一直围绕着设计的核心内容展开。基础教学平台内容，以材料的加工为设计先导，利用模型材料在尺度、材质、细部和过程等方面的指代，认识材料不同表象与空间操作的关联性，不同性质与建造方式的关联性，强化设计中的材料意识，将空间、建造与材料结合。

（3）空间设计：空间作为建筑的核心解决问题，空间观的确立是基础教学的重要内容之一。空间的存在、空间的属性、空间的限定、空间的划分等方面的内容，是五造教学中的关键点。通过材料的介入，将原有二维到三维的空间认识模型，直接转化为三维实体认知，视觉与触觉的共同激发，空间核心概念植根于学习过程之中。

（4）建造意识：建造作为建筑的实现关键问题，日渐被教学所重视。诗意建造的呈现，是空间得以展现的重要前提。材料在建造中的合理应用与表达决定了建造的合理性。五造教学内容的实现是基于对材料性质分析基础的营造，培养学生动手能力的同时，体会其中的建筑内在意识。

（5）专业表达：表达是设计基础教育的重要内容。合理地选择表达形式来表现设计内容与意图是学生应掌握的基本能力。这种表达主要分为模型表达、图纸表达、文字表达和口头表达等。五造教学的过程中不同表达方式在不同阶段反复出现，模型表达作为日常教学中的重要方式得以强化，小组汇报、师生交流等图纸、文字和口头表达得以训练。

2.5　五造训练内容

五造的训练内容主要体现在对材料的操作之中。在过程中发现问题、解决问题，培养设计研究的基本能力。实际上，“五造”并不是对于五种材料的简单操作。简单地把“五造”理解为五种材料的反复操作将把教学引入歧路。

五种材料是一系列“抓手”,实际上是一系列多重训练的组织过程。而“五造”的明确提出,形成了材料、理论、设计、营造诸多交叉点与丰富的可选择的题目库。“五造”的教学内容围绕着“过程发现”和“潜质养成”两个方面展开。

过程发现——动作中发现问题解决问题的能力

动作——兴趣、思考、组织、贯彻、反复的过程，形成诸多问题点。

5 类 10 ～ 30 种以动作为突出特征的小尺度营造手段，以动引思。

纸板造：空间围合——划裁与粘接、拼搭与穿插、夹间与悬挂……

石膏造：过程控制——浇筑与拆护、凸起与凹陷、附着与打磨……

木 造：结构节点——锯解与凿穿、刨切与车削、镗孔与砂磨……

聚苯造：摆移推演——切削与调整、排列与组合、虚实与肌理……

铁丝造：由工到艺——扭曲与焊扎、缠绕与铰接、拉拨与嵌插……

潜质养成——材料、理论、设计、能力、手段的意识

1 个实物营造平台：材料操作，营造认知、学习、反思的新平台。

2 条综合脉络：以实物实践和现代建筑理论为主线，实作与理论结合的综合脉络。

3 种综合训练：以阅读佳作、描绘分析、制作创造为主的综合能力训练。

5 类种现代乃至当代大量建筑营造的基本手段：五造的建造手段与设计相关联。

2.6　五造教学意义

五造教学，将建筑基础教学所涉及的学习主线重新组合与梳理，其重点围绕实践动作为出发点，认知感知为主导，将空间、建造与材料相结合，推动师生教学活动角色的转化，激发了学生和教师的积极性，对教学效果的提高起到积极作用。五造之石膏造、木造的教案与优秀学生作业分别在 2013 年和 2014 年全国高校建筑设计教案和成果评选中获得优秀教案和作业奖（图 2-5、图 2-6）。

图 2-5　石膏造优秀作业：网师之韵——网师园空间界面推衍（指导教师：彭历；学生：赵岩、俄子鹤、孙越）

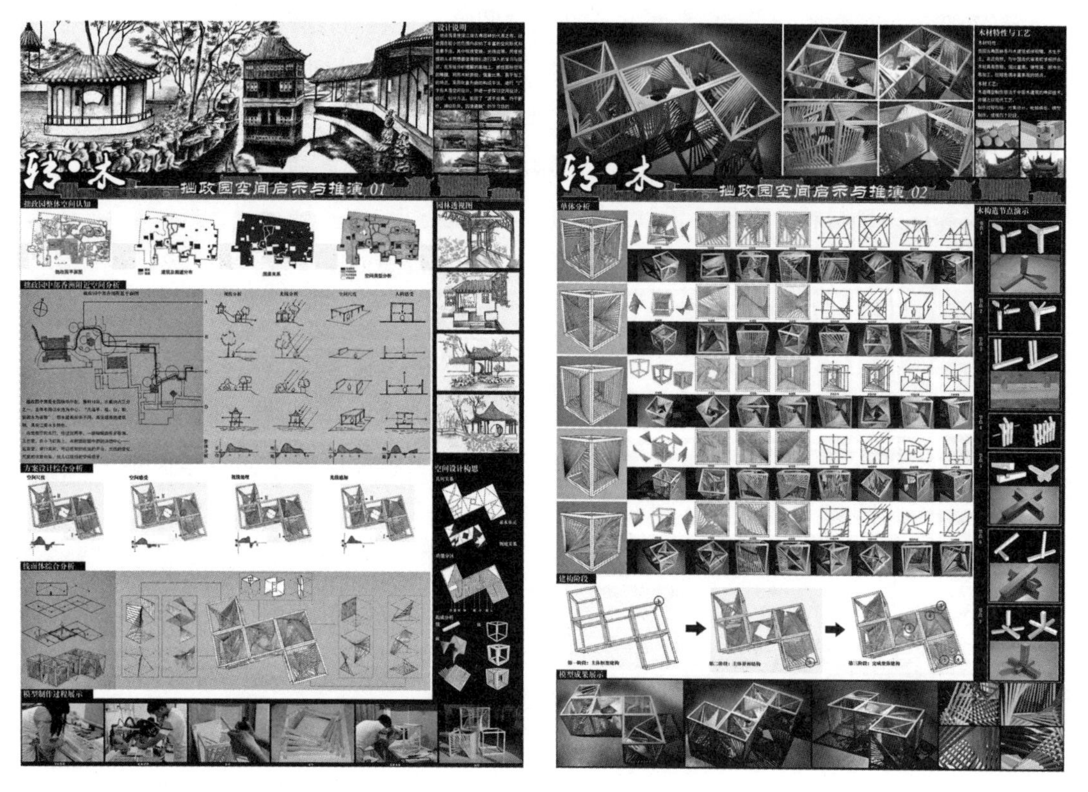

图 2-6　木造优秀作业：转木——拙政园空间启示与推演（指导教师：蒋玲、靳铭宇，学生：孙艺畅、蔡晨、瓮宇、李民、黄俊凯）

五造教学意义具体表现在以下三个方面：

其一，教学过程的实体化：

五造的意义不是单纯让学生熟悉五种材料，而是用一种既有抽象操作意义又实实在在的具体材料、形态来指代，需要对一年级学生进行林林总总的形态、形体、材料方面的训练。五造，可以发展抽象为五种建筑、规划、风园设计的实体手段和相应行为，与已有多年的图纸训练结合，可以形成有逻辑有变化而实物操作感突出的题目库。

其二，从手段到目的的转化：

五造的教学，从材料的加工手段出发，由易到难，循序渐进。材料实践操作的过程直接引导出教学知识，达到对学生的专业训练，潜质逐渐养成。五造，将材料转化为空间认知要素，以营造为主线。

五造从手段到目的之关键词：

纸板造：干操作材料、快速立体构成、围合空间、空间形成、现代解读；

石膏造：湿操作材料、过程生成、正负形体、混凝土浇筑、物质意义；

木 造：多方式材料、构件与整体、节点细部、中国传统木作、时代创新；

聚苯造：易切削材料、体块组合、建筑与城市、城市大尺度、聚落可能；

铁丝造：难操作材料、线面体递进、多材料应用、美与承重、综合变化。

其三，利于后续建筑设计系列课之专业内涵与递进深化：

自二年级开始，设计系列课强调建筑、规划、风园三个专业各自的独立性和差异性，明确提出尊重每一个专业的特点，尊重每一个教师教学的主动性，尊重每一个教师对于其专业教学的独特见解和教学过程中的创造性。

第3章 从试做开始

教学开展之前，严谨试做是必不可少的环节。教学组在北方工业大学学科带头人贾东教授的带领下，选定骨干教师，以教学小组的方式对不同题目进行讨论。经过试做，形成阶段教学成果，从中发现问题，弥补不足，总结经验。2011年年底至2012年春，教师强化了实物试做与集体研讨，不断归纳思路，积极动手试做，形成了坚实的教学准备基础。

3.1　前期讨论

2011 年年底时任学科带头人的贾东教授站在学校定位与学科交叉需要，合与分双方向发展的高度上指出了基础设计课的改革必要性与可行性。总体上看，近年来经过建筑系师生的努力，教学已经在许多方面有了一定的探索和收获，如何进一步提升教学内涵成为下一步改革深化工作的重点。应对学校招生方式变化，亟待在一年级建立一个基础教学平台。这方面建设是在二十多年教学的基础上，尤其结合近几年教学探索的前提下，是一个整合与提高并延续发展的工作，是提取近年来用心教学所得成果精华，将含有偶然性的成果闪现转化为有必然规律的教学过程。

教学平台主要依托以下三个具体框架进行建设：

（1）提取各年级、各专业成熟的可作为基础训练的内容。

（2）重新组合基础训练的内容，可以将原有适宜板块直接平移，亦可以调整原有内容的训练时段，并进一步明确训练目的、增加训练限定。

（3）奠定建筑、规划、风园三个建筑学类本科专业同源同理同步的教学基础、队伍建设、发展框架。

教学框架明确了进一步深化北方工业大学建筑学类专业实践实做的教学内容，提出了建设“同源、同理、同步”的教学平台。在教学组织上，以五种材料为线索组织课程内容。将模型训练、制图识图、空间认知、佳作分析等训练内容整合。以材料为指代，营造为脉络进行重新组织，形成五种材料的营造板块，即纸板造、石膏造、聚苯造、木造、钢丝造。在五种材料营造板块的训练基础上，为建筑、规划、风园三个专业整合综合设计。在明确改革思想后，系里骨干教师分组进行试做，学院和系相关主管教学领导、各年级设计教学负责人积极参加讨论，开始着手教学改革。

3.2　石膏造试做

石膏，其材料的指代性与营造方式都有与材料不尽相同的特点。石膏造这一训练环节，突出材料的湿操作，强调材料过程设计，将材料特性、空间操作、尺度关系设置到题目中，初步加入的行为参与、光线及构筑的思考。具体题目安排上，可以实体构筑物为基础。在试做环节中，选定了墙体作为主要教学载体依托。“墙”这一构筑物是低年级学生最直观、最常见，易感知的建筑构件，也是最容易理解的围合空间的形式。因此，以片墙围合空间的练习是最具普遍性和典型性的训练目的。

1. 石膏造的教学意义

（1）材料指代：混凝土的指向及混凝土的艺术；

（2）营造手段：材料的塑性，由凝固而成的“空间”；

（3）营造之费：建筑的重量与体积，材料的重量与体积。

2. 石膏造的教学安排

以石膏特性和指向性认知为出发，教学题目注重石膏成型过程中的特点，在石膏模型设计和建造过程中将制图练习、钢笔线条训练以及佳作作品分析的内容融入。教学安排以每周 8 课时，厘清训练目的，设置教学节点，节凑合理明确。

（1）8 课时，简讲混凝土材料 2 课时，讲解分析万神庙剖面 2 课时，一定严格比例的手绘万神庙剖面 4 课时（图 3-1）。第一个 8 课时，把钢笔画与建筑、材料三者结合起来避免钢笔画为画而画的无目的训练。

（2）8 课时，尺规作图加彩铅绘制马赛公寓立面局部 4 课时（图 3-2），2B 铅笔手绘廊香教堂平面 4 课时（图 3-3）。第二个 8 课时，把尺规作图、手绘与大师作品分析、光影及其形成，而且还有同一个大师的不同手法结合起来。

（3）8 课时，统一重量的石膏粉加水，做一面“墙”，要求自立，一定面积，一定体积，一定开洞比例。第三个 8 课时，制作一个建筑构件“墙”，这里有造之材料，造之功能与造之艺术的综合训练（图 3-4，图 3-5）。首先侧重的是做成功，至于侧重功能还是艺术，对大一的同学要放开，希望形成的是现代的、介于廊香和马赛之间的“墙群”，在一个阳光明媚的露天，围合成若干“房子”及“院落”。

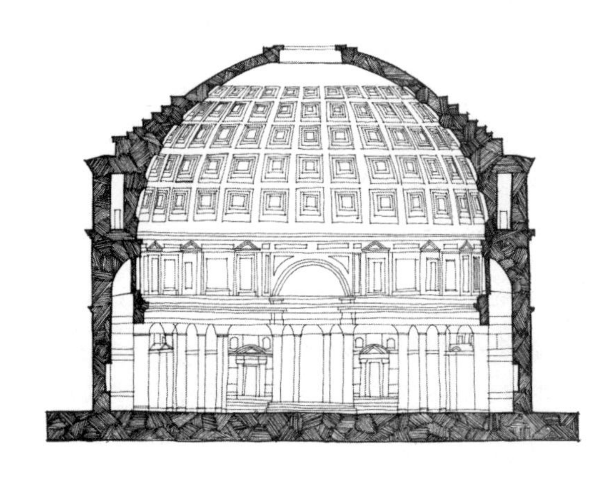

图 3-1　手绘试做——万神庙剖面 试做教师：彭历

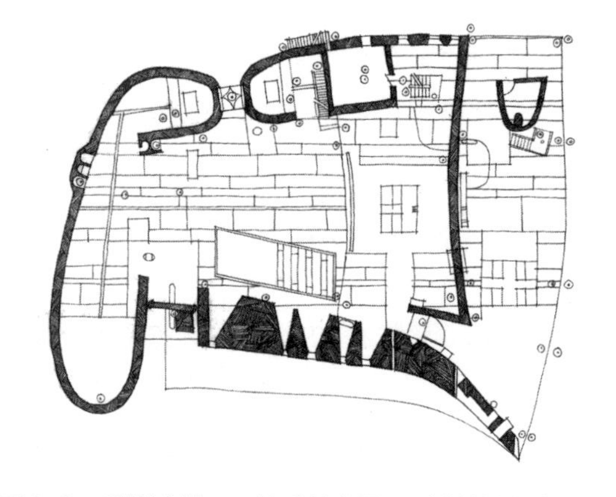

图 3-2　手绘试做——朗香教堂平面 试做教师：彭历

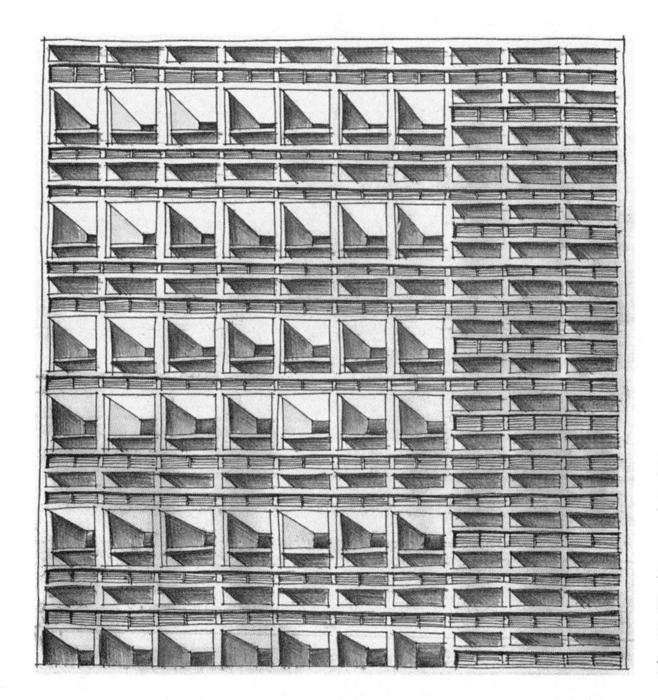

图 3-3　手绘试做——马赛公寓立面 试做教师：彭历

以上三幅手绘图纸，以钢笔为主要工具，绘制注重平、立、剖面的比例关系，表现上线条有力清楚，明暗分明，不施予过多技法，而是注重绘画内容的真实表达。

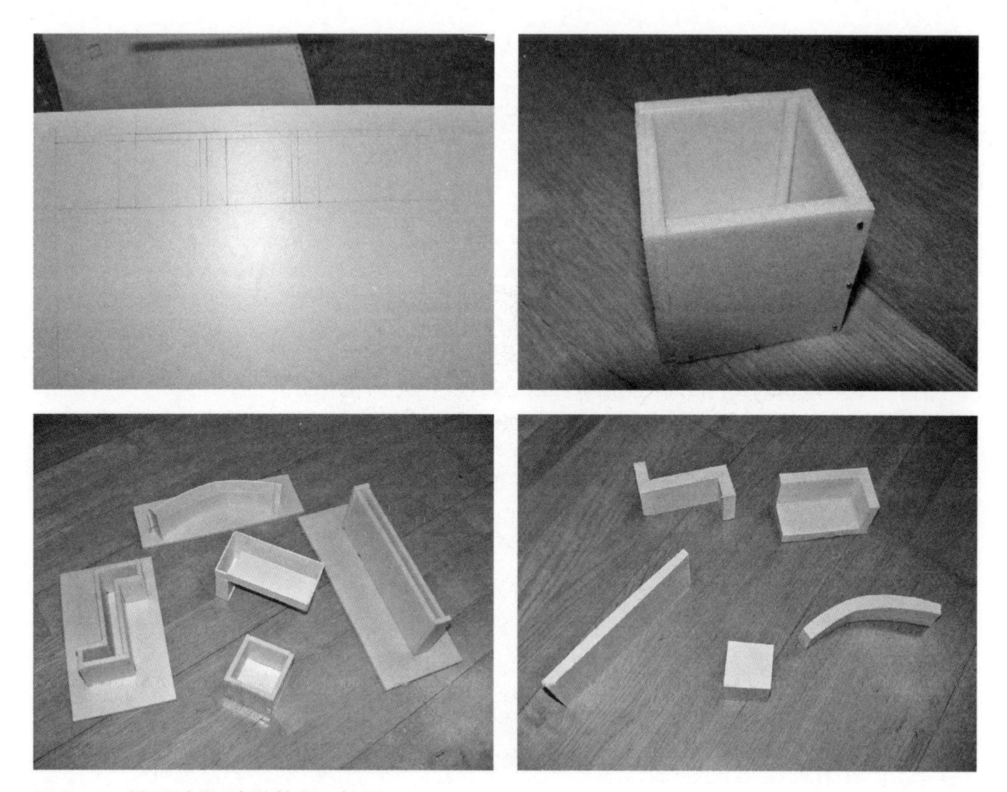

图 3-4　模型试做 试做教师：彭历

石膏制作需要经过图纸放样、模具制作、浇灌成型、拆模打磨等过程。试做模具采用卡板等常用材料，辅以大头针，预留合理的灌浆位置，一次成型。

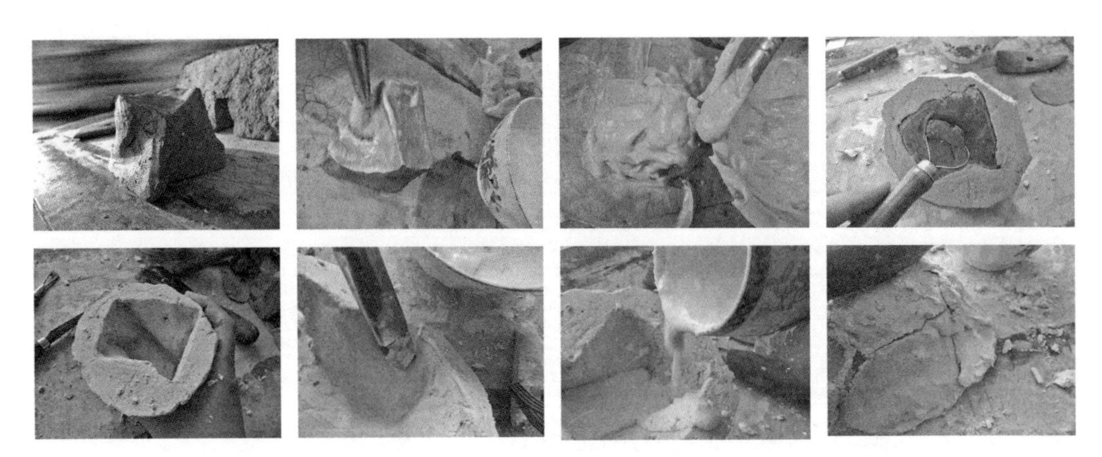

图 3-5　模型试做 试做教师：朱虎

当所制作的石膏体为自由曲面时，模具易采用倒模的方式制作。试做主要采用油泥制作正模，接着用石膏进行覆盖，扣取油泥之后形成模具，再进行灌注成型。

3. 试做体会：

从石膏材料的特性分析开始，通过不断地试做，对选料、模具设计及制作、制浆、灌浆、阴干、脱模、修饰等各环节进行了反复试验与比较研究，掌握了石膏浇筑一次成型的基本方法。从基本形体的塑造、形体连续演变的推导、肌理生成、空间围合、光线控制、构筑工艺等方面积累了较为成熟的教学素材，并将实验所得的所有资料成果总结成体系化的文字、图片、PPT、视频等教学文件。

3.3　纸板造试做

纸板，从其材料形态上所呈现的特点，强调材料的指代作用与空间形成。纸板材料有一定自立性，并能够形成有效的空间分割。纸板造，突出材料的干操作，将材料特性、空间围合、空间分割等设置到题目中。具体题目安排上，可以在已给定数量、大小的纸板进行空间训练，也可在给定面积、体积的空间内通过纸板进行空间的重新组织。纸板在题目训练中，主要起到了墙体与楼板的作用。墙体与楼板对空间形成主要起到了垂直与水平的划分作用，因此，纸板造训练初步养成了学生建筑空间的意识。

1. 纸板造的题目原则

（1）以西方经典现代建筑为学习对象，注重空间的直观感受与体验。

（2）从图纸绘制的角度，临摹经典建筑的图纸，进一步体会空间，并培养构图能力。

（3）以纸板为创造对象，在不同的限定条件，形成空间组合与分割。

2. 纸板造的教学意义

（1）材料的基本认识：材料的二维与三维属性，面材材料的空间特点。

（2）材料的指代性：面材（墙体）的设计手法与艺术特点。

（3）营造的材料：材料形成的构成美感（材料的材质、加工方法、设置方式）。

（4）营造的设计：材料的材料的空间特质、空间组织、空间限定。

3. 纸板造的教学组织

（1）8 课时，建筑的面材空间与构成，讲解巴塞罗那德国馆（2 课时），讲解平面的基本内容，严格比例绘制德国馆的平面（2 课时），制作德国馆建筑模型（4 课时）。注重直观感受，体会德国馆构图与建筑墙面之美。

（2）4 课时，欣赏莱特的草原别墅，钢笔绘制草原别墅透视图（4 课时）。体会草原别墅横向的构图之美。

（3）12 课时，讲解空间限定，分析构成实例（4 课时）。制作设计空间构成练习（8 课时）。可选作业一：以一个母题为基础，通过穿插、叠加、韵律等手法，设计空间构成。要求放置在 A4 大小的底板之上（偏重构成训练）（图 3-6）。可选作业二：以 30 × 90 为模数的纸板，分别以 15 片和 45 片，运用空间的限定手法，放置于 A4 大小的底板之上（偏重空间限定）（图 3-7）。

4. 试做体会

纸板材料是一种比较容易加工的材料，通过裁剪、粘贴即可以完成模型的制作，易于被初学者所掌握。模型制作的成功率高，增强了学习者的信心。纸

图 3-6　模型试做 试做教师：潘明率

模型在给定尺度中进行空间再设计。侧重点有所不同，其一，以内部空间的划分为主，用纸板将体积框出，用不同尺度大小的纸板对空间进行划分。其二，以空间界面的划分为主，将形成体积边界的纸板面，进行划分，形成富有变化的空间界面。

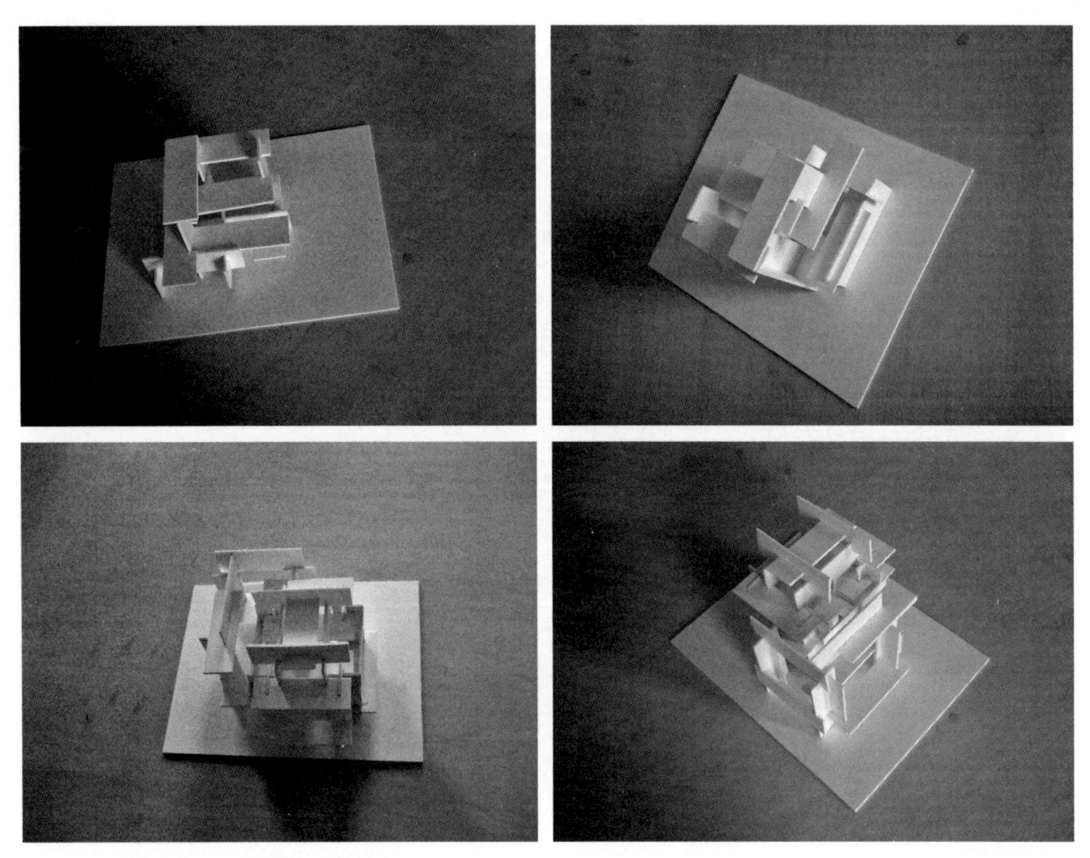

图 3-7　模型试做 试做教师：潘明率

设计是以给定尺寸和数量的纸板片，进行空间的组织。空间因为不同的数量纸板片的布置而有所不同。纸板片之间的联系可以是粘接，也可以是插接。通过纸板片的再组合形成了空间的变化。

板有序的搭接，能有效形成空间，通过直观观察空间，体会空间感受，有利于初学者空间感的培养。纸板造可作为五造系列开始题目的首选。试做过程中有两个不同的方向，方向一注重是整体空间的限定，对纸板本身的限制不强，方向二通过对纸板尺寸的预设，减弱了纸板本身关注，重点放置在空间上。两个方向各有侧重，但对空间观念的形成都有较好的启蒙作用。

3.4　木造试做

木材，既是一种实际建筑材料，又是一种模型用材料。木材作为建筑材料，广泛应用到了建筑的承重构件、围护构件、装饰构件，尤其是我国传统建筑中，木材被大量运用到建筑中，创造各种精巧的连接方式，取得极大的成就。木造，突出材料的各种加工可能性，强调材料传统的加工工艺，辅以现代的加工方式，重点体会材料细部节点处理方法。具体题目安排上，可以是使用一定长度、截面尺寸的木条，通过搭接成型，并形成一定的空间。木造的题目训练，重点在于木条之间的节点处理，节点应符合受力要求，体现构成之美，呈现出内在的逻辑性。

1. 木造的题目原则

（1）启蒙感受：参观绘制中国古典建筑园林优秀实例，以启蒙感受中国文化为原则。

（2）培养品质：墨线加色彩绘制图纸，以培养耐心细致品质为原则。

（3）动手构建：综合运用，材料研究，以动手构建为原则。

2. 木造的教学目的

（1）中国传统文化和传统建筑精神的启蒙。

（2）初步了解中国传统风景园林特色。

（3）木材特性及构建方式的认知，木材指代性与真实材料一致。

3. 木造的教学组织

（1）12 课时，简讲中国传统建筑及木材特性 2 课时，手绘知春亭立面 4 课时，手绘颐和园平面图 2 课时。

（2）12 课时，徒手墨线水彩绘制太和殿门扇 4 课时，尺规铅笔加彩铅绘制斗栱分解拉开轴测图 4 课时。

（3）12 课时，将一定尺度的木材分成 6 ~ 15 段，形成构架，要求形成有标志性，有一定功能的，似亭非屋的构架，要求可以随时拆解，木节点设计巧妙（图 3-8）。

4. 试做体会

木材，是五造中直接用于建筑的实际材料，在材料认知、特性、加工等方面，能更加接近真实再现。试做中，材料截面是以方形为主，有利于节点设计与统一。但市场所售的木枋，截面以矩形为主，这会给实际操作中带来不少难度。节点加工的准确性直接影响了最后木构的形态，这将有利于培养学生细心准确的工作态度。此外，木材本身质量的好坏也对节点加工有很大影响。总之，木造是一个复杂的多因素影响的训练题目。

3.5　聚苯造试做

聚苯，在实际工程中常用于建筑的保温材料。其质轻，具有一定的体积感，因此在教学设计中，主要利用其易于切割，并可以形成一定体积感的特性来表达城市空间。聚苯造，突出材料的体量感，弥补了原有教学环节中对城市空间认知的局限性，以模型的方式直观呈现，更易体会城市不同的空间特点。具体

图 3-8　模型试做 试做教师：蒋玲 杨瑞 安沛君

试做是将一根 3600mm × 30mm × 30mm 的木枋进行分割，形成长短不等的 6 ~ 15 段，节点设计连接，形成有一定标志性和空间划分的构架。节点汲取传统木枋连接的榫卯方式，并进行了改善，能形成有效连接，并可以随时拆解。

题目安排上，选定特定的有空间特点的城市，在大致相同尺度的范围面积内，模拟再现城市空间特征，体会城市空间设计要素。在此基础上，体会不同建筑密度、容积率对城市肌理和空间的影响，并设计新的城市空间。

1. 聚苯造的题目原则

（1）以动手为先导，延续养成潜质的实践实做原则。

（2）合理分解，阶段明确，启发思考的过程发现原则。

（3）资源综合运用，节点清晰阐述，注重潜质养成原则。

2. 聚苯造的知识点

聚苯造侧重于群体空间的塑造、设计和对聚苯类材料的认知。

（1）聚苯类材料模型制作方法。

（2）城市肌理认知。

（3）城市空间尺度认知。

（4）设计思维的初步训练。

3. 聚苯造的教学目的

（1）聚苯类材料的塑造，由建筑群体组合而形成的外部空间。对空间构成要素的解析，包括标志物、节点、边界、路径、区域等方面的认知。对不同空间组织方式的学习，体会街坊式、中心放射式、院落围合式等城市空间的不同特点。

（2）体会不同聚苯类材料的特点不同，营造的空间氛围不同。

（3）结合平面构成、立体构成等原则、图底关系理论和城市空间设计方法，在一定限定要求下设计群体空间，加强群体空间形态设计的能力。

4. 聚苯造的教学组织

（1）12 课时，简讲城市发展史 2 课时，讲解不同类型的空间组织 2 课时，模型制作的前期准备时间 2 课时，模型制作 6 课时。模型深度分四个层次：底板、场地铺装、绿地、建筑，可适当增加配景。

（2）6 课时，建筑密度与城市肌理练习。以 200m × 200m 的街区中，以 10m 为单位进行网格化划分，运用平面构成的手法划分虚实空间，制作建筑密度分别为 45%、30%、15% 的城市局部的空间肌理。

（3）6 课时，容积率与城市空间练习。以城市肌理练习为基础，运用立体构成的手法，建立三维模型，形成容积率为 3 的立体空间模型。建筑层高均控制在每层 3 米（图 3-9）。

5. 试做体会

城市空间的认知在以往的教学环节中比较薄弱，通过试做，模型直观立体展现。不同城市所呈现的空间特点，清晰表达出来。试做过程中，采用了不同的材料进行对比。纸板材料，加工容易，但表达体量材料费时较多。有机玻璃材料，对于地标性材料能起到较突出的作用，但加工比较费劲。相比较而言塑料泡沫和聚苯材料，体量感强，辅以电热丝切割机也易于加工，有助于模型的表达，应为题目主要选择材料。

图 3-9　模型试做 试做教师：任雪冰

试做模型以街区、放射、院落等不同形态空间特征的城市为主题，制作相应的城市模型。模型在材料选择上，选择了纸板、有机玻璃、塑料泡沫、聚苯等多种材料，同时模型制作中还注重了不同色彩体量，突出城市空间特点。

3.6　铁丝造试做

铁丝，是一种线性材料，材料本身具有一定的柔性，也有一定的刚性。铁丝造，突出材料的工艺美，从材料刚柔的特性出发，认知由线到面的变化。具体题目安排上，结合材料特性，设置构成练习和承重构件练习。前者主要认知材料线性特征，通过构成体现线性材料之美。后者主要将线性材料集结，并承受一定的重量。铁丝造训练中，节点处理方式对作品的完成质量起到了关键性的作用。

1. 铁丝的材料研究

（1）柔性：线性强，富于装饰性。可以进行弯折加工，但又一定的记忆性回弹。

（2）刚性：由线变面，能承受一定重量，可作为承重构件，起到一定的支撑作用。

（3）材料的刚柔关系：不同粗细的铁丝柔性和刚性的关系不同。

2. 铁丝造的教学组织

（1）8 课时，2 课时工艺美。6 课时，体会材料加工特性，完成线材构成练习。使用给定长度的铁丝完成装饰性花饰栏杆制作。

（2）8 课时，完成线材承重构件制作。使用给定长度的铁丝有一定承重能力的构件制作（图 3-10）。

3. 试做体会

表达上，铁丝结构表达（如朗香教堂模型）可以跟纸板造、石膏造结合。对于曲面、双曲面和其他异形结构表达效果突出。造型表达（如工艺美术运动和新艺术运动中的铁艺）如果不能焊接的话，更倾向于线材构成。技术上，加工应采用较少的节点，以便具有更好的整体性和牢固性（图 3-11）。铁丝可塑性强，但经弯和折之后，很难有规矩的线性，在折弯处这种线性表达就很难处理好，尤其对于直角而言。做模型之前需要周密布置，画出铁丝缠绕路线图。

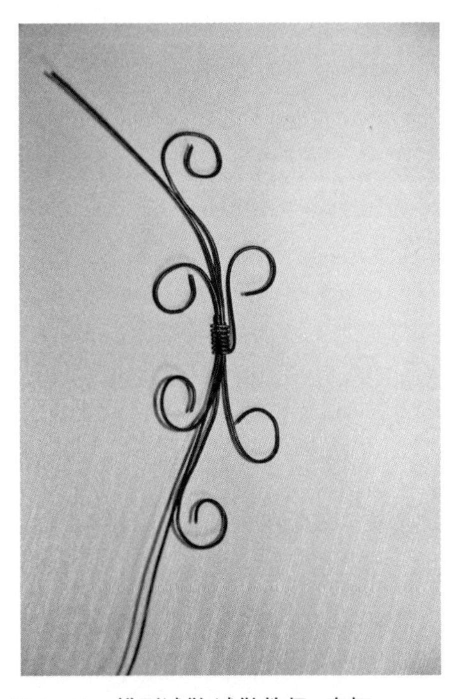

图 3-10　模型试做 试做教师：秦柯

试做主要尝试了铁丝材料的线性表达。其一为线性材料通过弯曲，呈现出的基本构成图案。其二为线性材料经过缠绕，形成基本的立体造型，并将二维构成与三维立体相互结合为一体。

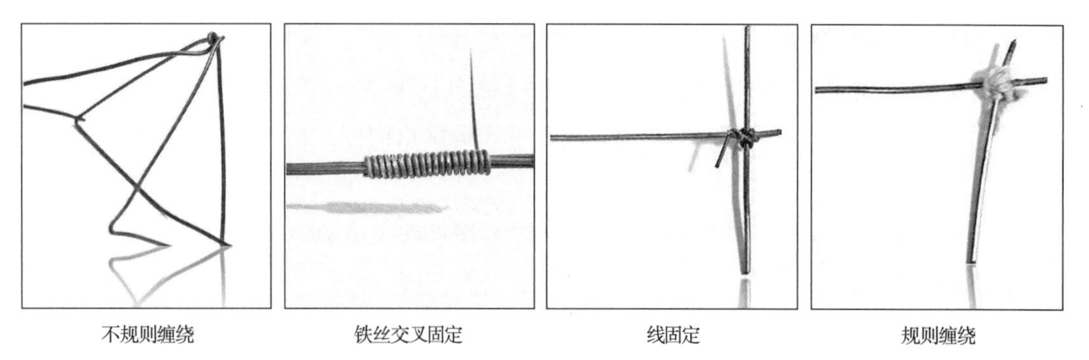

不规则缠绕　铁丝交叉固定　线固定　规则缠绕

图 3-11　节点试做 试做教师：秦柯

不同节点的表达。不规则缠绕优点：简单快捷，固定性高，缺点：交接处体积大，美观性差；规则缠绕优点：很牢固，交接处过渡好，美观，缺点：耗时长，在节点处理时需要预先想好各铁丝之间的关系；捆扎交叉点优点：较快捷、容易固定，缺点：固定不牢固，铁丝很容易在搭接处错位，铁丝端头如若需交叉固定，难以处理，且不美观。

第4章 纸板造

作为一种人造的物质环境，建筑活动本质是选择适当的材料，进行合理的搭建，形成可供使用的空间。空间概念的建立是建筑入门知识。在形成空间的过程中，以片状呈现的材料有重要的地位，起到了对空间的组织和限定作用。纸板造核心教学目的是通过纸板指代片状材料形成建筑空间。

纸板造的意义有三。第一，在于树立建筑空间的概念，体会建筑空间组织和限定手法。在指定大小尺度范围内，通过纸板材料指代墙体，对空间进行限定和划分。初步体会水平面、垂直面、倾斜面等不同空间的限定要素，学习围合、设立、覆盖、凸起、凹入、架起等空间的基本限定手法。第二，在于建立行为的概念，体会空间与行为之间的相互关联。空间的尺度感需要通过人的行为得以呈现。限定不仅需要体现基本手法，还需要满足人的行为活动。通过聚合、穿行、观望、转折等基本行为，体会空间大小的尺度感，感受空间组织的合理性。第三，在于学习建筑表达的手法，体会经典建筑的空间手法。现代主义经典建筑体现了大师对空间的解读，通过图纸绘制、模型再现，对建筑佳作进行再现，体会其中的空间形式美感，认知学习建筑的基本手段。

4.1 从经典开始

建筑始于两块砖被仔细地连接在一起。

——路德维希·密斯·凡·德·罗

1. 向建筑大师致敬

建筑大师是建筑界中的明星人物，他们的建筑作品代表所在时代建筑的设计水平与建造能力，反映出设计手法在意识形态中的发展状态。全面了解和认知大师的建筑思想、设计构思、细部处理，有助于了解建筑设计的发展脉络，有助于掌握建筑具体的设计方法，有助于培养正确的建筑认知观。对大师作品的解读和设计方法的分析，能比较获得认知和学习建筑的路径，因此对经典建筑作品的分析，是建筑初学者应该掌握的重要学习方法。

阅读建筑大师生平，有引领风骚者，有历尽艰辛者，有自学成才者，有大器晚成者，这些经历起伏跌宕，充满人生阅历。了解大师，不仅学习大师对建筑的设计手法，更重要的是从中体会到大师的建筑精神，激发后来者对学习生活的热情，向大师致敬。

2. 现代主义建筑对建筑发展的影响

现代主义建筑发展至今，影响深远。现代主义建筑思潮产生于19世纪末，成熟于20世纪20年代。现代建筑的设计基本观点：强调建筑要随时代而发展，现代建筑应同工业化社会相适应；强调建筑师要研究和解决建筑的实用功能和经济问题；主张积极采用新材料、新结构，在建筑设计中发挥新材料、新结构的特性；主张坚决摆脱过时的建筑样式的束缚，放手创造新的建筑风格；主张发展新的建筑美学，创造建筑新风格。现代主义建筑思想在20世纪30年代向世界迅速传播。平屋顶、不对称布局、光洁的墙面、简洁的装饰、玻璃和钢筋混凝土等新材料的应用，建筑以全新的面貌展现在世人面前，建筑一直本着满足人类需求而不断发展。

瓦尔特·格罗皮乌斯（Walter Gropius）、勒·柯布西耶（Le Corbusier）、路德维希·密斯·凡·德·罗（Ludwig Mies van der Rohe）、弗兰克·劳埃德·赖特（Frank Lloyd Wright）是现代建筑的四位大师。他们实践的作品对现代建筑经典理论的形成、发展和成熟起到了至关重要的作品。尽管四位建筑大师的建筑思想各有特点，但无疑建筑的空间本质特征被强调出来。

建筑空间是满足人们的生产和生活的需要，运用各种建筑要素所形成的。

正如老子在《道德经》中的名言所指出，用“有”的手段实现“无”的目的。这个“无”的部分，具有物质和精神两个方面的含义。

3. 巴塞罗那国际博览会德国馆

在《空间·时间和建筑》中，建筑史学家西格弗里德·吉迪恩（Sigfried Giedion）把人类建造史的空间概念描述为三个阶段。第一个阶段，公元前 2500 年出现有真正意义的建筑，如美索不达米亚和埃及的金字塔。但这些只是服从外部形象,真正的内部空间还没有出现。这可称为第一空间概念阶段(有外无内)。第二阶段，公元 100 年，古罗马万神庙出现了第一个塑造的室内空间，让人震撼的圆形穹顶被建造，但外部形式被忽略。技术和观念的困境使外部形式与内部空间分离又持续了 2000 年。这可称为第二空间概念阶段（内外分隔）。第三阶段，1929 年，密斯的巴塞罗那国际博览会德国馆，使千年来内外空间的分隔被一笔勾销。空间从紧身衣般的封闭墙体中解放出来，“流动空间”出现。这可称为第三空间概念（内外互动）。内外之间的作用，使建筑空间获得了极大解放，设计方法开始发生转变。

作为现代主义建筑大师的标志人物，密斯探索了玻璃与钢框架在建筑中的应用，全新诠释了结构、构造、材料与空间的关系，发展了一种极端简洁与均衡的建筑风格。大师众多的建筑作品无不体现所追求的建筑设计理念。“少就是多”、“流动空间”、“通用空间”、“细节就是上帝”等建筑思想影响着现代建筑发展。

1929 年的巴塞罗那国际博览会德国馆是密斯重要的代表作品，所产生的重大影响一直持续至今。德国馆占地长约 50m，宽约 25m，占地 1250m^2，由一个主厅、两间附属用房、两片水池、几道围墙组成。建筑中除了少量桌椅外，没有其他展品，建筑本身就是展览品。主厅由 8 根十字断面的钢柱支撑一片钢筋混凝土制成的平屋顶而形成。因此，内部墙体摆脱了承重受力的束缚，既分隔又连通的分隔，自由布置，空间衔接穿插。不同色彩、质感的墙体与透明度各有差异的玻璃，组成了流动空间。

巴塞罗那国际博览会德国馆一直是基础教学的内容。作为教学环节的大师作品分析的重点作品，同学通过模型和图纸对其分析，不仅感受到了建筑大师设计思想和建筑语汇中所包含的个人魅力，同时体会到空间、建造、材料与建筑之间密不可分的关系，培养正确的建筑设计观（图 4-1，图 4-2）。作为经典建筑，德国馆将成为跨入建筑殿堂的重要开端。

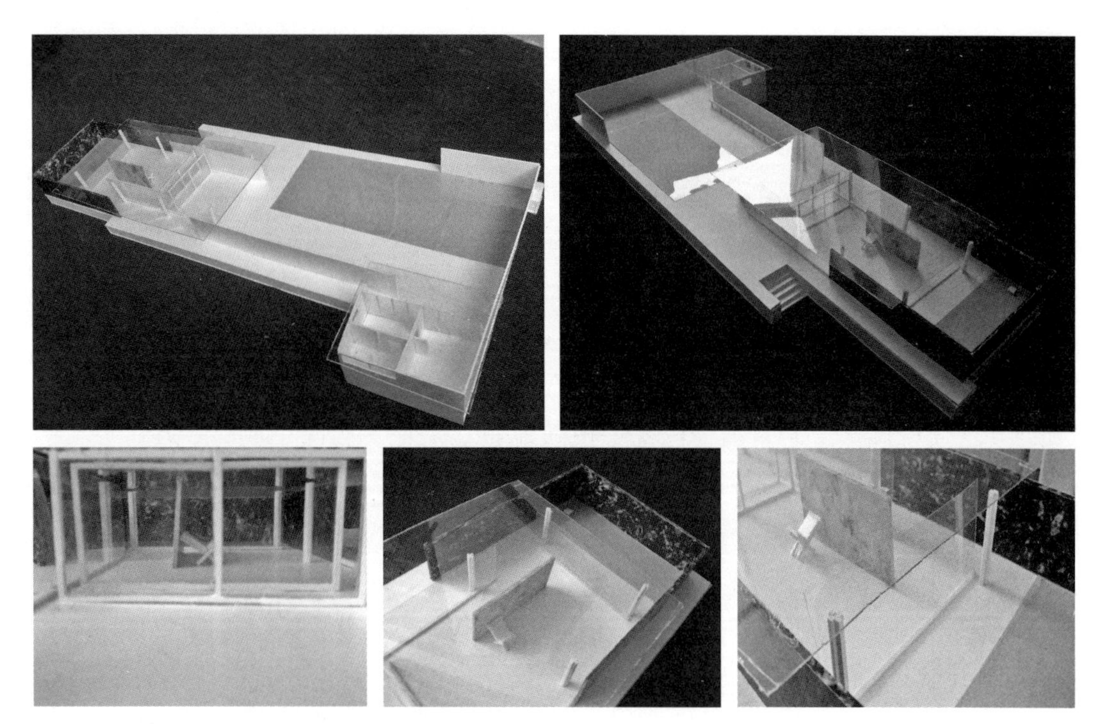

图 4-1　德国馆模型 制作：孙少玮 邓潇（城规 2011 级）

以建筑大师密斯设计的德国馆为对象，按照比例真实再现大师作品。材料上以纸板为主，辅以彩色打印模拟原作中不同材质墙体。屋面采用透明有机玻璃材料，利于室内展现。

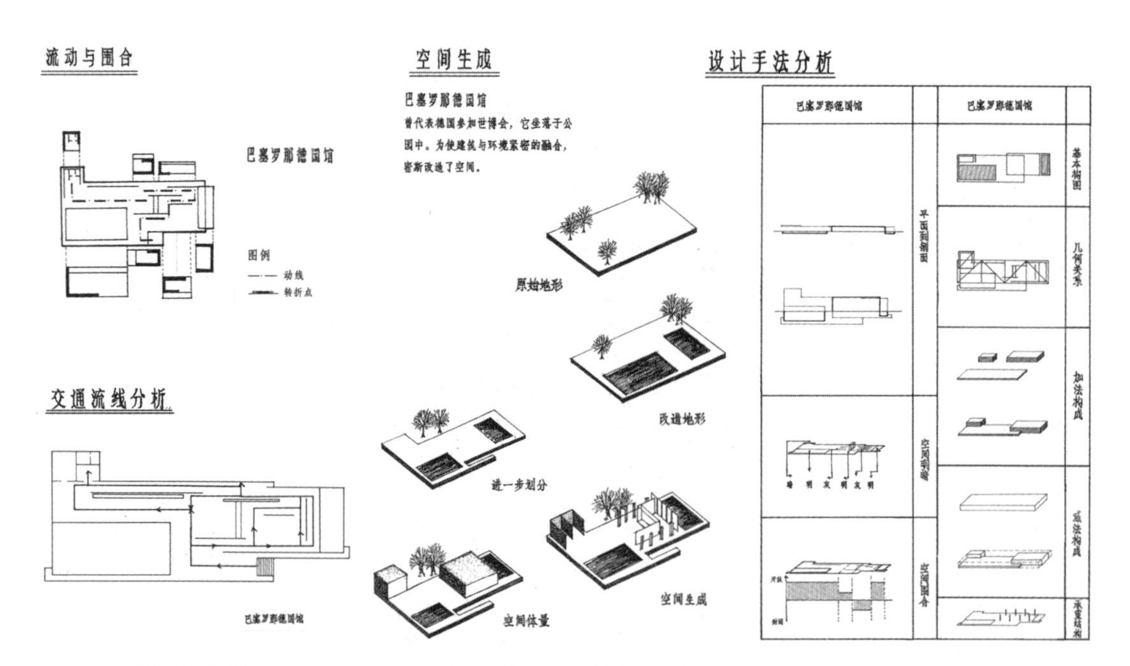

图 4-2　德国馆分析图纸 分析：李迎 傅佳玥 孙山（建筑 2011 级）

以平面图、轴测图等图纸表现方式分析了德国馆的空间生成、流动与围合、交通流线、设计手法等内容，对作品有较全面的认知，体会了空间生成中墙体的重要性。

4.2　初识材料

1. 材料性质

纸是我国古代劳动人民的重要发明，说文中："纸，絮一苫也"。纸质材料是目前建筑设计模型中应用最广泛的一种材料，不仅可以用于表达方案构思的概念模型，也可以用于表达方案推敲的工作模型，还可用于展示方案结果的成果模型。纸质材料有着良好的材料性质，其质地轻，易加工，饰面和纹理多样，可指代多种材料，有良好的适应性与丰富的表达力。当然，纸质材料也有一定局限，易变形弯曲，成品不易保存，选用时应注意。

2. 材料种类

纸质材料的种类众多。目前常用于建筑模型的纸质材料主要有：书写纸、卡纸、模型纸板、瓦楞纸、纸箱板等（图 4-3）。其中，书写纸厚度常见 70 ~ 80g，质地较薄，用于细部表达和概念设计。卡纸厚度介于纸张和纸板之间，有

图 4-3　常见的纸质材料

120 ~ 400g 多种规格，纸板细致，色彩多样，有一定自立性，但易弯曲。模型纸板，又称卡板，比卡纸质地厚，常见的有 1mm、2mm、3mm 等规格。模型纸板纸面光洁、有一定硬度和韧性，在大小适当的情况下可以自立，并且有白色、黑色和灰色多种颜色供选择，是常用模型制作材料。瓦楞纸由面纸、里纸、波形纸叠加粘合而成。它的楞形形状分为 V、U 和 UV 形，独特的肌理常用于指代斜屋面制作。纸箱板源于商品包装箱，纸质较厚，可达 3 ~ 8mm，纸面有一定的弹性，常用有牛皮纸箱板、挂面纸箱板和蜂窝纸箱板。纸质材料相比较而言，模型纸板其质地、颜色与肌理呈单一状态，初学者容易关注材质所形成面所围合的空间，是理想的墙体指代材料，可作为纸板造的主要用材。

3. 材料加工

纸质材料加工便捷，容易成型。常见的模型纸板主要是通过切割、弯折、粘接等方式完成形态加工。纸质材料易于裁割，使用相应的刀具，按照设计尺寸切割成所需形状，不同部分再进行粘接成型。还可以通过弯折形成连续的折面或者曲面，表达不同的空间界面特性（图 4-4）。切割、弯折、粘接这些加工动作，简单易于掌握，配合不同的纸质材料性质，能达到较好的模型制作效果。

图 4-4　纸质材料的加工 设计：赵舒娅（建筑 2013 级）
图中纸板造模型利用卡板的厚度，通过板与板之间的插接，固定成型。

4.3　工具认知

1. 切割刀具

用于纸质材料切割的工具包括各种刀类工具，常使用的是美工刀，又称壁纸刀。美工刀由刀柄和刀片组成。刀柄不易太窄，否则不容易把握，用力不匀。刀片可以更换，保持刀头锐利。刀头角度常见有 45° 、30° 两种。其中 30° 刀头可以用于切割尺度细微的材料（图 4-5）。美工刀使用方法简单，便于携带，是模型制作的必备工具。

使用时，应注意使用安全。刀片在不用时应及时收回到刀柄内，一方面避免无意划伤，另一方面也可保护刀头。刀片的锋利程度直接影响到材料加工的使用效率和美观，因此使用时不宜强行拉切，可以减少切割材料的厚度或者进行多次切割。一旦发现刀刃变钝，应及时调整，用美工刀尾部的插卡按照刀片折痕截短，恢复刀刃的光滑度。

当使用美工刀去切割纸质材料的时候，刀与尺的配合尤为重要。单手把控尺子方向，避免被刀具划伤。握刀位置应该尽量与纸的表面贴近，掌握刀的运行方向和下划力度，纸质材料切割应整齐，边角交接分明，不留毛边。

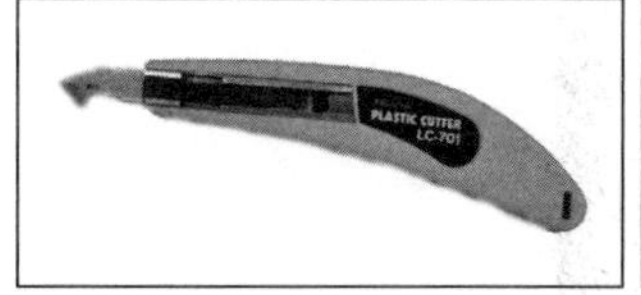

勾刀

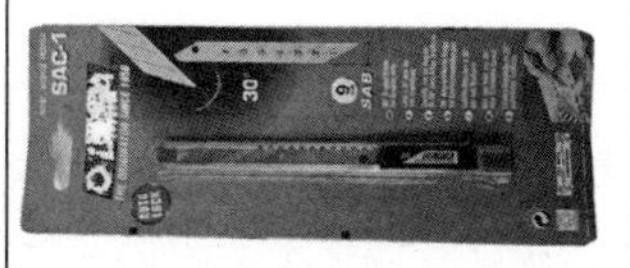

30° 刀头裁纸刀

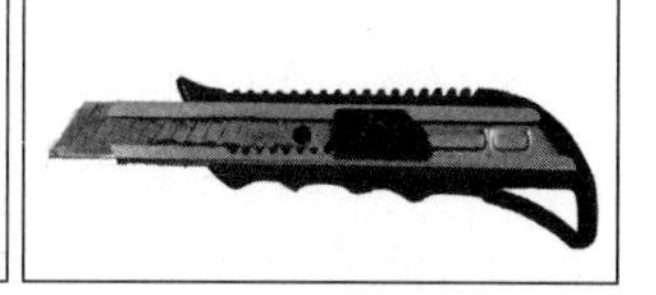
45° 刀头裁纸刀

图 4-5　常见的切割工具

2. 粘接材料

用于纸质材料粘接的材料包括有双面胶、502 胶、白乳胶、UHU 模型胶等，常使用的是 UHU 模型胶（图 4-6）。UHU 模型胶属于万能强力胶，一般为黄色管状包装。UHU 胶粘接力强，干燥时间适宜，管状包装便于挤出使用。胶质不含水分，是纸质材料模型的最佳选择。但是在使用时，由于取用量和干燥时间，会出现拉丝情况。可在使用前将 UHU 与酒精按照一定比例混合，配合注射器使用。由于注射器口径小，施用胶水比较准确，能够避免拉丝问题的出现。

白乳胶

UHU 胶

502 胶

双面胶

图 4-6　常见的粘接材料

4.4 任务开始

1. 小制作设计

纸板造从掌握材料性质和工具使用开始。具体以模型纸板为主要材料，以抽象几何体为主手段，制作与个人学习生活相关，有一定实用功能的小制作。小制作以实用角度出发，初学者易于动手。设计方案的好坏并不是关键，主要寄希望设计者能对材料连接、材料切割、工具配合、任务步骤等几个方面有实际体会。

2. 设计过程与步骤

（1）成生构思。构思是设计的出发点，可以从不同的角度出发，表达设计者的想法。根据小制作的设计要求，构思可从使用角度出发，可从形态出发，也可从材料之间的连接方式出发。构思确定过程可以通过绘制图纸小样来确定，表达方法不限，只需明确设计思路。确定构思后，将所需构件的图样绘制出，把体量分解成面，逐一绘制（图 4-7）。

（2）放样图纸。绘制模型分解图纸，按照制作尺寸绘制在模型纸板上。需要注意的是，绘制的图线作为裁切的标线需要清晰但不能过重，以免影响制作后的效果。此外，线与线的交接处尤其要肯定明确（图 4-8）。

（3）裁剪成块。熟练掌握工具的配合，使用美工刀和尺子，按照所放图样裁切待用。裁切时，注意避免划刻到尺子上，尽量用尺子无刻度一边为好。裁切时手要有一定力度，若没切开，不要用手撕扯，以免划伤，需按线重复裁割（图 4-9）。

（4）插粘成型。成型的方法可以采用插接成型，也可粘结成型。插接成型时应注意插接处应有一定的牢固度和稳定度（图 4-10）。粘结成型时粘合面往往比较狭窄，操作起来需要十分用心，每个连接处都需要保证平整，严丝合缝。最后粘连完毕后，还需要重点检查接角处的牢固度，调整面的平整度，去除残余的胶粘剂（图 4-11）。

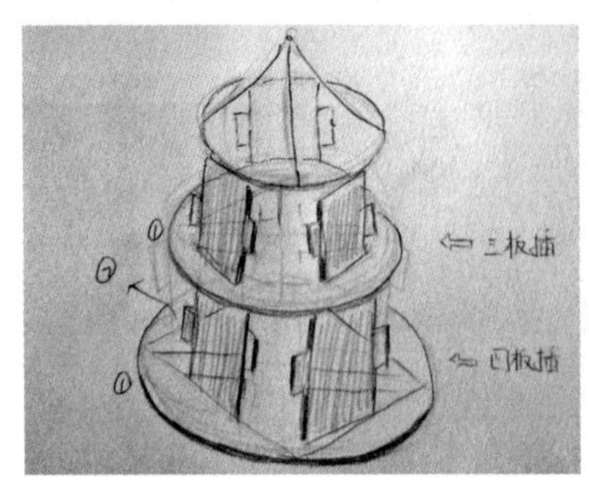

图 4-7　构思草图，记录设计想法

图 4-8　模型图纸放样

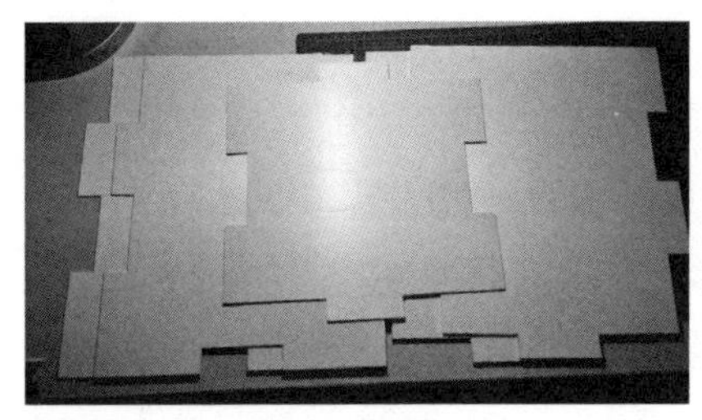

图 4-9　放样图纸切割成型

图 4-10　材料插接成型

图 4-11　材料粘接成型

3. 第一个小作品

第一个小设计从学习生活出发，设计能放置学习用品的置物架。设计者以不同的角度，合理布局功能，初步体会纸板材料的运用（图 4-12 ~ 图 4-15）。

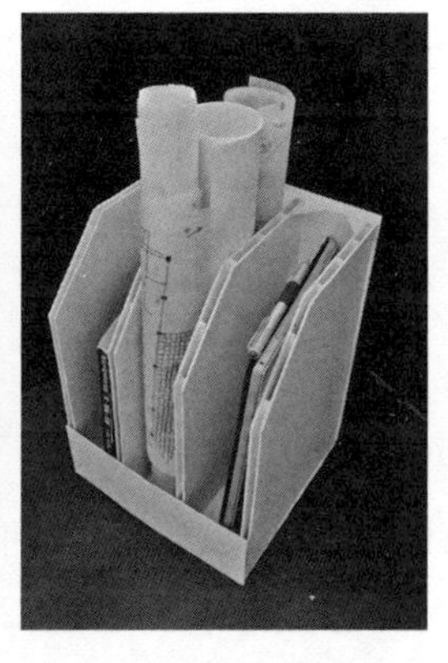

图 4-12　小制作　设计：张屹然（建筑 2013 级）

设计从材料稳定性的研究出发，由几个重复的面板构成，通过板之间的粘接成型，尺度上符合建筑学学生放置学习工具和图纸书籍的需要。但由于板片尺寸较大，为防止失稳变形，在两个板之间加入相应的肋，起到支撑作用。此外，盒子后部增加三角构件也增强了设计的稳定性。

图 4-13　小制作　设计：薛冰琳（建筑 2014 级）

设计从形态的角度出发，从自然界树枝形态获取灵感。以 “T” 为主要模型骨架，起到支撑和分割的作用，小分支形态上与树枝相似，也可以用于放置物品。

图 4-14　小制作　设计：毕可心（建筑 2015 级）

设计从使用的角度出发，分别在不同高度设计了工具、笔具、眼镜、尺子等物品放置空间。斜向面设计重新分割上下空间，也比较贴合物品放置需要。

图 4-15　小制作　设计：郭梦真（建筑 2015 级）

设计从材料搭接的方式出发，材料之间采用插接方式成型。在放置内容的处理上按照不同的物品分别置于不同层面。另外，材料镂空处理与物品放置较好地结合。

4. 制作体会

（1）体会设计与制作的全过程。如何将设计构思绘制到图面，又将图面转变为立体的构件。从图面思维到三维立体的过程，是一种比较常见的思维过程，从图形到实体也是认知的过程。这与后期纸板造构思设计过程有一定的差别，从对比中体会到设计构思与实现的不同过程。

（2）进一步了解材料的性质与加工方法。亲自动手，触摸材料，通过对纸板切割、弯折、拼接等一系列动作，初步了解材料的性质与表达能力，掌握工具和粘接材料的使用方法，为后期正式完成设计任务做好基础准备工作。

（3）从制作中发现的不足，以便后期弥补。制作过程中，不少同学发现切割后的板材，在拼接时尺寸会有一定的误差，其主要原因是忽略了纸板的厚度。材料的实体性对设计存在一定的修改性。实际上每种材料都有厚度，应及时总结问题，体会材料的体量感。

4.5 材料指代

1. 形态指代

纸板造使用的材料，归结到设计中应该认识到其中的指代意义。纸板以片状形态出现，在实际中墙体和楼板等常见的建筑构件便是以此形态出现，起到了对空间组织与划分作用。这种指代是一种形态指代（图 4-16）。纸板将具体的建筑构件抽象化，只保留内在的形态特征，关注空间中面的呈现内容。

2. 墙的意义

建筑构件的墙，本意指房屋或园场周围的障壁。《说文》:“墙，垣蔽也”。墙体是建筑物的重要组成部分，起到了承重与围护的作用。功能方面需满足承重、保温、隔热、隔声、防火、防潮等一系列的使用要求。按照使用材料，可以分为砖墙、混凝土墙、石材墙、板材墙等。按照受力情况，可以分为承重墙体和非承重墙，非承重墙又包括隔墙、填充墙和幕墙。按照位置特征，可以分为外墙和内墙，每个部分各有纵、横两个方向。按照构造方式，可以分为实体墙、空心墙和复合墙。

墙体，在生活环境中随处可见，是组织空间的重要手段。空间在划分与围合中，离不开墙体的作用。墙体是支撑空间关系的基础，不同的墙体尺寸、形状、虚实、质感，能够营造出千姿百态的室内外空间环境。罗马万神庙封闭穹顶式墙体营造神秘的空间感受。巴塞罗那国际博览会德国馆墙体对空间生成起到决定性作用。我国传统民居北京四合院，常在入口处利用影壁、照壁这一墙体，围成转折空间区分内外，相邻院落空间利用山墙变化组成了风格多样的巷道胡同空间。

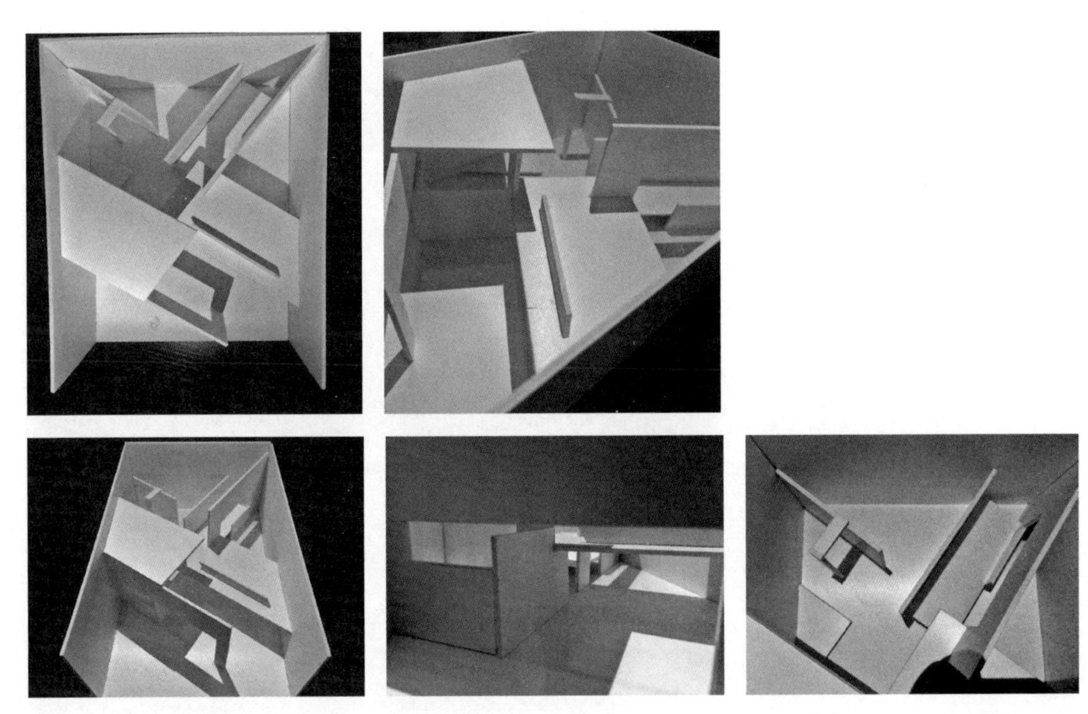

图 4-16　形态对墙体指代 设计：王梦雪（建筑 2012 级）

设计以构成为出发点，构图上十字形态为主，通过 45 ° 的转角，将构图与矩形边界联系起来。具体手法上，纸板指代墙体的形态，墙体不仅包括竖向墙体，同时也有水平墙体。结合墙上开洞形成柱，并在不同维度放置墙体，使得整体上设计呈现出点、线、面的有机统一。

不同墙体组合所产生的空间性质完全不同。围合是空间形成的基本手法，是通过建筑手段对自然状态的划分。墙体的变化使得围合空间可以是完全封闭、半开放半封闭，也可以是具有象征意义、弹性分隔，空间划分方式大大增强。墙体是空间围合的重要界面。

3. 模型表达

实际上，就本质而言，墙体在空间划分与围合中是一种线性状态的呈现。这种线性材料有一定大小、长短、薄厚的变化。纸板在模型设计与表达中，除薄厚不易表达外，与墙体的这些性质十分吻合，是墙体对应指代的理想选择，适合初学者的把握（图 4-17）。

4.6　设计比较

比较是完善设计的一个重要过程。通过比较，可以直观感知到在相同条件下不同设计思路对任务的解读，从差异中体会不同的设计手法。纸板造在所限定的条件基础上，分别从板片数量和虚实上对设计者提出了相应的比较设计。

图 4-17 纸板造的模型表达 设计：建筑 2015 级部分同学

图示为建筑 2015 级部分同学纸板造设计成果。这些成果展示出了纸板模型的强大表现力。在给定的三维空间中，纸板或虚或实、或直或曲、或竖或横、或水平或倾斜，粘接或插接，构成了丰富多样的趣味空间。

1. 板片数量比较

每位设计者需要在给定大小的板块中，使用尺度一致的片体，通过拼搭、穿插、夹间、贴附、悬挂等多种手法，构思数量不同的两个模型。给定大小，希望忽略板的形状给空间带来的变化，更加关注在匀质尺度下板与板之间如何形成空间，表达相互之间的关系。数量上的差异，并不是简单的思路重复，而是比较在外部条件一致、内部数量不同时的设计变化（图 4-18，图 4-19）。

图 4–18　纸板造 设计：王紫媛（建筑 2012 级）

方案使用的板片数量分别为 15 片和 45 片。底板面辅以方格控制模型整体尺度。板片数量少的方案，板的放置力求控制整个底面，分别以水平或垂直方向设置。板与板之间多通过穿插进行连接。板片数量多的方案，板的放置与板片数量少的方案大致一直，通过穿插、叠加的手法，在高度方向上有所变化，与其形成对比。

图 4–19　纸板造 设计：赵冰（建筑 2013 级）

方案使用的板片数量分别为 15 片和 30 片。板片数量少的方案，从板与板的连接出发，尝试了 2、3 块板连接形成的空间，以此为基础扩展形成空间。板片数量多的方案，以一点为空间核心，发散布置板片。板片之间仍保持原有的插接方式，实现整体空间形态。板片高度由内至外，由低变高，形成空间的节奏变化。

这种变化表达为：

（1）板片数量少的，需要概括设计能力。数量的减少，在空间的形成中需要更加注重空间虚的特征，体会空间中空的本质。通过视觉、心理等方面的手法处理，在虚实之间对给定底板划分，形成空间的层次。

（2）板片数量多的，需要复杂构成能力。数量的增大，意味着可供使用的面增加，但给定底面限定了空间的延展，需要更加注重空间实的部分，如何用实的构件来形成空的内涵。构件的重复，所形成的韵律和节奏不自觉地成为设计中的语汇。

（3）简单与复杂之间的对话能力。设计要求尽可能以同一种思路来贯穿两种不同的空间形成，少与多，虚与实，简单与复杂，形成了不同的对话语言。对于初学者是复杂的，但通过抽离其他因素，从直接观察与动手开始，三维形体在搭建中逐步形成，体会出对比之间的不同，在解读两者关系的同时增加设计趣味性。

2. 板片实虚比较

题目要求在给定大小的空间尺度中，通过墙体（由纸板指代）的变化及组合方式对盒子内部空间进行限定、划分和组织。结合墙体的开洞，形成有“意味”的场景，符合“人的行为”的内部空间。尺度在三个维度上分别给出相应的限定，空间的维度感增强。通过墙体的开洞变化，增加空间的虚实变化（图 4-20，图 4-21）。

这种变化表达为：

（1）以实墙为要素的空间组织。设计着眼点注意空间形成基本手法的运用，实体墙面通过高度、方向等形成的形态韵律，增加空间的趣味性。

（2）以开洞为要素的空间组织。在原有实墙面基础上，设置洞口，考虑空间之间的流动性，增加视觉、光影等要素对空间的影响。

（3）实与虚的对话能力。设计从实墙和开洞两个层面开始，不仅突出了空间生成的基本手法，同时也加入了空间生成的拓展因素。通过两个模型之间的比较，对空间的性质、属性、光影等产生了基本认知。另外，在限定三维尺度上的设计使空间为人服务的需要得以强调。

4.7 作品呈现

图 4-22 至图 4-50 为纸板造的学生作业实例。这些实例并不都是优秀作业，但各具特色，辅以点评分析，以释内涵。

俯视图

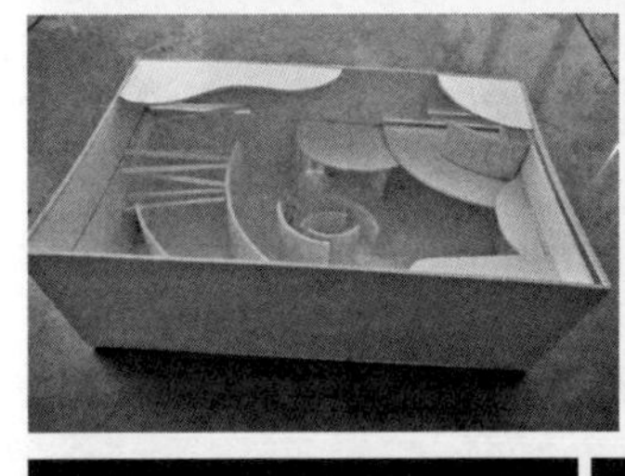

不开洞

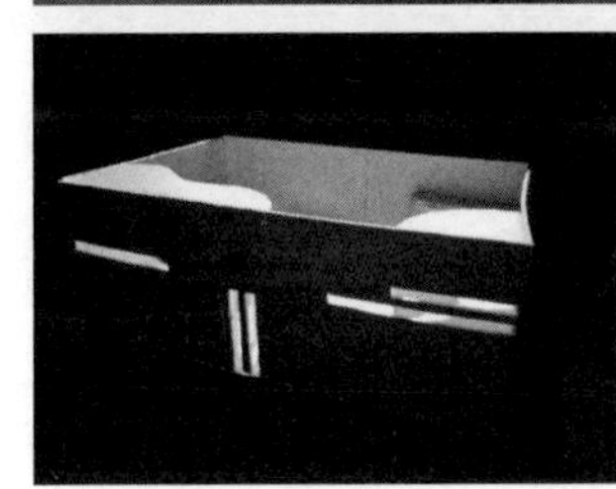

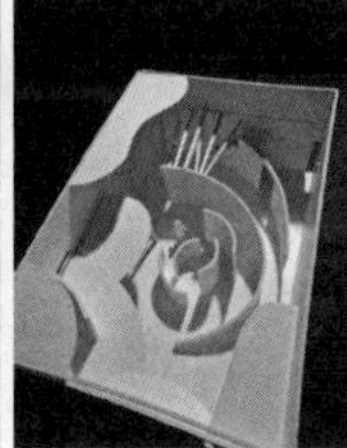
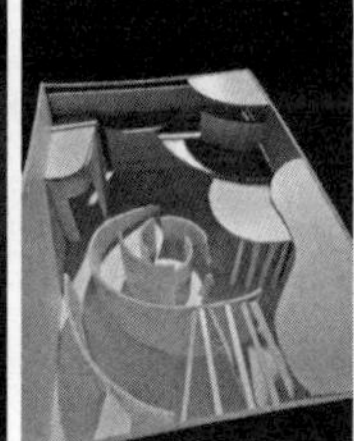

开洞

图 4-20　纸板造 设计：毕可心（建筑 2015 级）

设计在给定的空间范围内，将弧形竖墙引入空间中，通过多重间断的墙体对空间进行重新划分。柱子的使用，起到了积极的引导作用。空间水平划分上，保持对曲线的应用，以水平曲线墙面对空间进行上下划分，同时也呼应弧形竖墙。限定空间界面的开洞主要考虑到内部空间的组织情况，以水平和垂直长窗的形式，在内部空间形成了良好的光影效果。

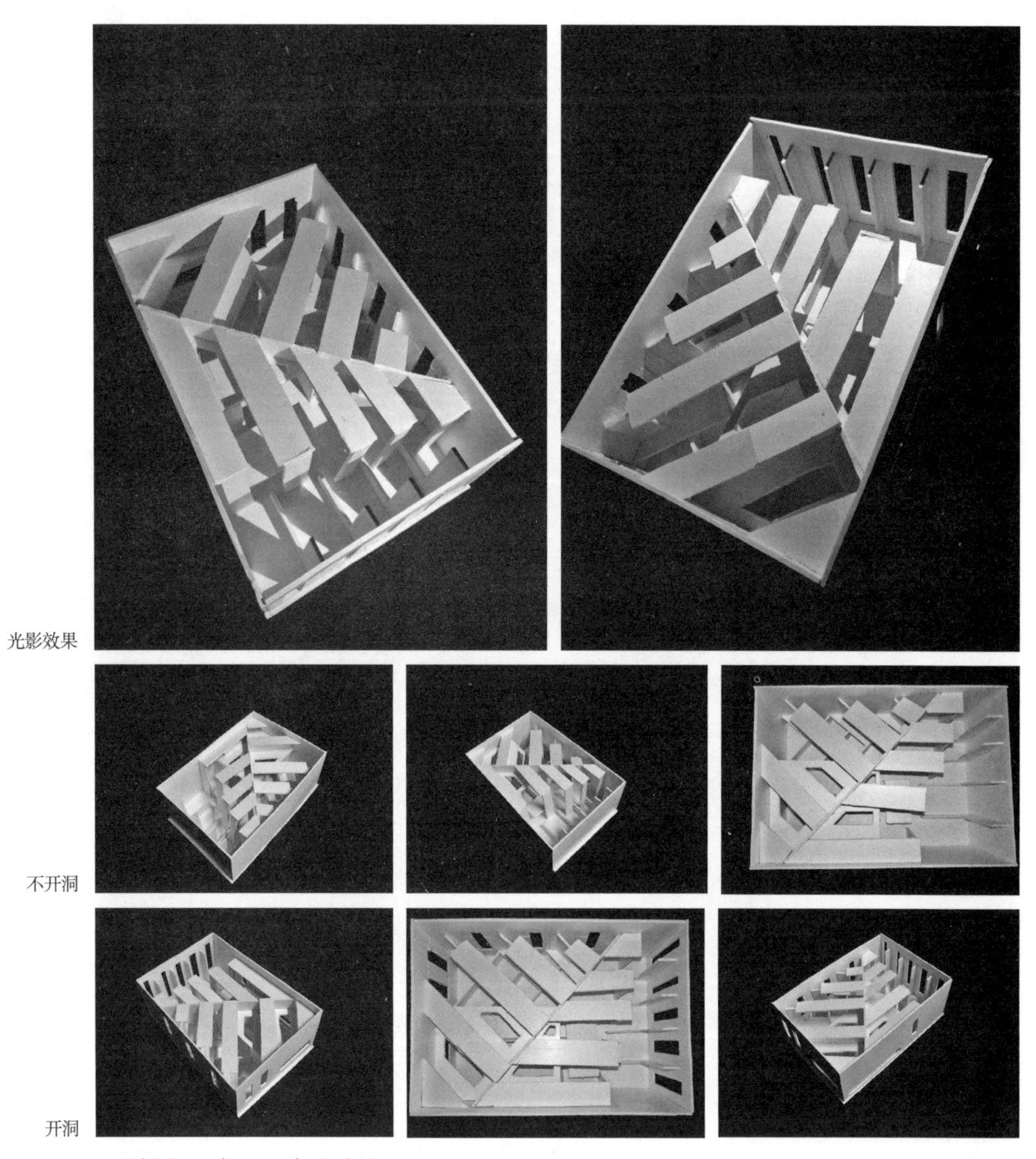

图 4-21　纸板造 设计：王霁轩（建筑 2016 级）

设计以“L”形片墙为主要元素，通过大小不一的片墙，形成了韵律感强烈的空间。同时设计还将“L”形片墙，以两种不同的形态共同并置，增加了视觉的趣味性。限定空间界面的开洞，强化了设计的空间韵律感。以竖向长窗为主有规律地展开，长窗和竖向墙体共同营造视觉和光影效果。

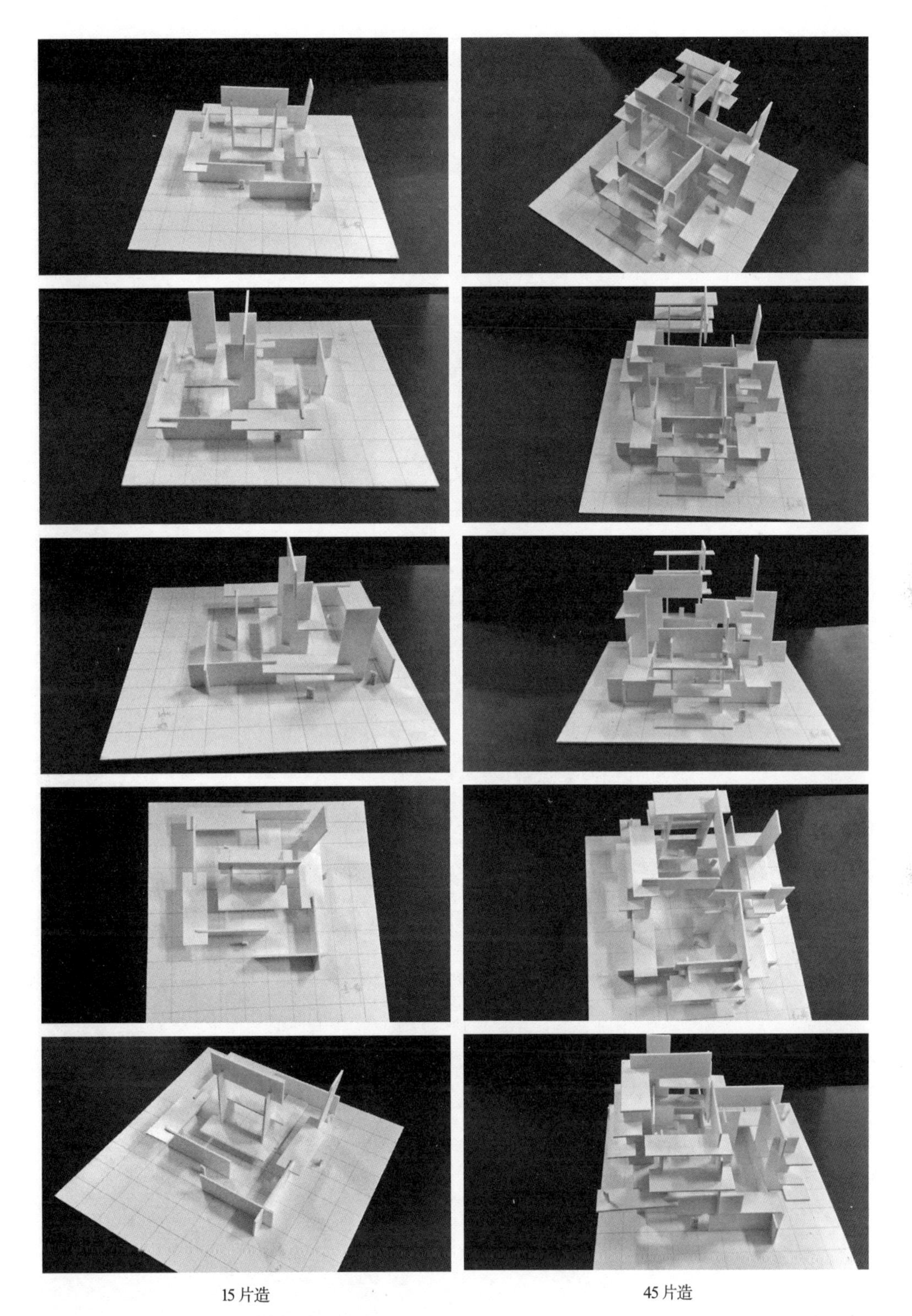

15 片造　　45 片造

图 4-22　纸板造 设计：盖以楠（建筑 2012 级）

教师点评：15 片模型，通过板片的穿插，形成有一定中心的空间分割。中心以多个板片叠加，在高度上高于其他部分，明确中心地位。45 片模型，板片仍保持原有穿插手法，板片形成了不同高度围合面，有一定的韵律感。模型中辅以纸片比例人形，增加了空间尺度感。

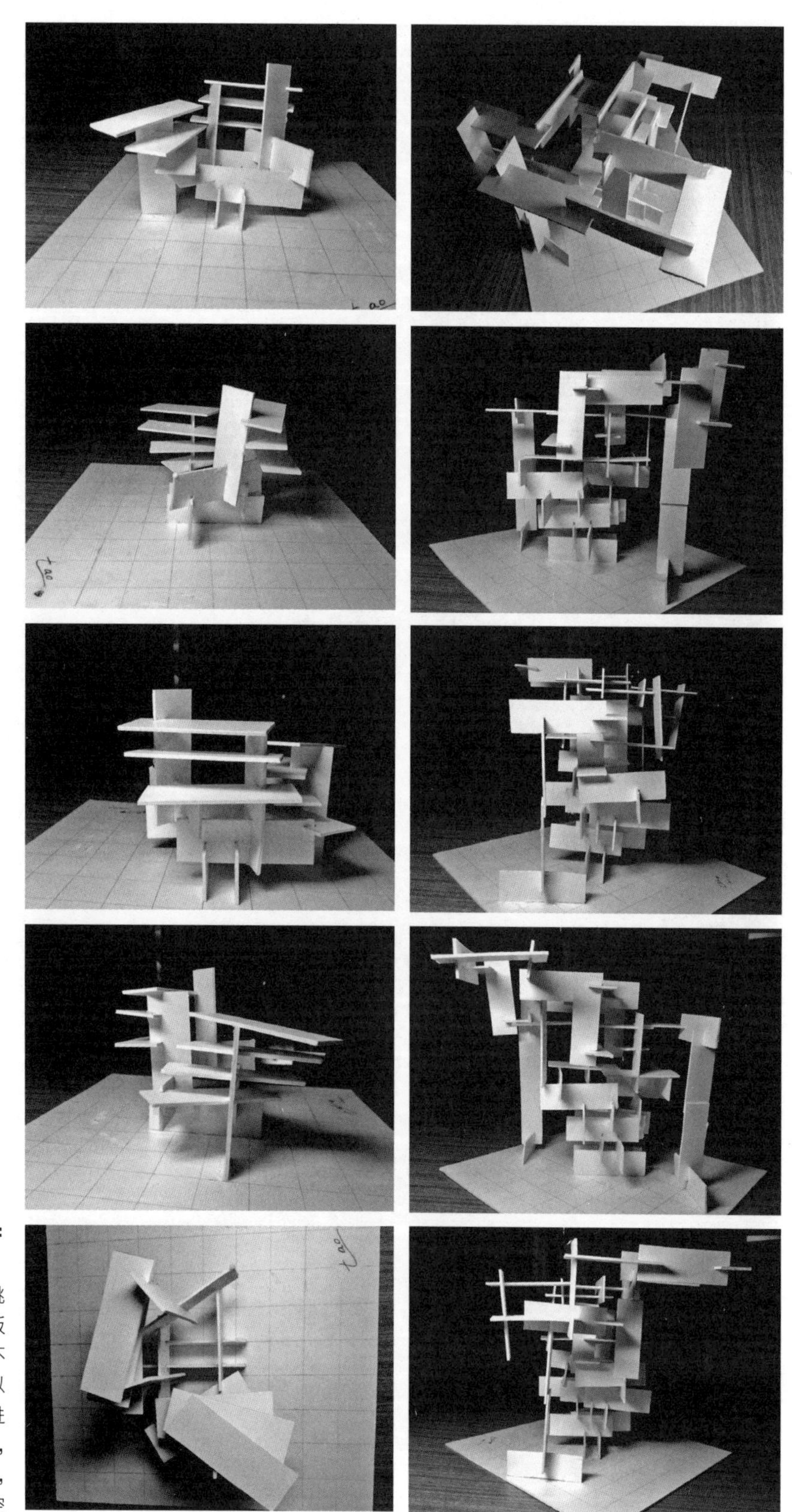

15 片造　　45 片造

图 4-23　纸板造 设计：陶羿（建筑 2012 级）

教师点评：设计以眺望行为作为出发点，将板片集中布置，形成高低不同的几个层次，形态上以三角形为基础原型不断进行扩展。片数较多的设计，空间设计眺望主题不变，在片墙设置过程中实现空间由小渐大的变化。

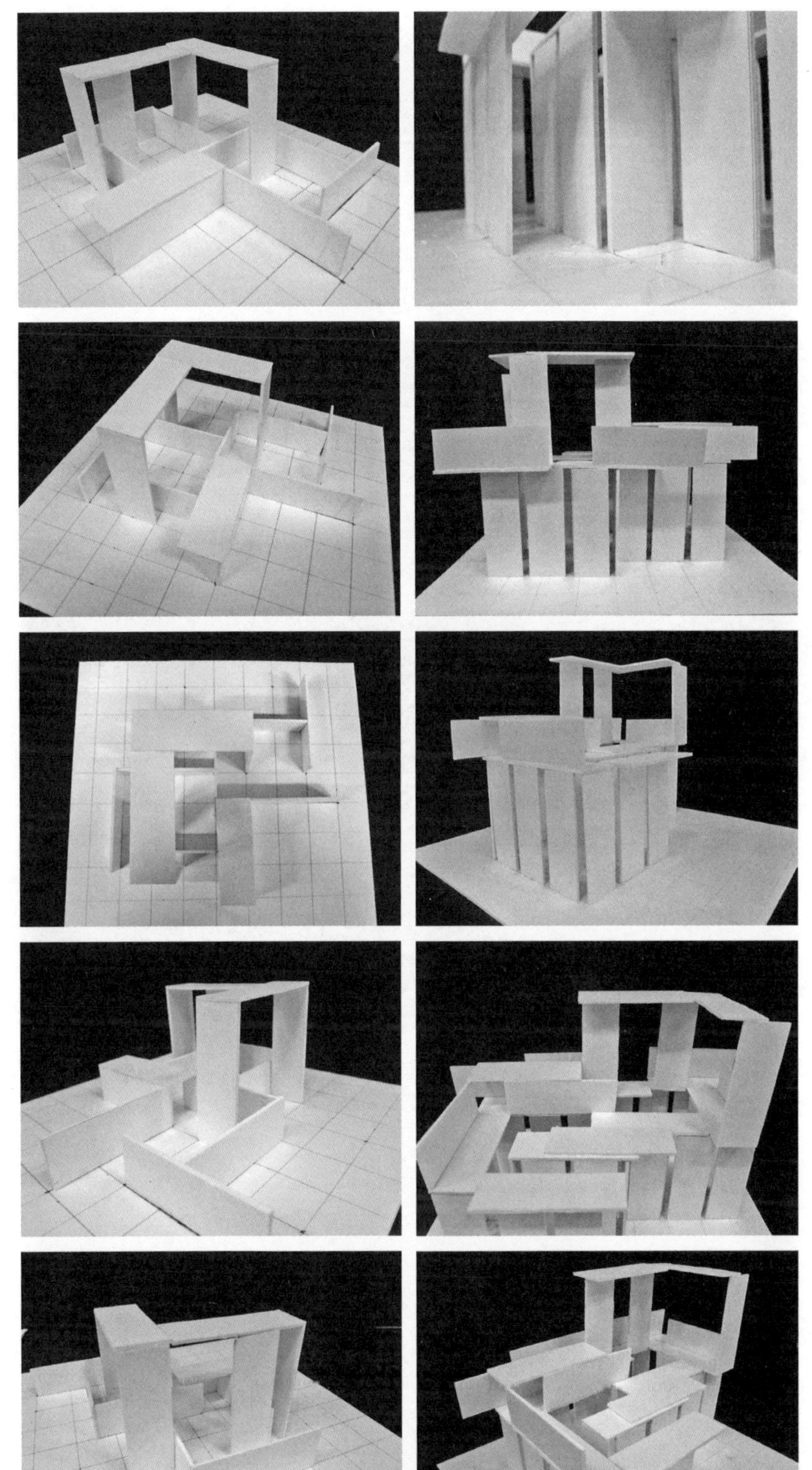

15 片造　　45 片造

图 4-24　纸板造 设计：王慧瑶（建筑 2012 级）

教师点评：设计通过板片在不同高度上的组织，将空间有序划分为两个不同的高度。空间行为上可以实现穿行与眺望等行为。多板片方案，强化不同高度的空间特点，明确上下两层关系，但底部空间围合过强，与上层空间对比较大。

15片造

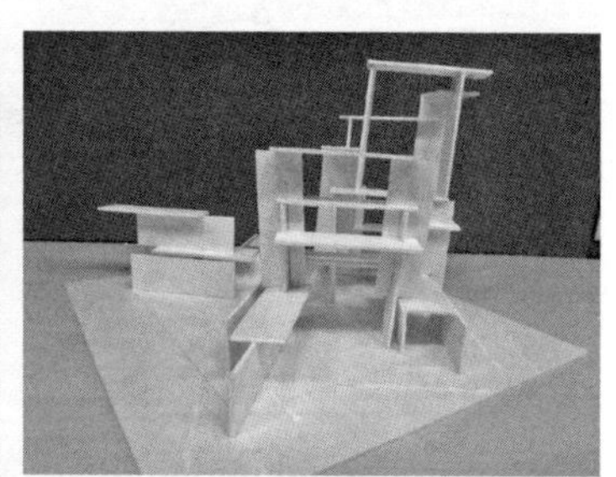

45片造

图 4-25　纸板造 设计：苏婧烨（建筑 2012 级）

教师点评：设计以对角线的形态将方形底面划分为四个部分。每个部分处理手法不尽相同，高度由零逐渐升高，空间富于变化，引起了穿行、转折、汇聚、眺望等多重行为的发生。

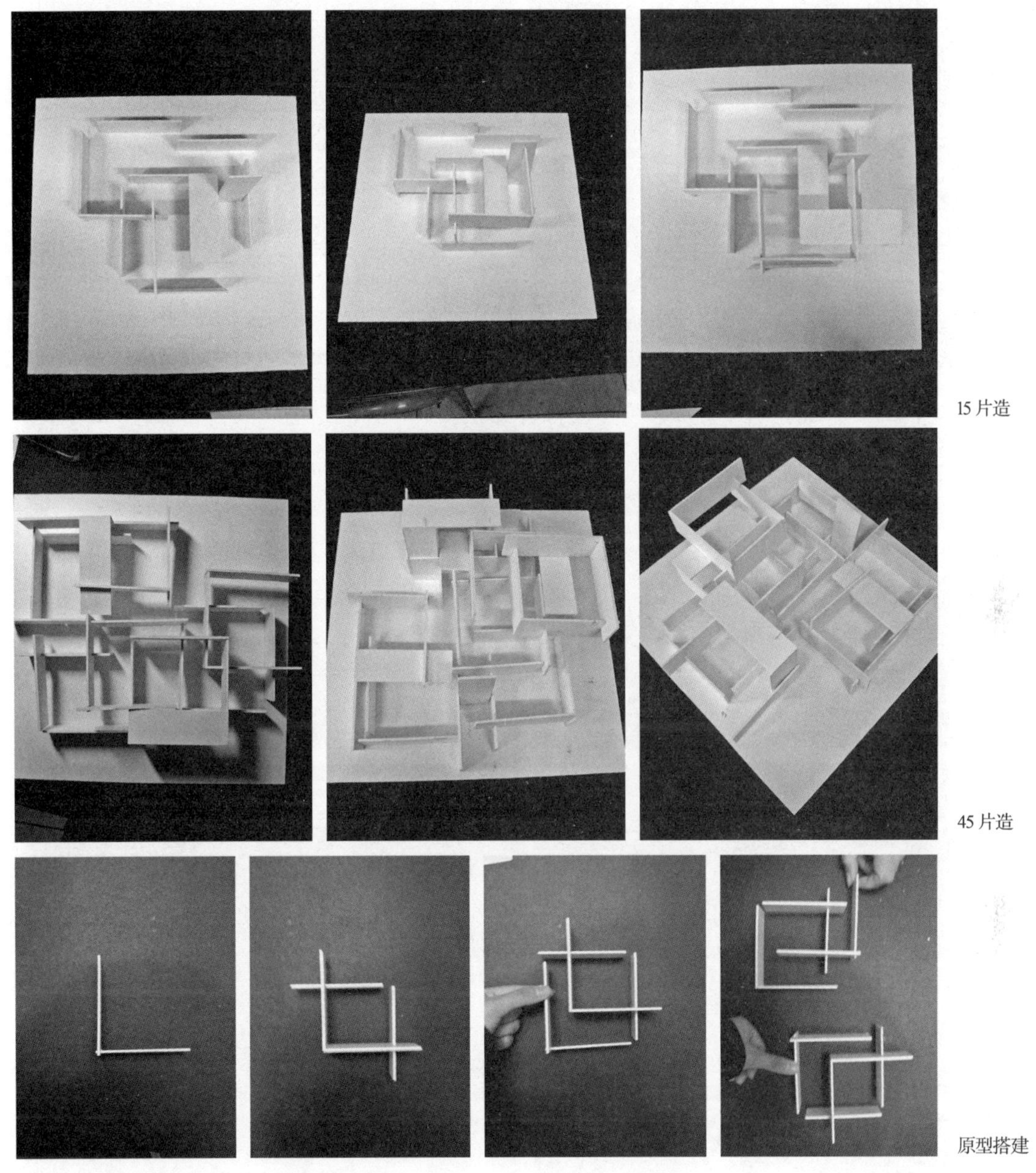

图 4-26　纸板造 设计：于若婷（建筑 2012 级）

教师点评：设计以水平和垂直两个板片为基础展开，两个板片形成“L”形墙体，四个板片围合形成“口”字形空间，构成方案的空间原型。多个“口”字形空间叠加，在不同高度层次围合形成了复合空间。

图 4-27　纸板造 设计：窦博煜（建筑 2013 级）

教师点评：方案通过板片的穿插，形成"L"形板片组合，组合不断重复，并在高度上延伸，对空间进行划分组织。

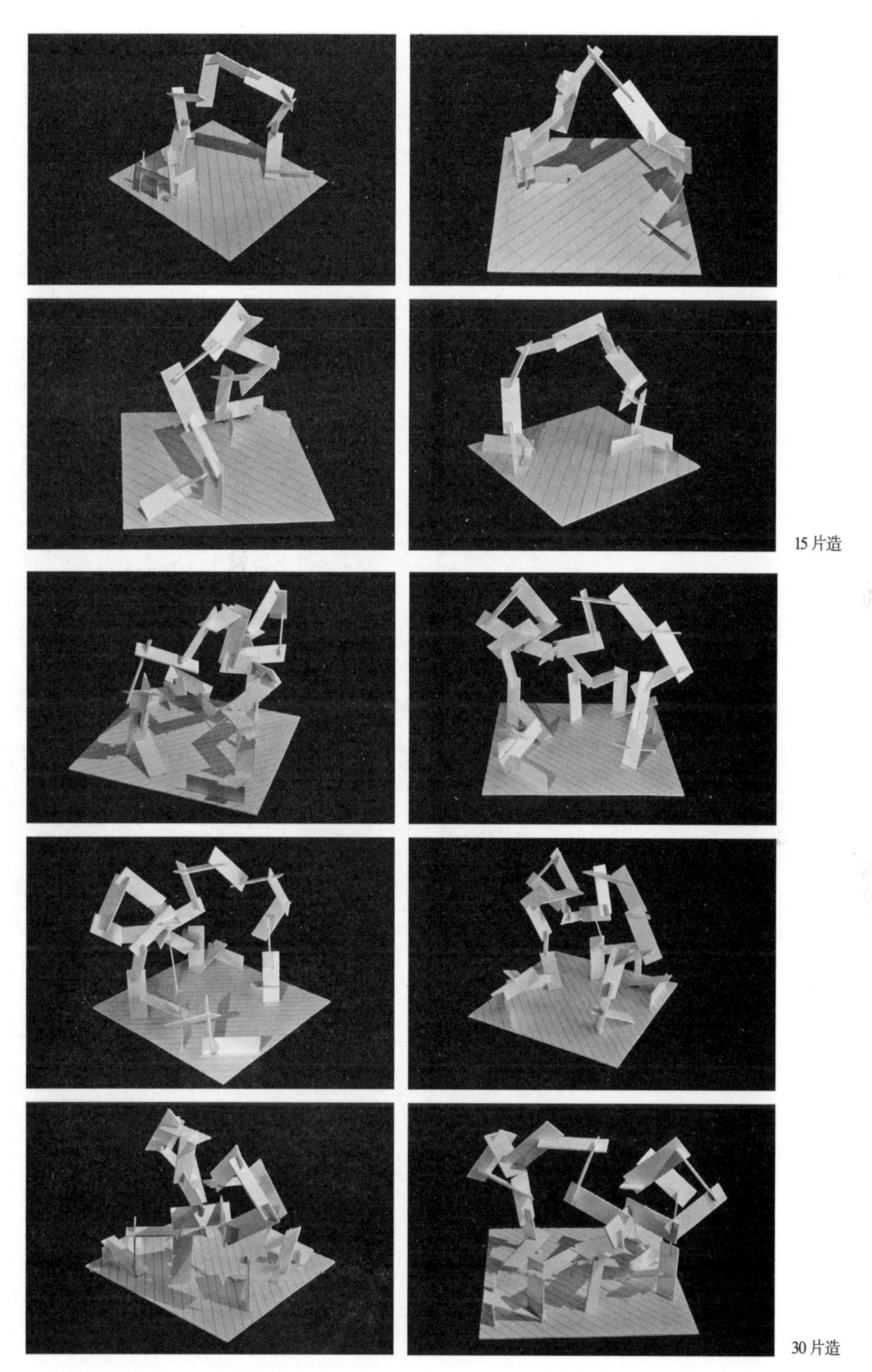

15 片造

30 片造

图 4-28　纸板造 设计：田安琦（建筑 2013 级）

教师点评：摆脱了单一空间处理手法，以立体空间处理为手段，巧妙地通过板片的插接，形成全新的空间划分。多板片处理上，仍保持原有的板片立体插接方法，同时丰富了空间的层次性。

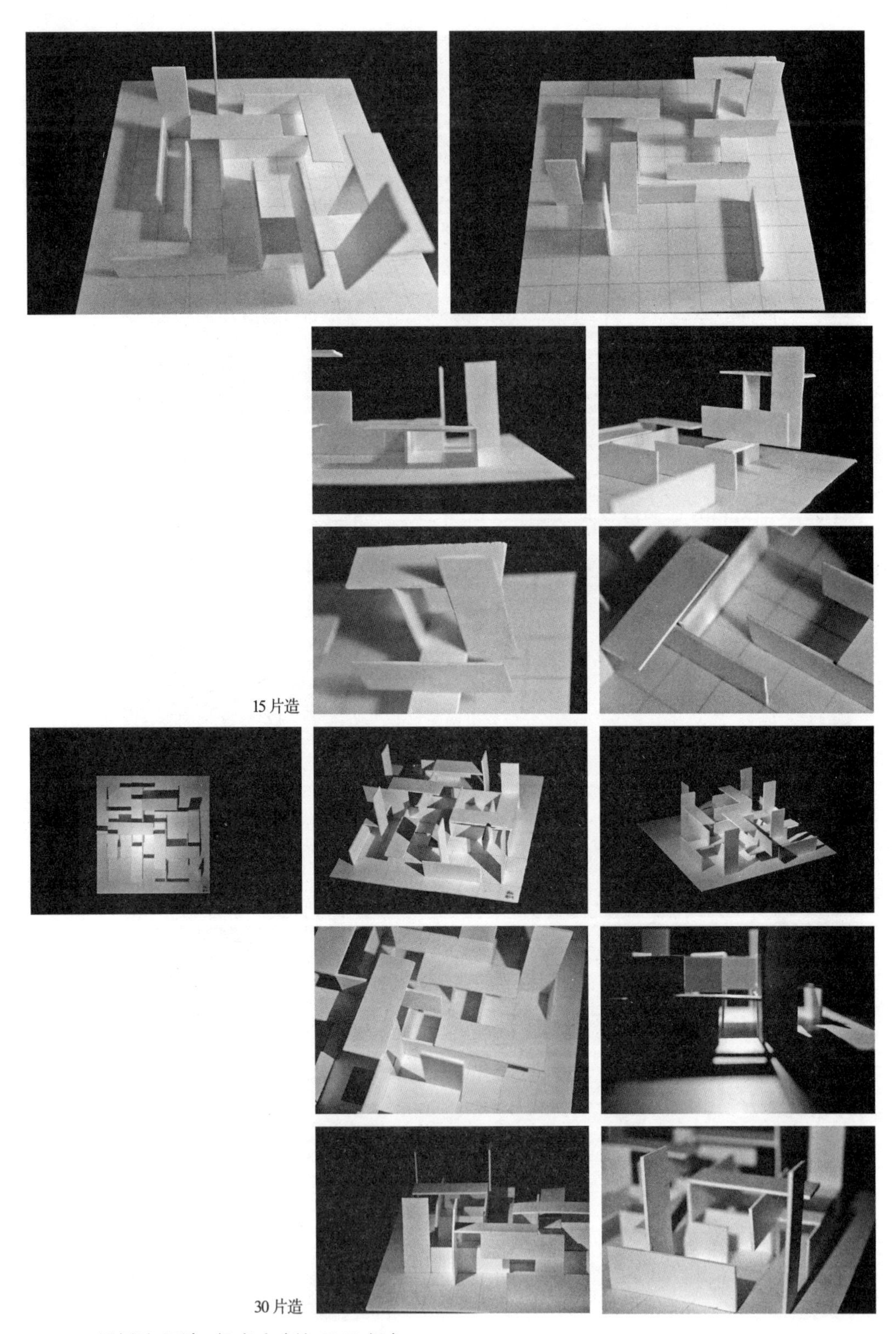

图 4-29 纸板造 设计：杨光（建筑 2013 级）

教师点评：方案通过底部所绘制的辅助尺度格线，按照构成的手法，实现了板片的点、线与面的有机统一。在空间处理上，营造了丰富的空间影响，并考虑光影对空间的效果。

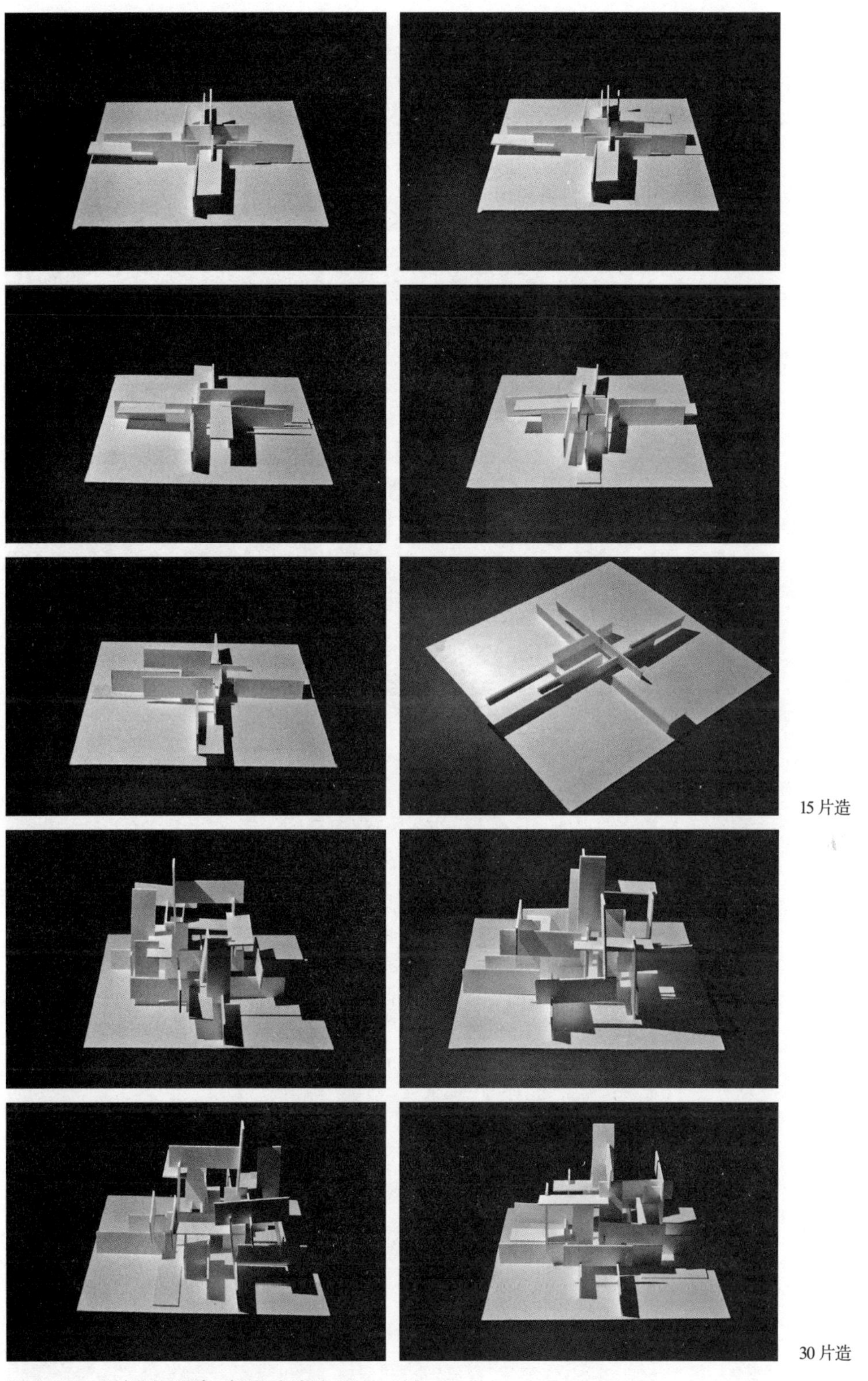

15 片造

30 片造

图 4-30　纸板造 设计：贺润（建筑 2014 级）

教师点评：设计以经典的十字构图为出发，力求每个十字部分在板片处理上又能有所突破和变化。多板片处理上，增加了高度上的变化，但对十字构图有所减弱。

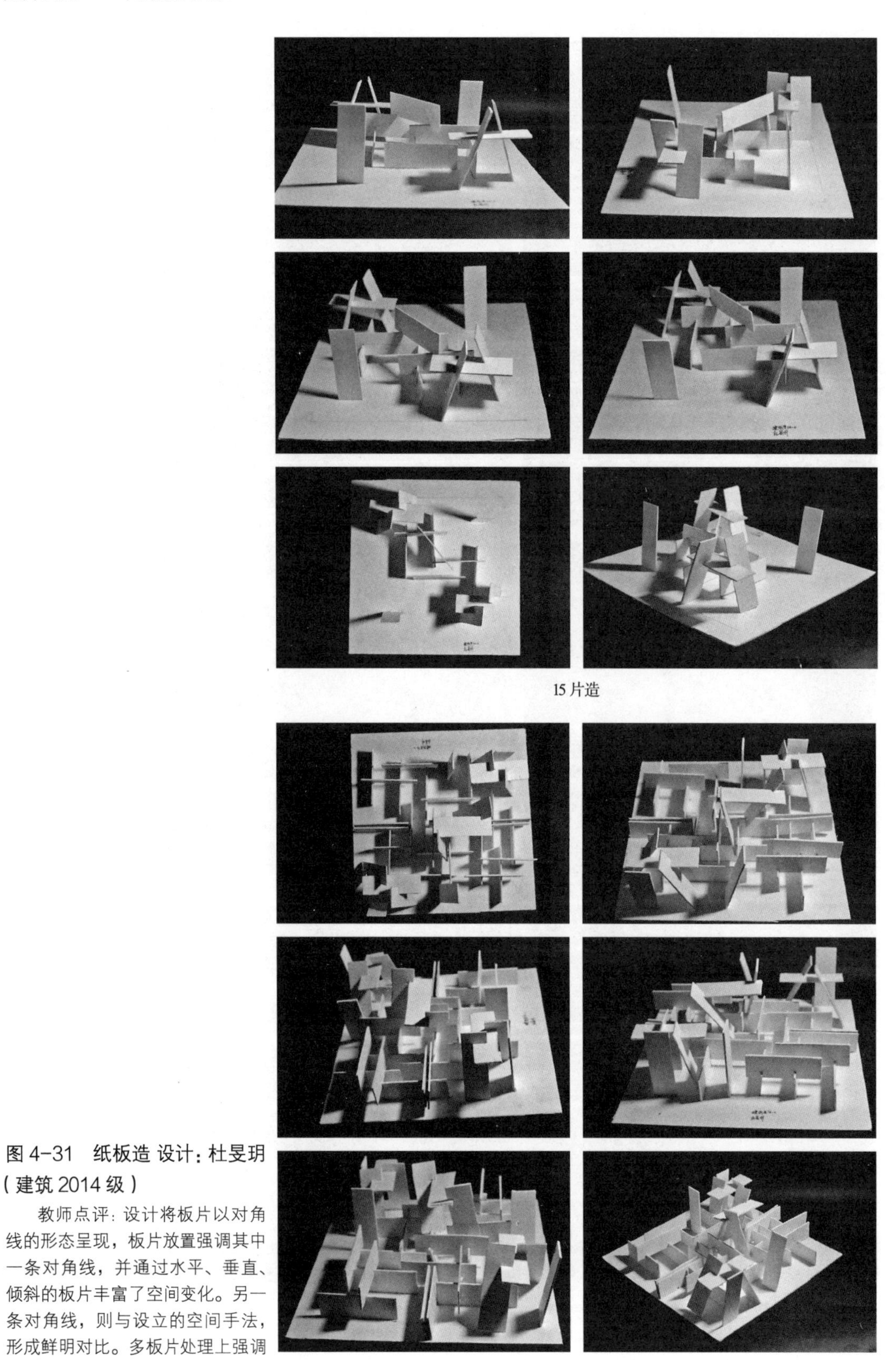

15 片造

30 片造

图 4-31 纸板造 设计：杜旻玥（建筑 2014 级）

教师点评：设计将板片以对角线的形态呈现，板片放置强调其中一条对角线，并通过水平、垂直、倾斜的板片丰富了空间变化。另一条对角线，则与设立的空间手法，形成鲜明对比。多板片处理上强调了相应的设计手法。

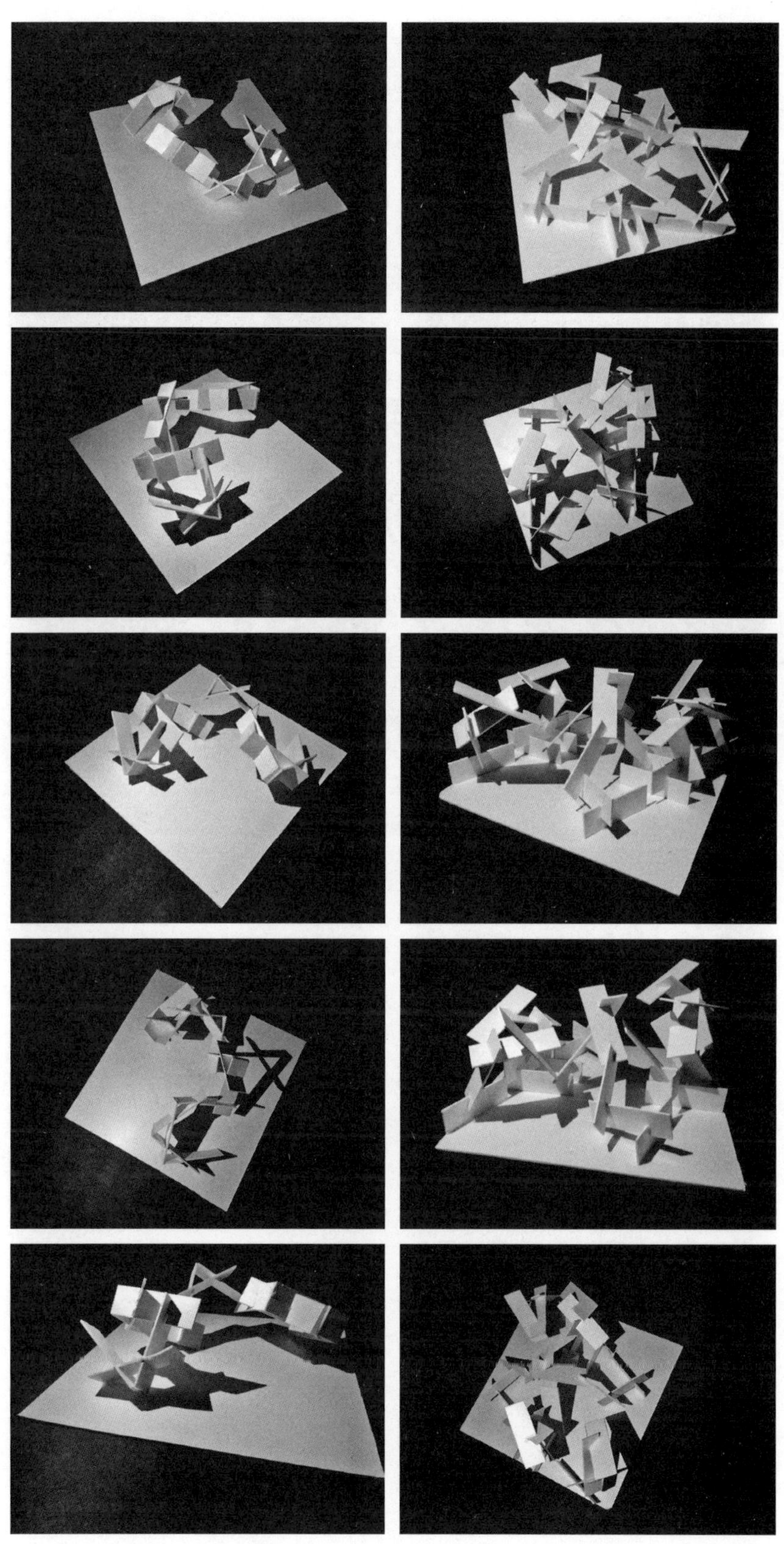

图 4-32　纸板造
设计：李泽亚（建筑 2014 级）

教帅点评：设计通过三个板的穿插形式一个可延续的元素，元素之间在穿插中得到空间变化，形成立体空间围合特征。多板片试图维持该手法，但空间形态不如少板片明确。

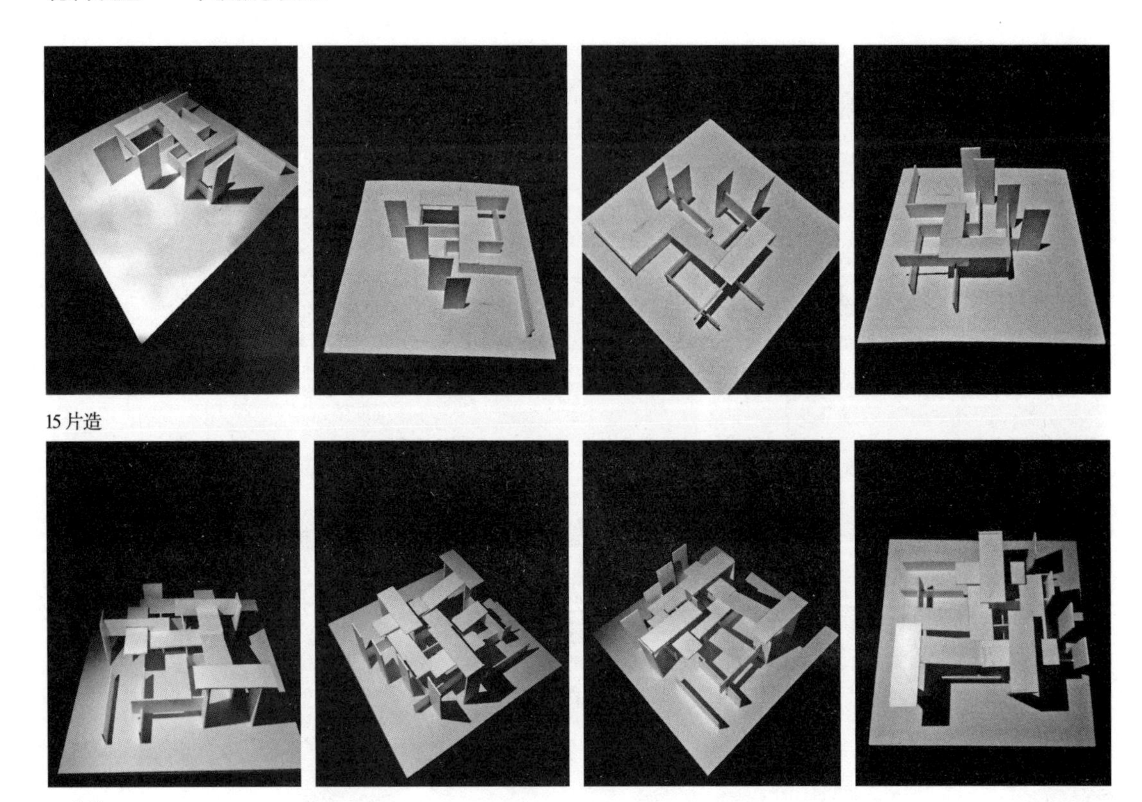

图 4-33　纸板造 设计：刘雅静（建筑 2014 级）

教师点评：板片“L”形围合感强烈，多重“L”形墙体形成了空间的韵律与节奏。在板片的结束处，以竖向板片作为收尾，并有一定的空间节奏。多板片设计保持原有设计手法，并增加了水平上的空间联系。

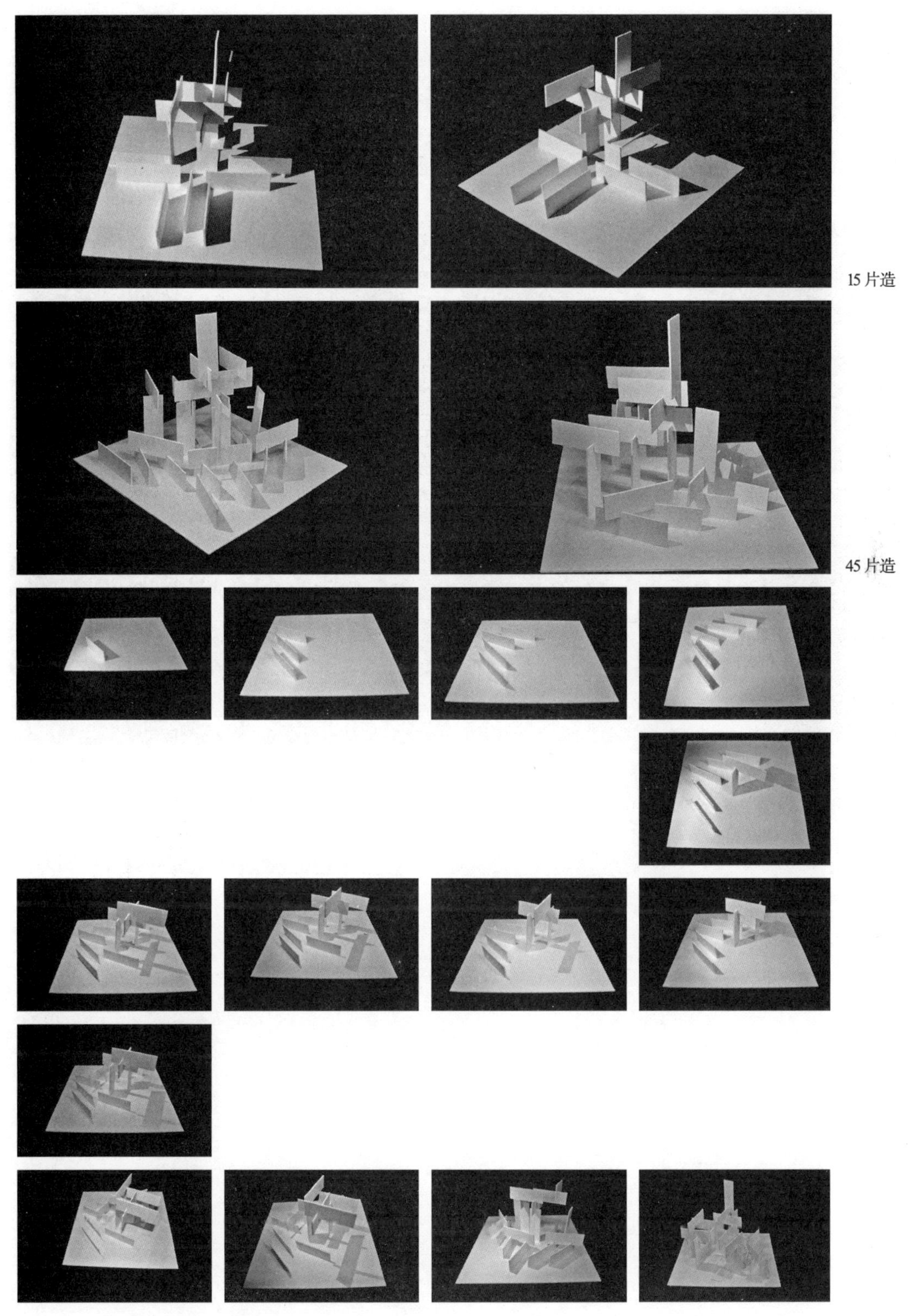

图 4-34　纸板造 设计：吴思敏（建筑 2014 级）

教师点评：板片的布置以十字构图为基础，单独强调了十字的一个分支，起到了空间设立的作用。多板片设计打破原有十字构图，但依然保持空间设立的特性。

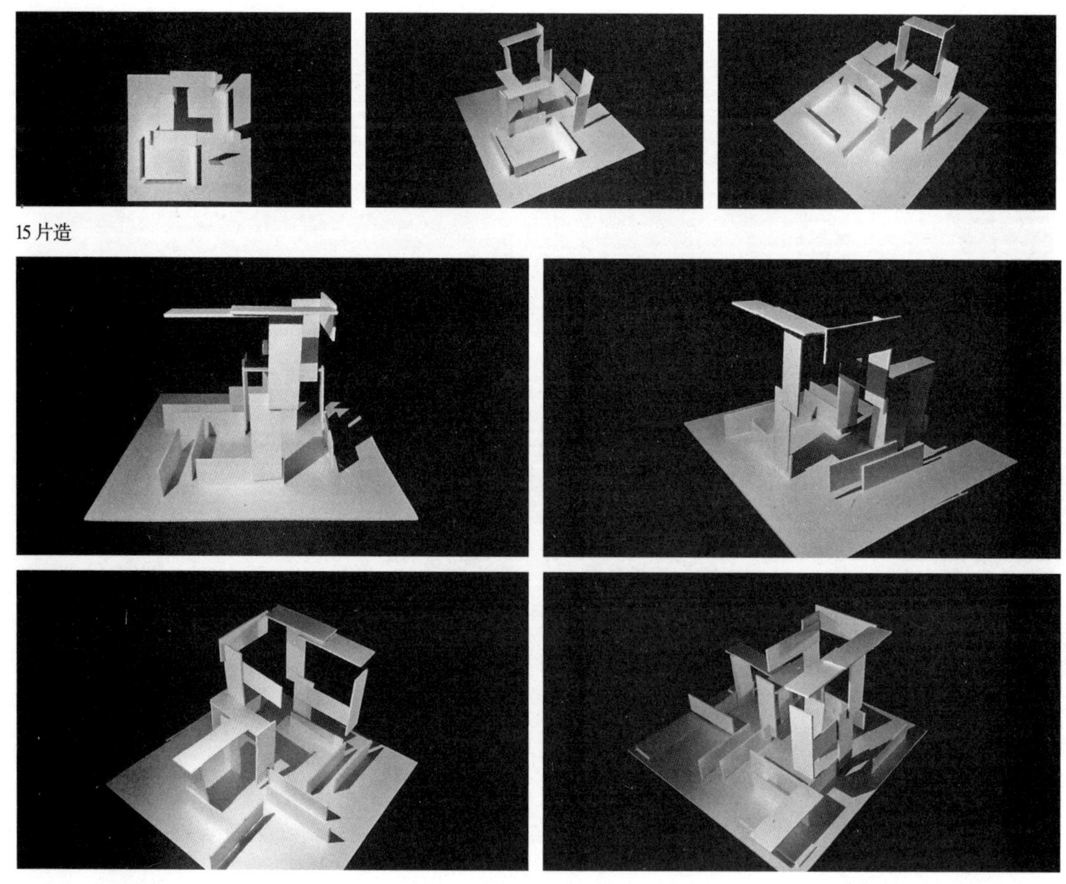

15片造

45片造

图 4-35　纸板造 设计：杨兴正（建筑 2014 级）

教师点评：设计以两个方向为主体，在高度上形成高低不同的空间分割。多板片设计上强调了方形构图，通过板片的重复，增强了空间维度的变化。

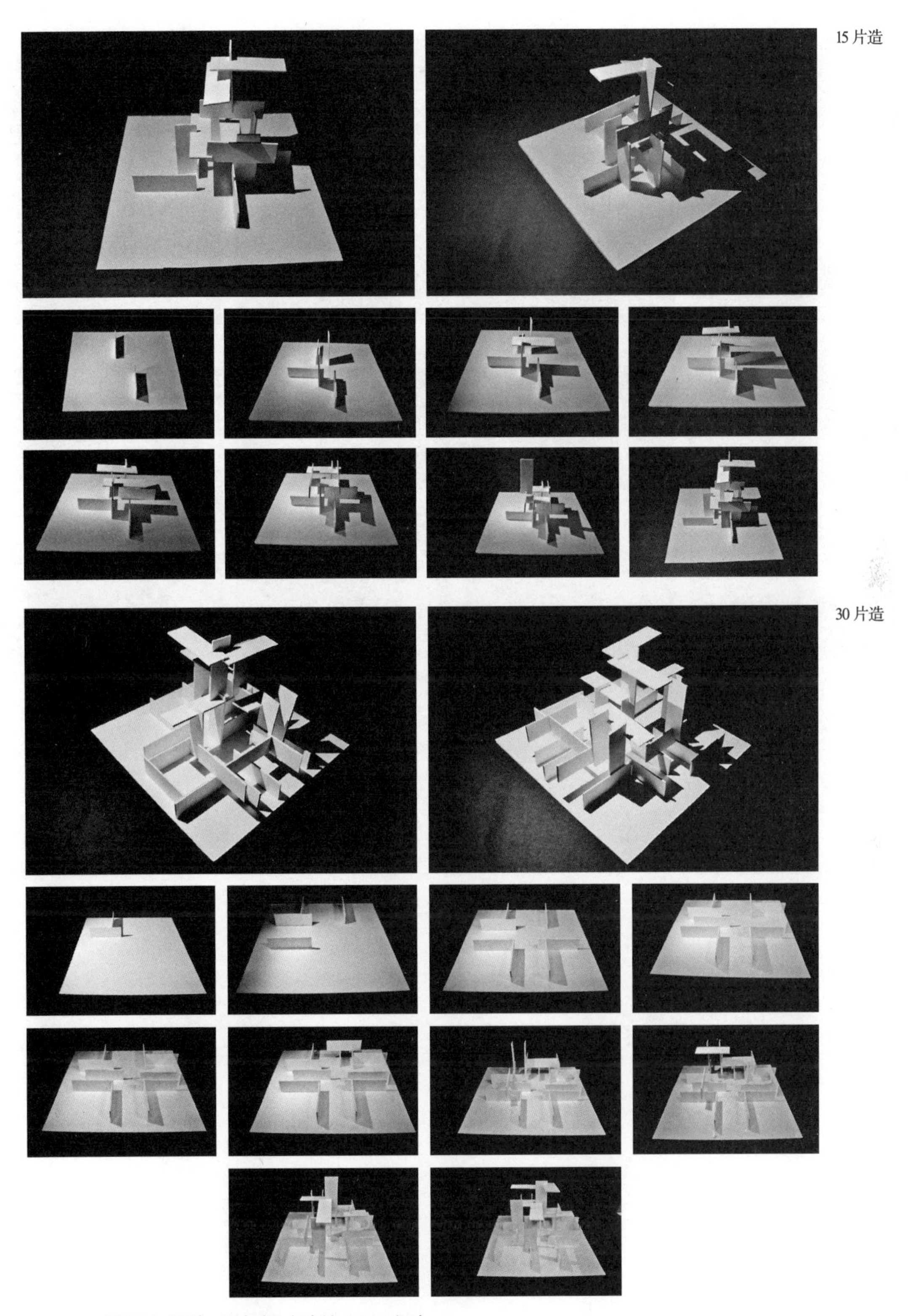

图 4-36　纸板造 设计：张旭颖（建筑 2014 级）

教师点评：板片通过两两相交，对底板进行划分。在通过板片穿插叠加，逐渐在高度上实现了空间变化。顶部板片向外悬挑，以覆盖的手法形成空间。

15 片造

45 片造

图 4-37　纸板造 设计：顾思明（建筑 2014 级）

教师点评：两个板片以深度的插接形成十字柱的形态，以此为基础不断变化，以向心的构图形态组织了整个空间布局。

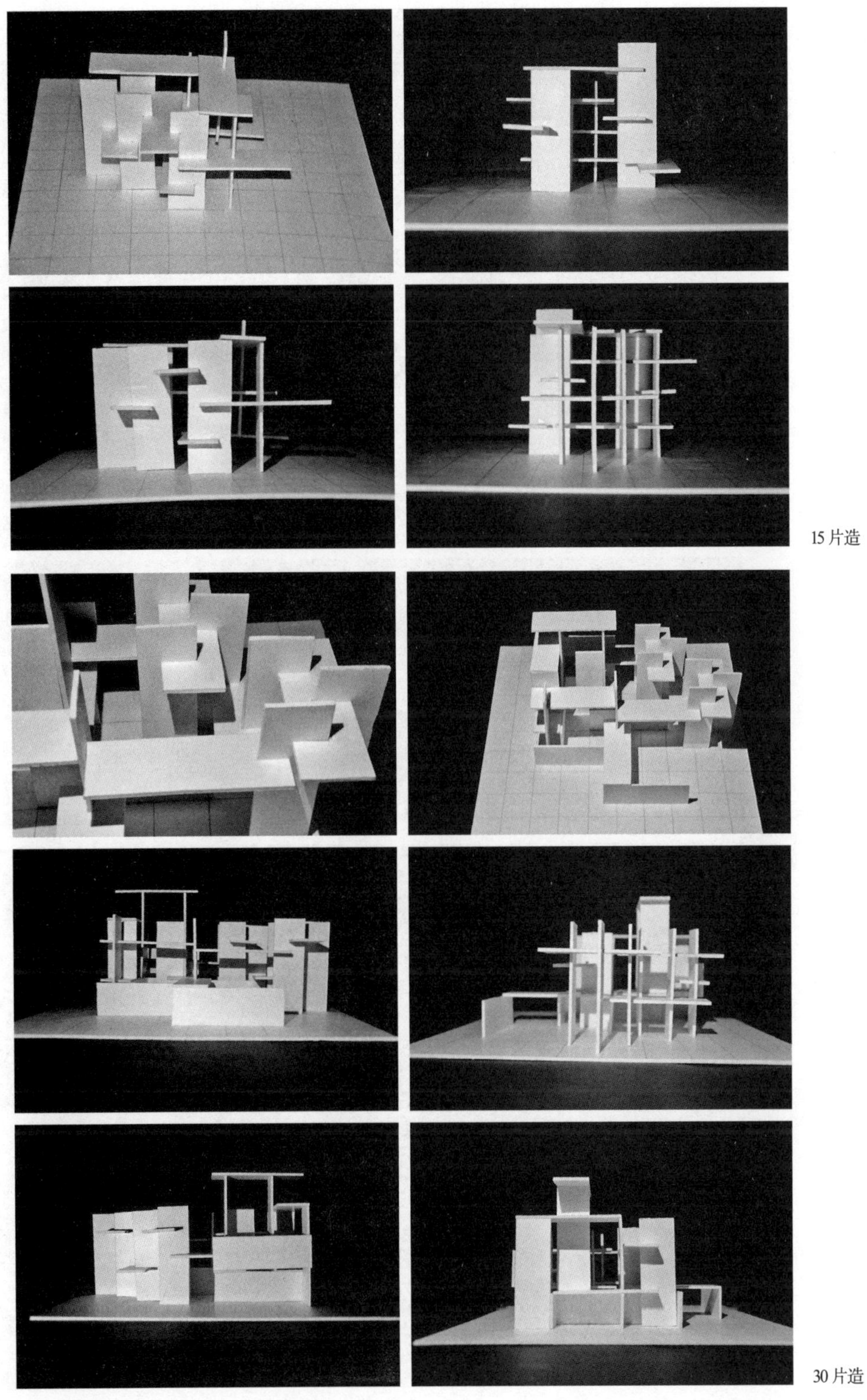

图 4-38　纸板造 设计：邓雅文（建筑 2014 级）

教师点评：设计有效利用了竖向板片的高度，将竖向板片合理划分，通过在不同高度上板与板的穿插，形成了多层空间的叠加。

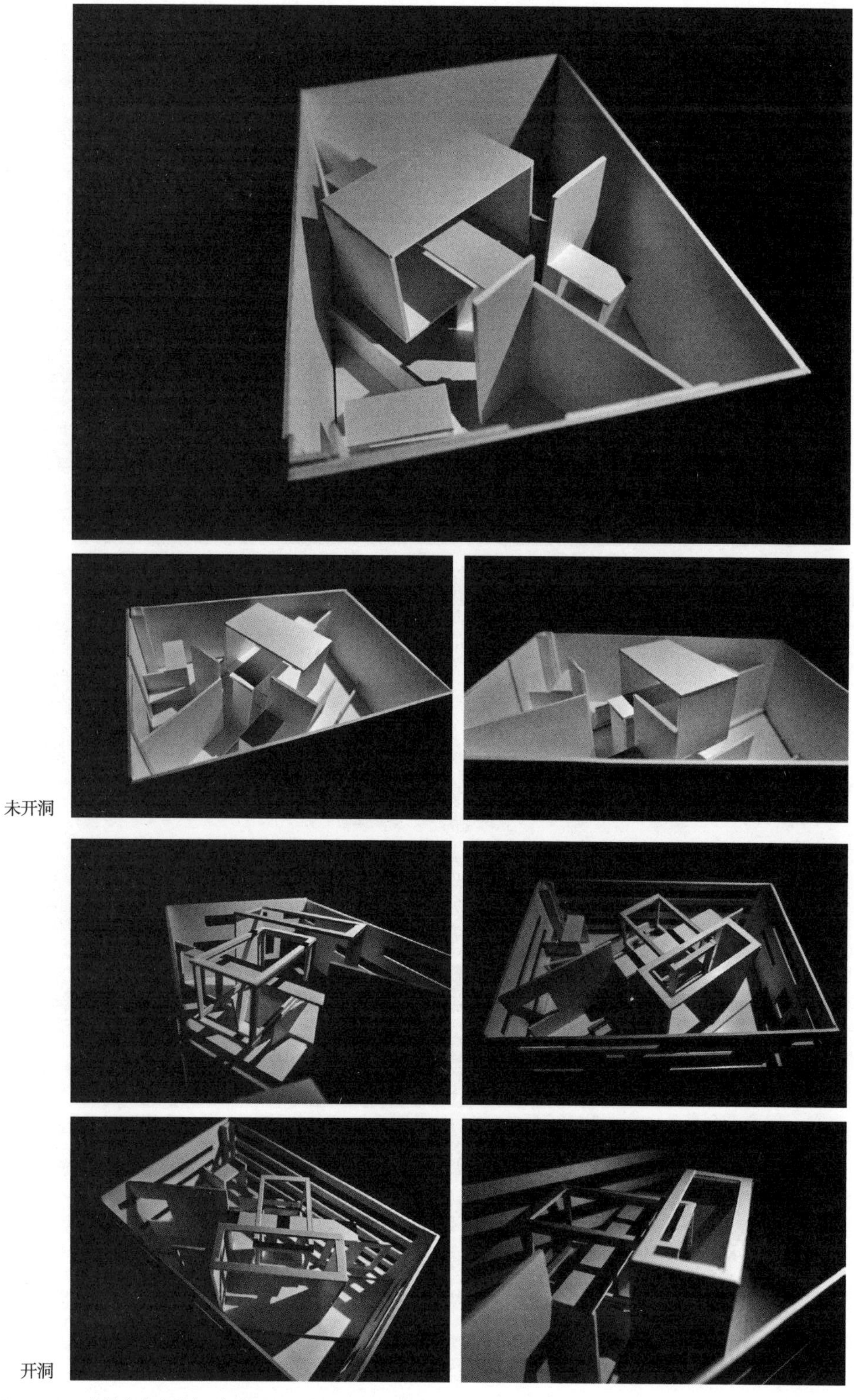

图 4-39 纸板造 设计：郭俣男（建筑 2015 级）

教师点评：设计以交叉两个垂直相交的框架盒子为基础，分别延伸出相应的片墙，将空间进行划分。盒子本身通过开洞处理，展现出不同虚实界面对空间处理的影响。

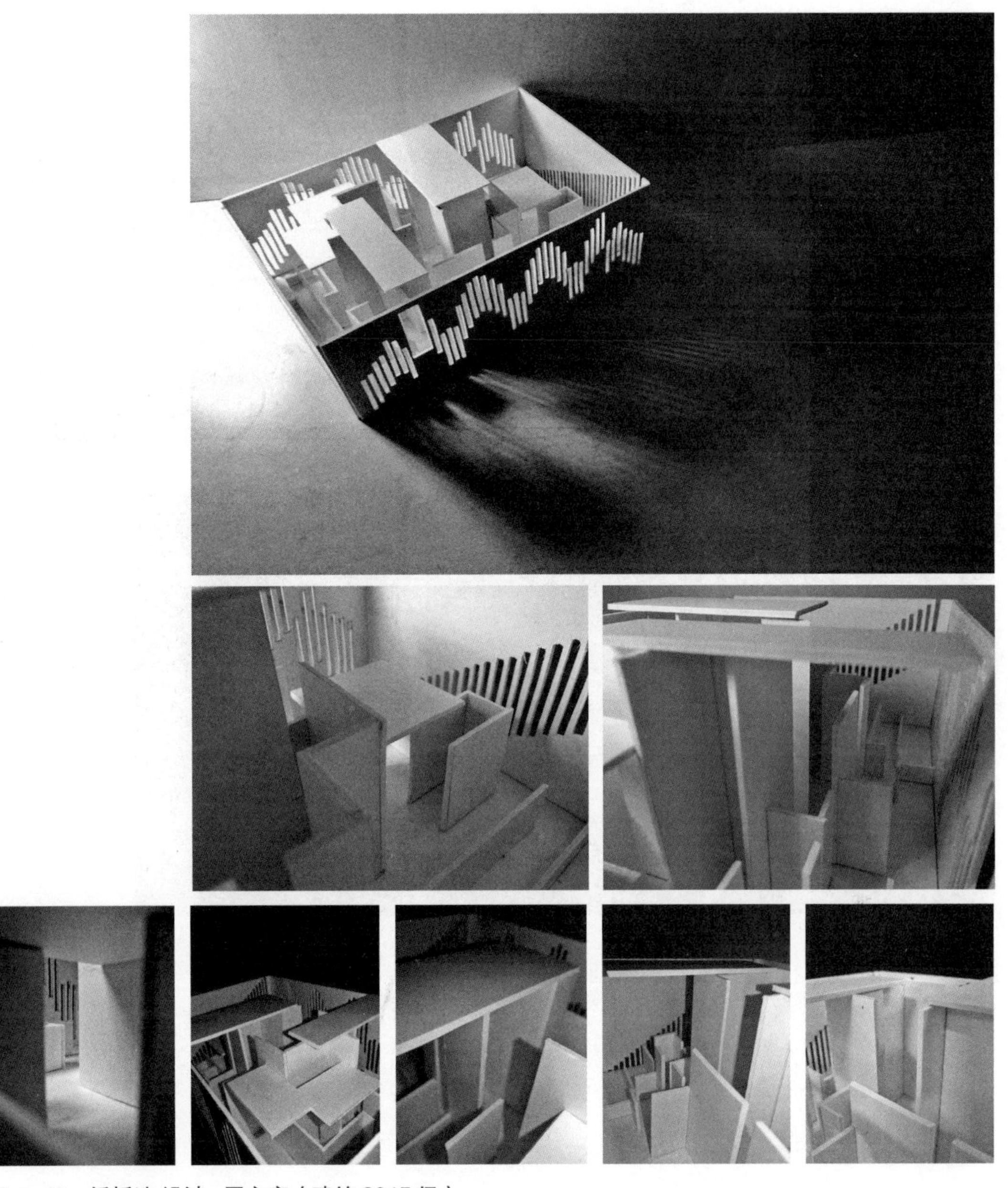

图 4-40　纸板造 设计：罗宇寒（建筑 2015 级）

教师点评：内部空间通过高低不同的墙体得以合理划分。外部界面，采用连续的小长窗，有韵律地开设在墙面上，丰富了空间的光影变化。

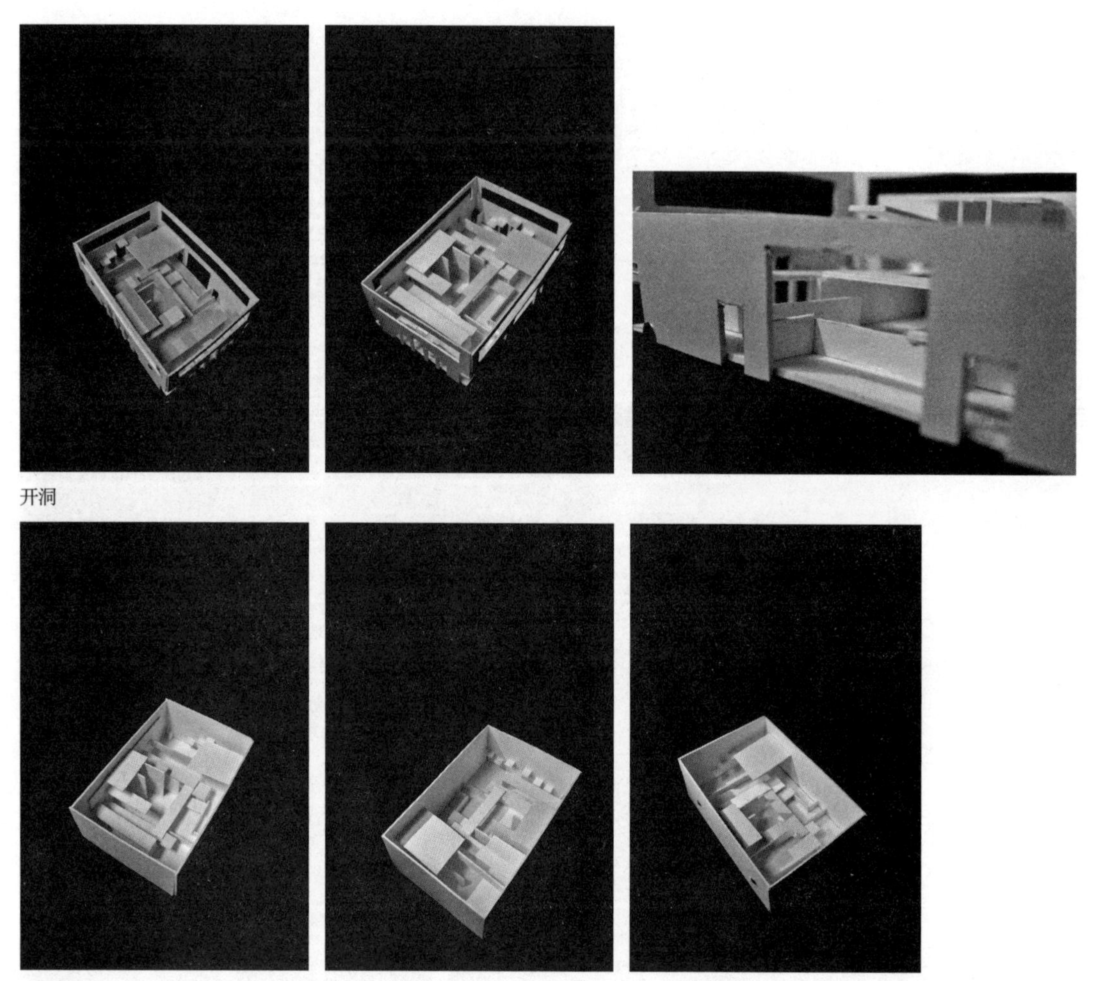

开洞

未开洞

图 4-41　纸板造 设计：雷佳月（建筑 2016 级）

教师点评：设计通过垂直和水平墙体，将空间划分成若干部分。外部界面的开洞结合内部空间，洞口大小形成不同的空间窗口。水平墙体以覆盖手法强调了空间划分。

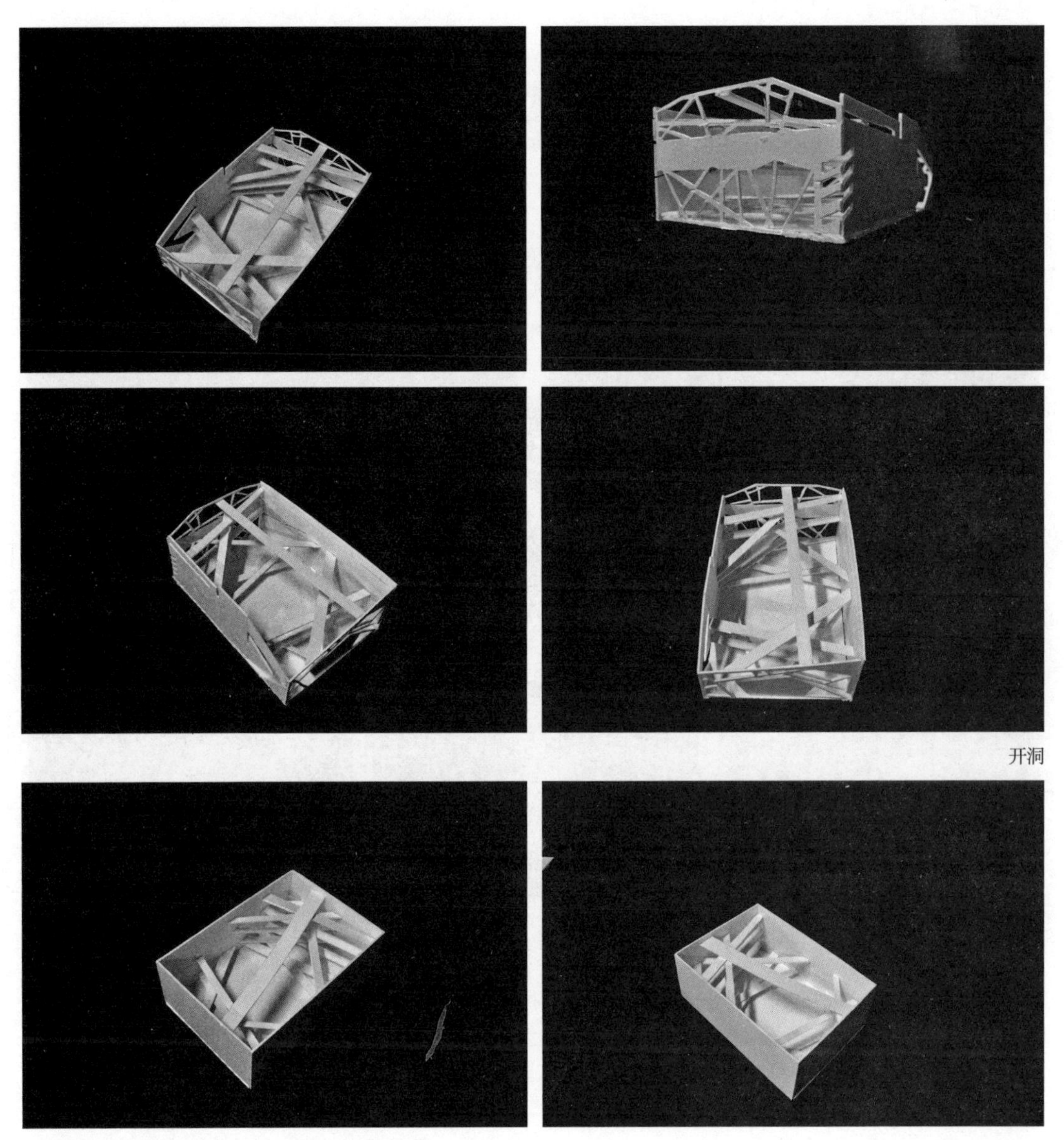

图 4-42　纸板造 设计：孙芦路（建筑 2016 级）

教师点评：方案构思来源于城市立交桥空间，交织的空间特征在空间划分中得以体现。洞口的设计源于树干，从中体现出立交桥的城市空间意向。

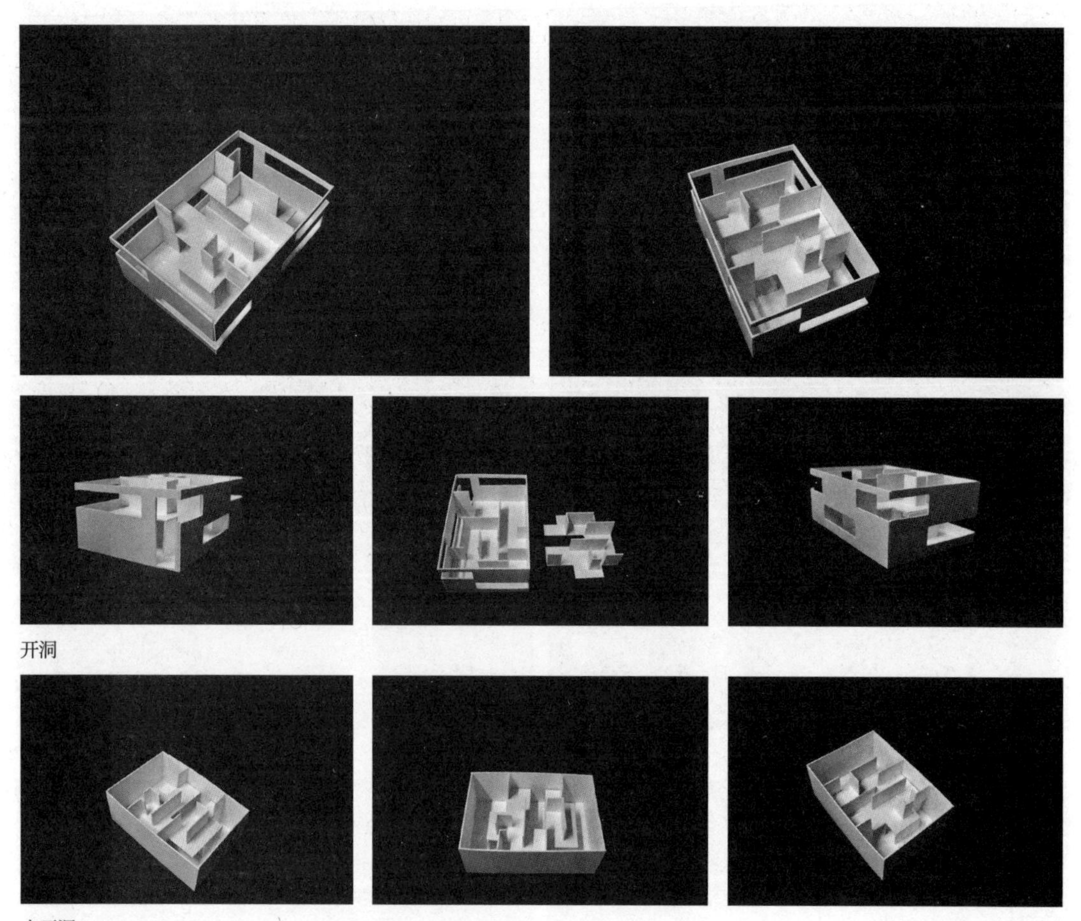

图 4-43　纸板造 设计：崔双熠（建筑 2016 级）

教师点评：设计清晰地表达了不同高度空间，每层空间划分以垂直矮墙，依据人体尺度，并按照游览路线设置。此外，上下两层空间通过局部贯通，提升了空间的活跃度。

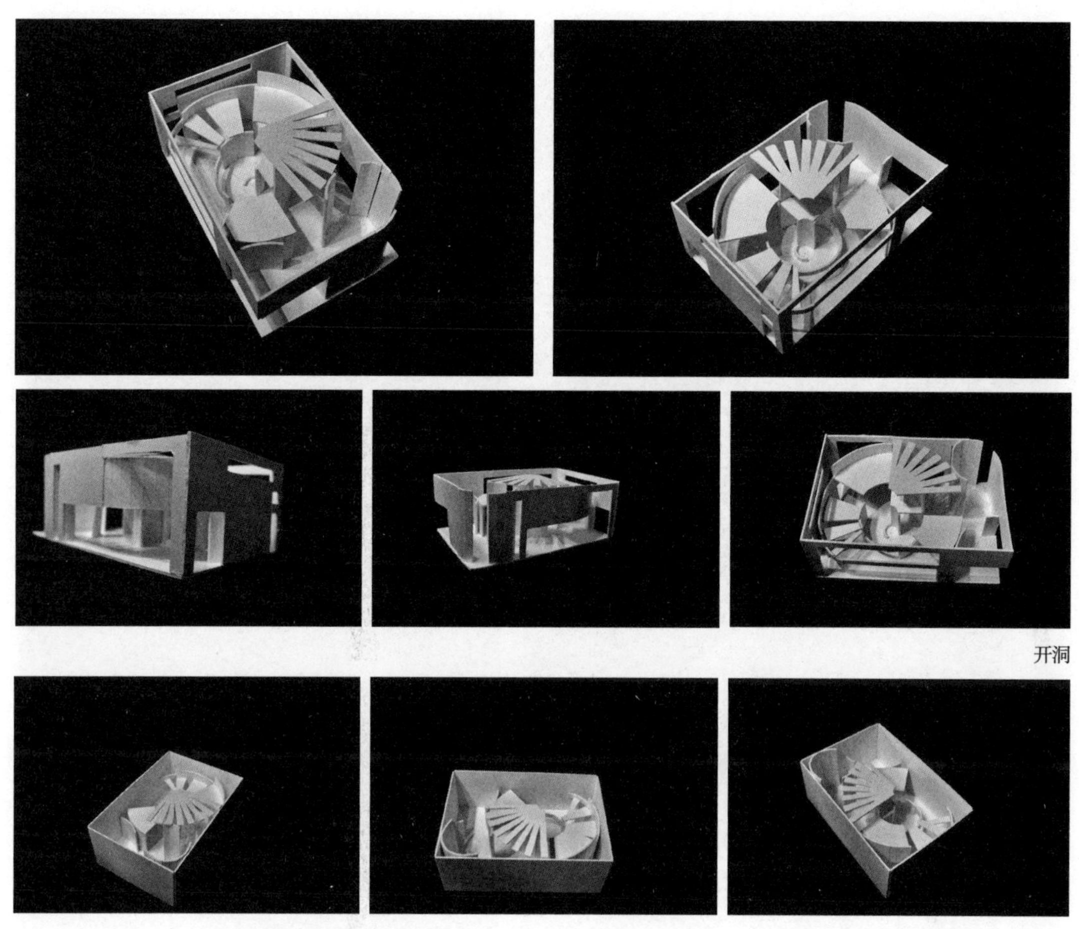

图 4-44　纸板造 设计：高伊琳（建筑 2016 级）

教师点评：内部空间以曲线墙体为主要划分手段。值得注意的是，曲线墙体与给定空间界面的交接处理。通过开窗和开洞的设置，将内外墙体有机合理结合起来，形成有意义的过渡空间。

图 4-45 纸板造 设计：李苹（建筑 2016 级）

教师点评：设计强调了斜面对空间的左右划分。斜面的设计上，采用了虚实不同的处理手法，并且不断重复，形成了空间的韵律。

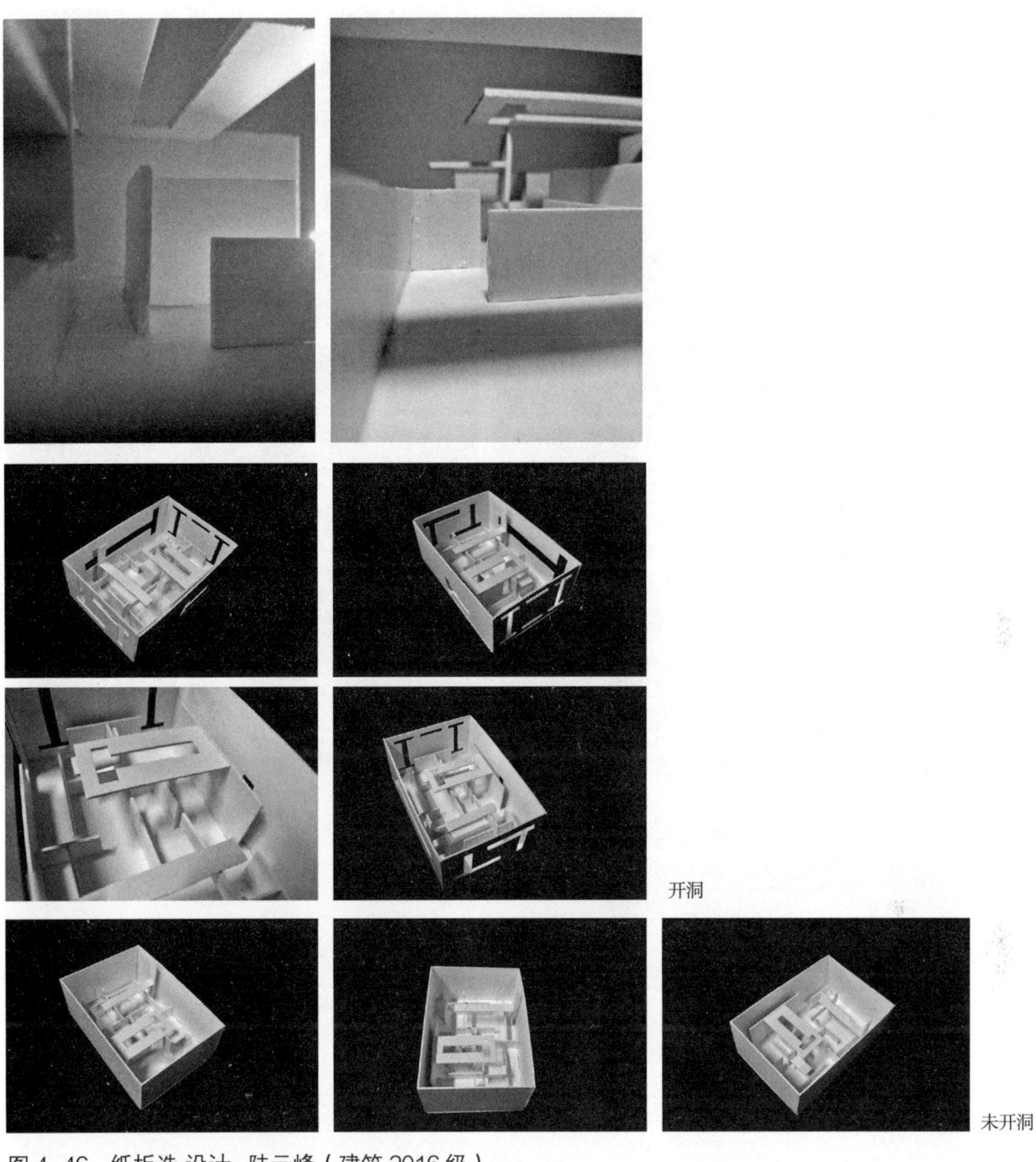

图 4-46　纸板造 设计：陆云峰（建筑 2016 级）

教师点评：墙面的组织上以“T”形为主要手段，依据人体尺度和行为的需要，将空间进行多重划分。顶部水平板片的设置，是空间的覆盖设计手法。其中“T”形洞口再次回应了设计母题。

图 4-47　纸板造 设计：李翊菲（建筑 2016 级）

教师点评：设计以对称为主要构图手法，以曲线墙体为主要划分手段，通过水平和垂直墙体的穿插，将空间进行组织。外界面开洞保持曲线主体，对称而不单调。

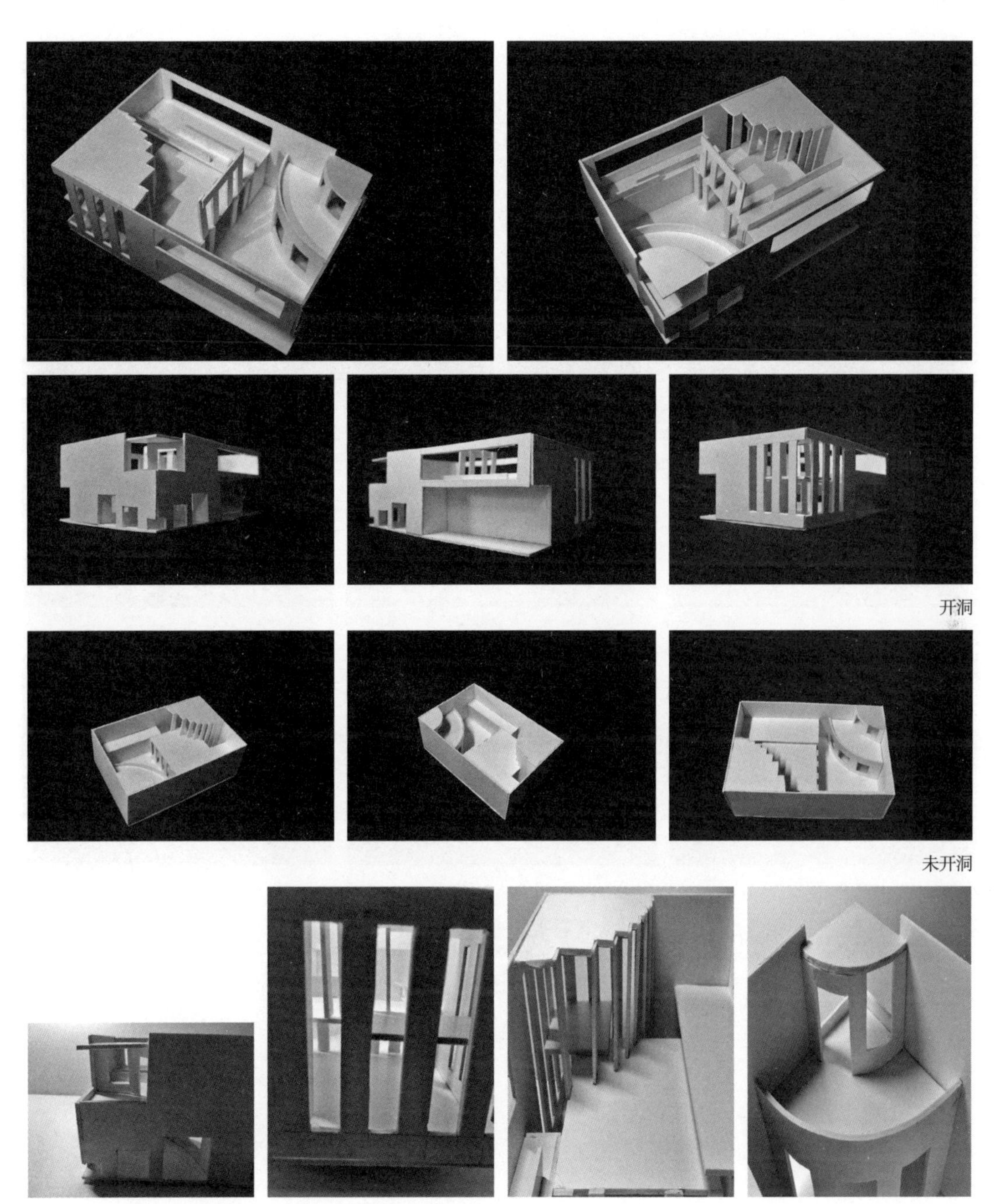

图 4-48　纸板造 设计：张月（建筑 2016 级）

教师点评：内部空间划分有曲线、直线和折线，元素多样，但能够通过虚实处理统一放置，外界面的开洞与内部空间相呼应。中间竖起的柱廊对内部空间起到了画龙点睛的作用。

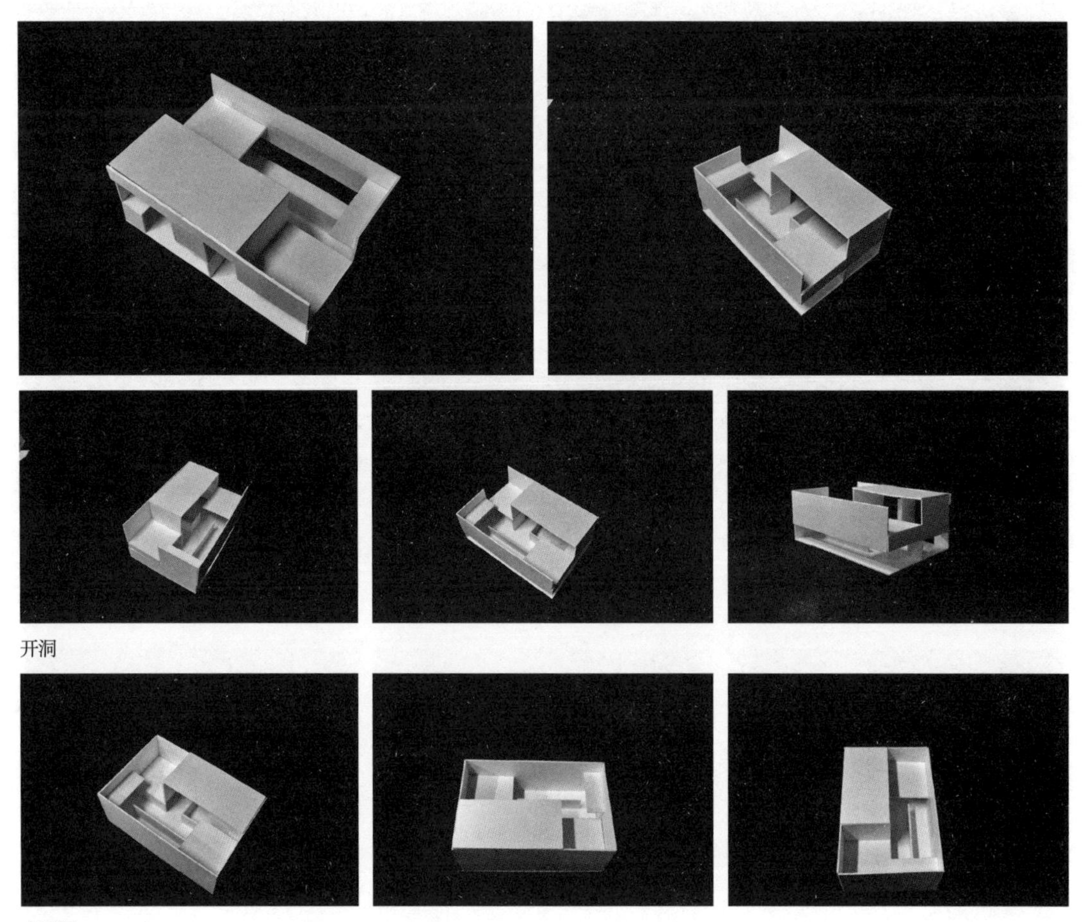

开洞

未开洞

图 4-49　纸板造 设计：张紫茜（建筑 2016 级）

教师点评：方案采用大体量墙面，形成鲜明的虚实对比。内部空间与外部开洞两者有机结合，形成了趣味空间体验。

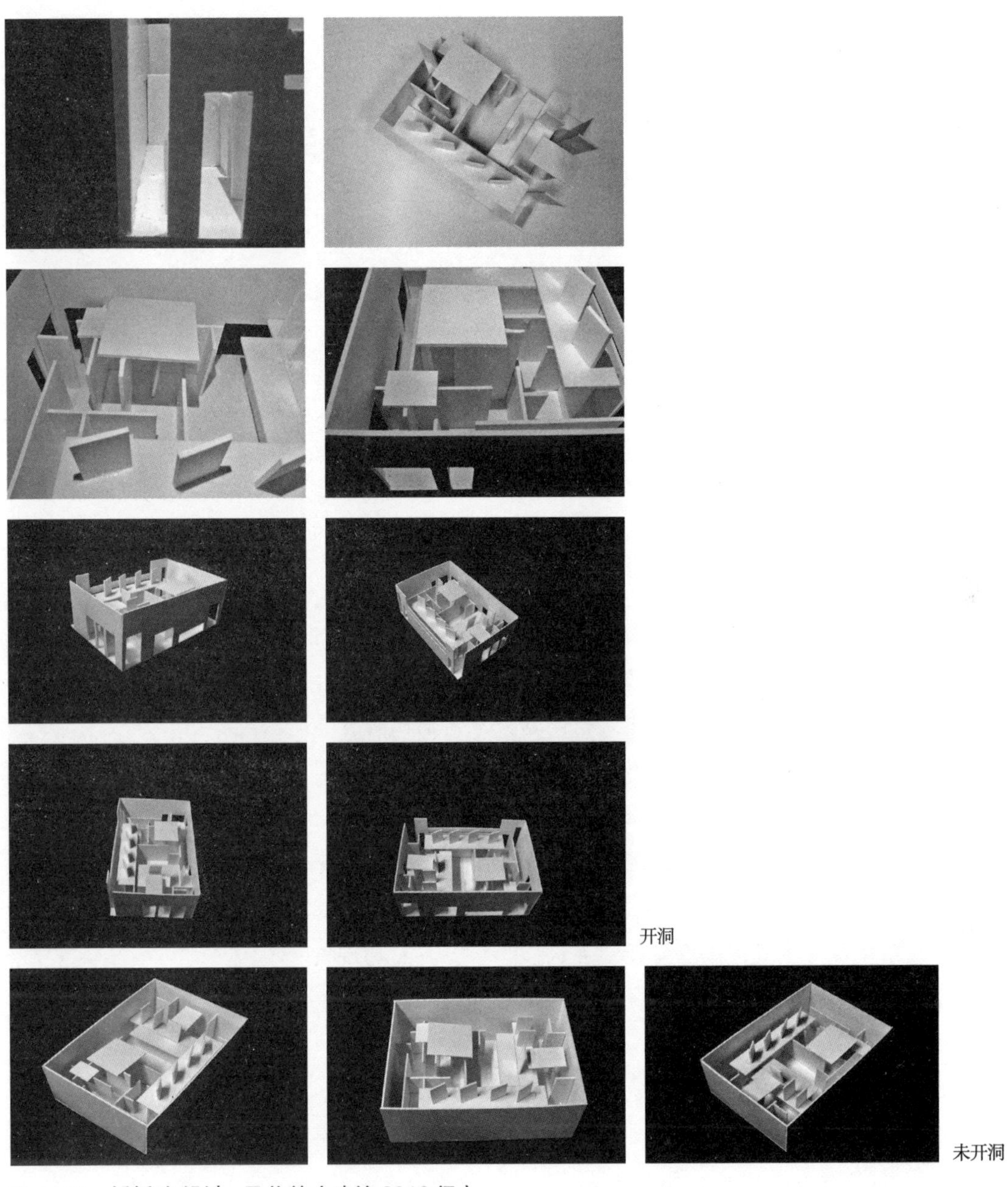

图 4-50　纸板造 设计：孟芝慧（建筑 2016 级）

教师点评：方案按照任务要求，将空间划分为上下两个部分，通过不同的竖向短墙，对每个空间进行细化处理。外部界面开洞与内部空间需要相吻合。

第5章 石膏造

墙是建筑空间基本的构成元素，作为垂直构件在水平方向上划分建筑空间。相比较而言，楼地面和顶棚面作为水平构件在垂直方向上划分空间，墙面对建筑空间划分与组织起到首要的作用。墙面的形态、虚实、质感与组合直接影响了建筑空间生成。随着材料技术发展，墙体建造方式也发生了相应变化，从堆叠砌筑到浇灌成型、再到数控技术，成为推动墙体形态变化的重大动因,继而影响了建筑空间的生成与视觉感受。因此，墙体的形态特征与生成方式值得仔细去认知和学习。石膏造核心教学目的是以石膏材料过程指代，发掘墙体形态和组合的设计内涵。

石膏造的意义有三。第一，认知营造手段不同所引起的形态变化。以墙体的浇灌成型为手段，认知材料的塑性，由凝固而形成的空间,这种空间生成方式与纸板造设计空间的差异性。第二，学习墙体单体和组合的设计手段。对单面墙体的造型、尺度、形态、肌理、开洞等方面进行研究，对多面墙体的组合方法进行学习。从单体墙体入手到多片墙体组合，关注从细节到综合之间的联系。第三，体会重量与体积的关系。从材料的角度，体会材料的重量和所形成体积的关系，体会建筑的重量和所生产体积的联系。重量代表的费用，将经济因素引入设计考量。

5.1 从浇筑开始

1. 材料种类

石膏是一种矿物，主要成分为硫酸钙（$CaSO_4$），是古代盐湖的沉积物。石膏经过煅烧其物理化学性质会有所变化。生石膏（$CaSO_4 \cdot 2H_2O$）经过煅烧、研磨可得半水石膏（$CaSO_4 \cdot \frac{1}{2} H_2O$），即建筑石膏，又称熟石膏。熟石膏磨细成粉，形成石膏粉。石膏粉是石膏造主要使用的材料。

石膏粉用途广泛，根据用途可分为：建筑用石膏粉、化工用石膏粉、模具用石膏粉、食品用石膏粉和铸造用石膏粉等。石膏在建筑材料的应用，主要用于室内外粉刷和装饰制品。此外，由于其质轻、隔声和保温的性能，石膏板多用于建筑的内隔墙、内贴面、天花板和装饰墙面。石膏造使用的石膏粉需要比普通建筑用石膏粉杂质低、色彩纯，推荐使用齿科专用石膏（图5-1）。

2. 材料性质

石膏有一定的特殊性质，石膏制品有保温性好、防火性好、耐水性差等特点。在石膏造中，应重点注意以下几个方面。

（1）凝结速度。石膏粉加入水拌合后，凝结速度快，10分钟内便失去塑性而初凝，30分钟内即终凝硬化，并产生强度。因此在使用石膏粉时，应注意石膏的凝结时间，不易拌制过多石膏浆，导致未使用而凝结浪费。

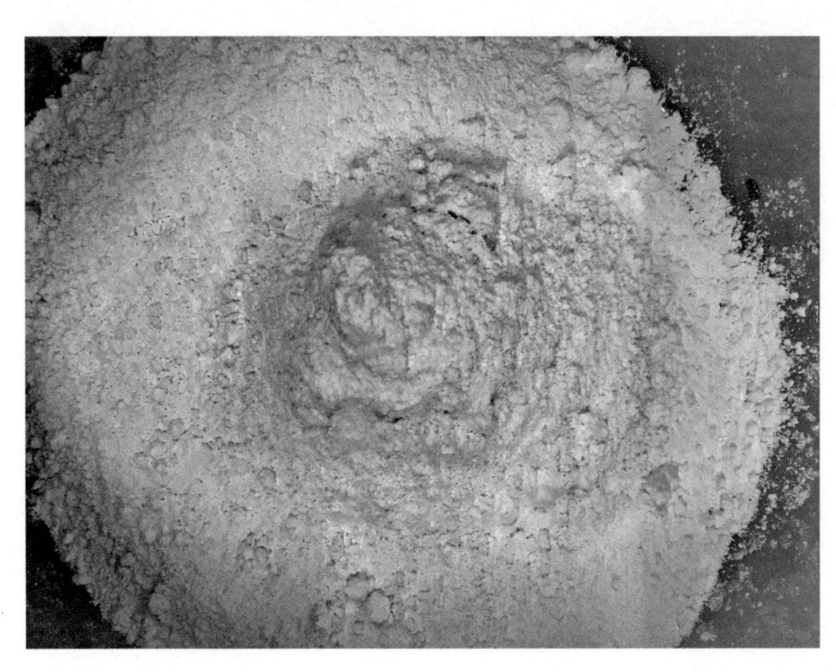

图5-1 石膏粉材料

（2）维护时间。石膏凝结后，维护时间短，强度呈现快。质量好的石膏粉，5 ~ 7 个小时即可以达到最大强度。强度达到理想值便可以进行拆模。

（3）体积变化。石膏在凝结硬化过程中体积会微膨胀。膨胀可以使石膏表面光滑、体形饱满。因此需要及时拆掉模具，使石膏制品得以充分阴干。

（4）色彩变化。石膏以白色为主，可以加入各种颜色改变石膏颜色，形成彩色石膏制品。

3. 材料加工

石膏粉水化成型是主要的材料加工方法。这一过程主要分为以下几个步骤：①模具制作。石膏成为什么样的形体主要取决于模具，模具制作的好坏直接关系到石膏是否成型。②石膏调浆。石膏粉与水应按照合理比例配置，搅拌均匀，浆液内无结块再进行灌制。③灌浆塑形。需要合理设置灌浆口，并防止浆液溢出。维护过程避免强晒，阴干为主。④脱模修饰。拆模时应合理安排拆除顺序，防止石膏断裂，并做适当打磨修饰（图 5-2）。

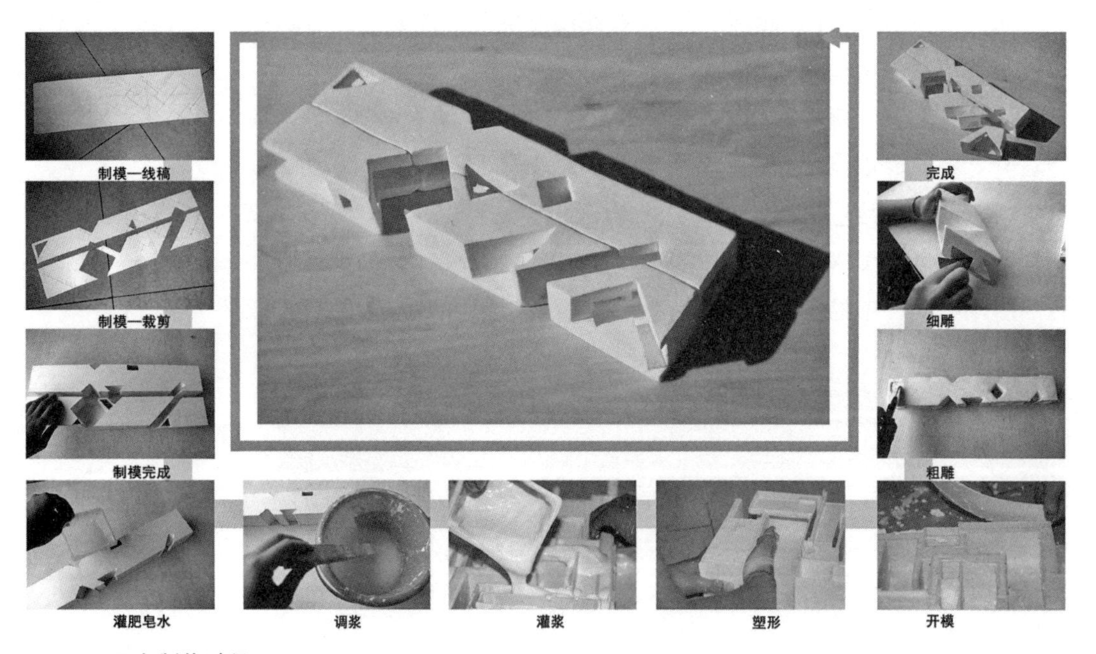

图 5-2　石膏制作过程

石膏制作过程包括模具制作、石膏调浆、灌浆塑形、脱模修饰等几个步骤。

5.2　材料指代

石膏造的意义之一在于用石膏粉指代现代建筑使用的混凝土材料。这种指代不仅体现在材料物态转化的一致，还体现在实施过程的类同。

1. 物态指代

混凝土是现代建筑中常用的建筑材料，是胶凝材料将集料胶结成复合材料的统称。普通混凝土是将水泥作胶凝材料，砂、石作集料，按一定比例配合与水搅拌而得的。混凝土具有良好的力学性能，具有良好的抗压强度，耐久性好、变形小，具有良好抗冻性、抗渗性、抗蚀性。混凝土还有特殊的美学特征。材料本身所具有的质感，将其从结构构件转化为建筑设计中可以感知与表达的内容。从 20 世纪 50 年代英国的粗野主义建筑，到日本建筑大师安藤忠雄的作品，无不体现出混凝土的这种装饰特性。粗野主义建筑将混凝土深重、毛糙等质感作为设计元素，强调建筑的体量感。安藤忠雄的建筑，隐藏了混凝土粗犷的一面，将东方“无为而为”思想精神融入，形成精致的清水混凝土，成为建筑师特有的设计元素。

混凝土材料使用中有凝结的过程。一般分为初凝和终凝。普通混凝土初凝不小于 45 分，终凝不迟于 10 小时。经过养护放热硬化后，混凝土有一定抵抗荷载的能力。混凝土材料使用从粉状物态转化为固态物态，并有一定的强度，成型之后不能恢复原有物态。石膏材料也有类似的物态转化过程。作为模型材料，可以清晰指代。

2. 过程指代

石膏能较好地表达出混凝土材料在建造过程中的特性。石膏加工过程与混凝土相似，开始阶段需要搭建相应模具，成型过程需要一次性浇灌完成（图 5-3）。形态有较强的可塑性，根据模具的不同用来表现不同的形态特征。成型之后，

图 5-3 灌浆过程指代

不能进行反复浇灌，只能作局部的修饰，否则只能破坏丢弃。石膏在模型制作中是混凝土理想的指代材料。

3. 模型表达

石膏表达混凝土主要在形态上有所体现。石膏可以制作直面与曲面的形态，可以比较便捷地开设孔洞，同时也能表达不同的厚度，具有较强的表达能力（图 5-4）。石膏制品表面光滑，但可以结合模具形成不同肌理特征，也可以改变色彩属性，丰富了石膏的表现力（图 5-5）。

图 5-4　曲面形体表达 设计：蔡文（建筑 2012 级）

图 5-5　质感表达 设计：苏婧烨（建筑 2012 级）

5.3　模具制作

1. 模具

在石膏成型过程中，模具制作是十分重要的一个步骤。模具制作的好坏直接影响到石膏形体的成败。模具是用来成型物品的工具。专业模具用以制作批量化的机器零件，材质可以采用五金或塑胶。石膏造模具材料没有特定设定，可根据设计需要选用。模具制作要求尺寸精确、结构合理、易于拆分。

2. 制作要求

石膏造中模具制作，主要满足材料浇筑建造的流程即可。对于一般形体直接制作简单模具便可，对于较为复杂的形体，可以通过正形翻模来制作模具。

简单模具的制作要求有三：

（1）模具选材。采用易于获取，物美价廉的材料。常用的材料主要包括各种模型板材和聚苯类材料。模型板材包括模型纸板、KT 板、泡沫板等材料，聚苯类材料主要是挤塑硬泡沫塑。此外，一些废旧物品，经过加工也可作为模具使用，例如塑料饮料瓶、包装盒等（图 5-6、图 5-7、图 5-8）。值得注意的是，如果尺度过大，板材会发生变形，尤其是灌浆之后变形会加剧，因此制作时应有所准备。例如图 5-9 所展示模具，通过外部附加胶带或肋条，增加

图 5-6　模具材料选用纸板类
制作：黄祎（建筑 2012 级）

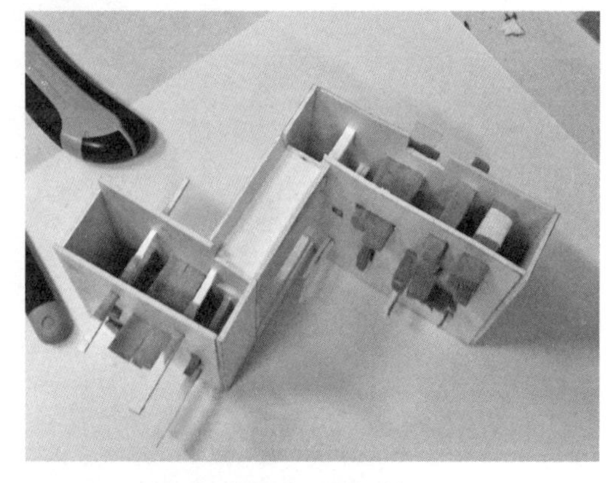

图 5-7　模具材料选用聚苯材料
制作：赵冰（建筑 2013 级）

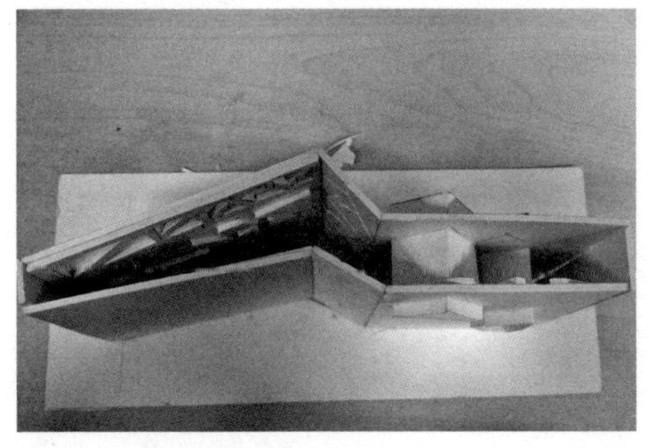

图 5-8　模具材料的肌理表达
制作：彭冲（建筑 2012 级）

图 5-9　模具加强
制作：叶文杰、吴思敏等（建筑 2014 级）

板材的强度。

（2）制作便捷。石膏造模具以一次性使用为主，当石膏成型之后模具需要拆除，不用保留，因此模具制作应该便捷快速。模具制作时还应该考虑拆除便捷。例如图 5-10 的模具，由于孔洞过小，模具面和石膏接触面较大，给后期拆除增加了不少工作量。此外，设计时还需要考虑合理预留石膏的灌注口。灌注口的位置涉及石膏成型后形态的完整度，如图 5-11 所示。

（3）尺寸精准。模具尺寸应与设计图纸相一致。值得注意的是模具材料一般有一定的厚度，放样时应预留制作拼接的材料厚度。此外，石膏浆为液态，模具接缝处，需要考虑到防止侧漏问题。图 5-12 的模具，模型制作精细，对边缘进行加固防漏处理，有效防止石膏浆遗漏。

图 5-10 模具灌浆口设置 制作：张希（建筑 2012 级）

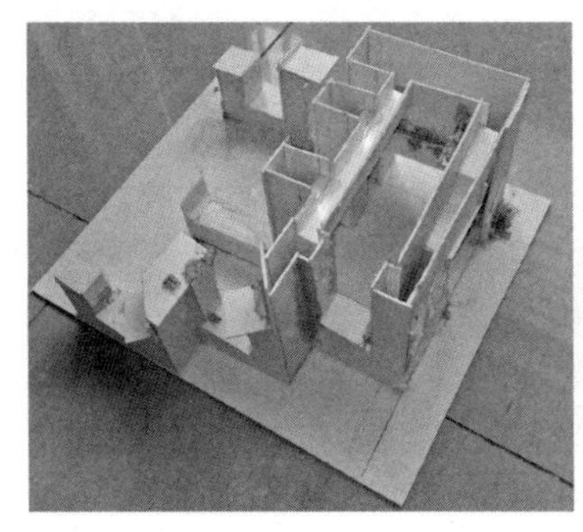

图 5-11 模具灌浆口与模型成品 制作：林志云（建筑 2012 级）

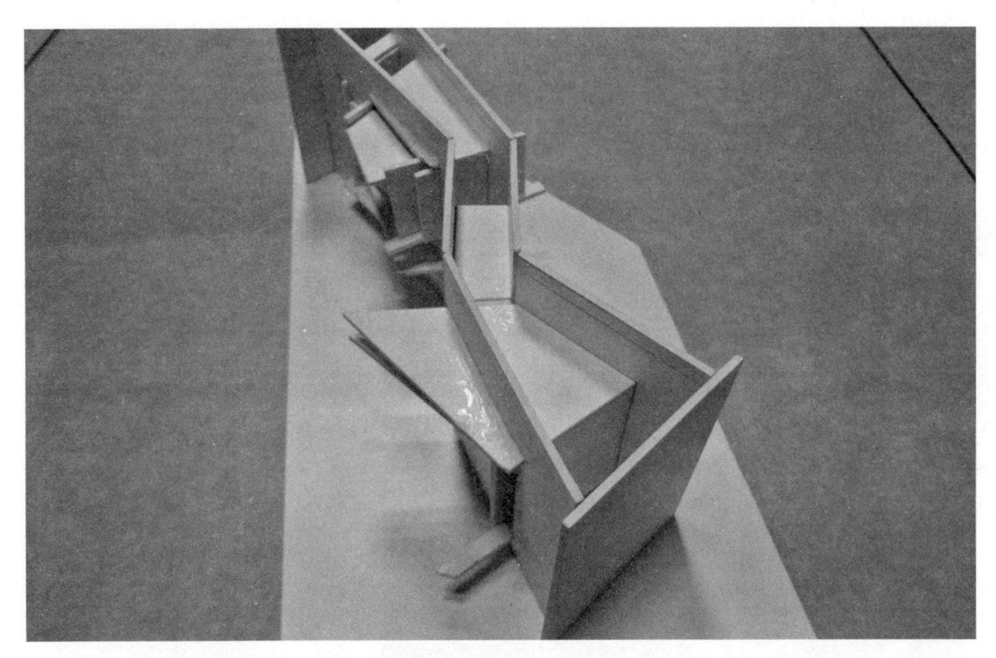

图 5-12　模具的精细制作 制作：蔡周（建筑 2012 级）

5.4　形体表达

1. 形体的制作

石膏体的制作从形体展开。形体是基本几何形态，包括基本形体和扩展形体两个部分。基本形体包括方、锥、台等。扩展形体是指在基本形体基础上发生弯折扭曲等变化。这两类形体相对比较规则，没有设计成分，主要学习熟悉石膏制作的整个过程。

2. 制作的意义

第一，动手能力的培养。形体简单，制作容易，鼓励同学尽早上手。对于大多数日常生活中很少触及石膏的同学来说，动手开干是很重要的。

第二，认知材料的能力。体会石膏材料性质，通过基本形体的制作，把握石膏粉与水之间的配比关系，观察石膏浆液的凝固与维护时间，掌控石膏灌浆等制作因素与石膏材料的关系。

第三，体会模具的制作。通过实际操作，总结模具制作、模具固定、模具拆除的实际问题。拓展形体的制作，初步尝试用模具如何实现对形体的延伸，如何对形体的开洞，如何对表面肌理的处理。

第四，掌握制作的过程。形体制作，完成制作操作，初步掌握石膏制作的环节，设计——制模——灌浆——阴干——脱模——修饰。对整个过程的掌握有利于后期复杂形体的制作。

3. 形体实例

下面的形体实例，有表达基本形体的，也有表达石膏在纹理、开洞以及组合后的形态。通过形体的制作，初步体会了石膏这种材料的特性（图 5-13 ~图 5-16）

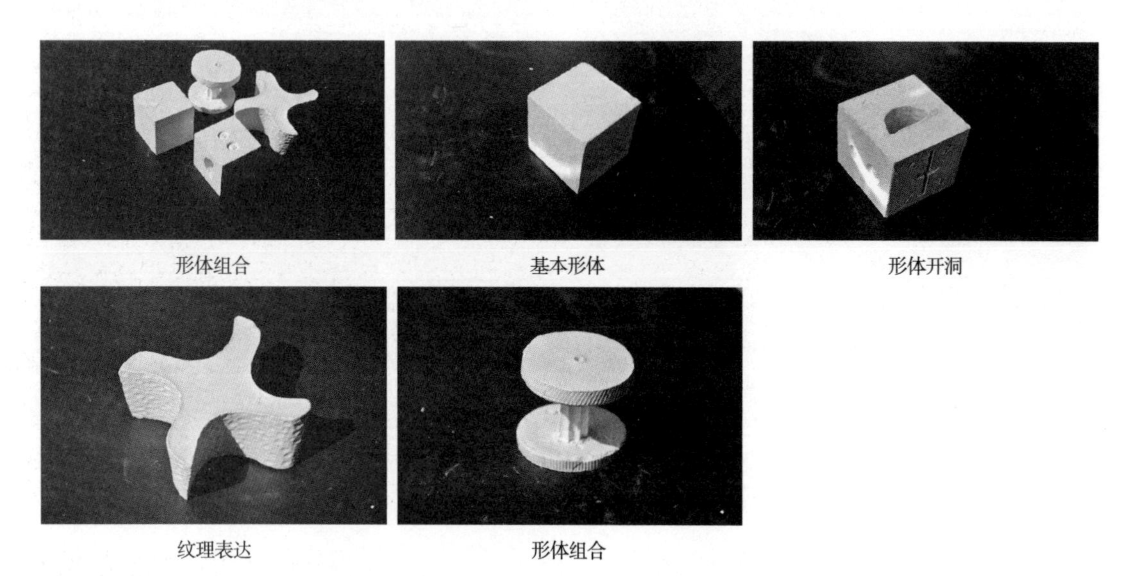

形体组合　基本形体　形体开洞

纹理表达　形体组合

图 5-13　石膏形体 设计：赵冰（建筑 2013 级）

形体组合

形体与色彩　形体与纹理

图 5-14　石膏形体 设计：吴思敏（建筑 2013 级）

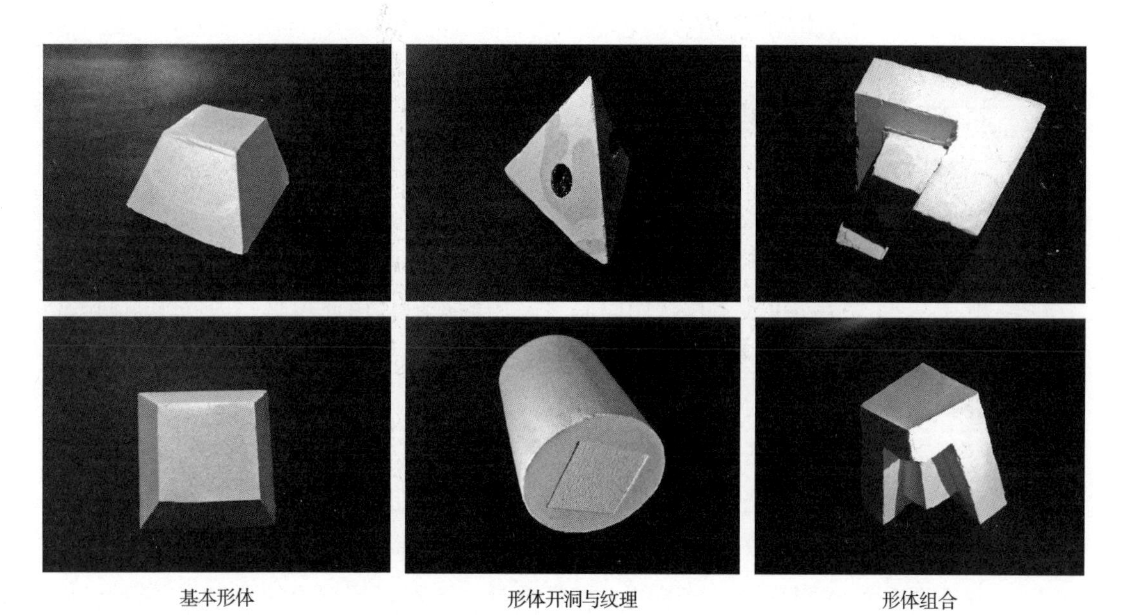

图 5-15　石膏形体 设计：李泽亚（建筑 2014 级）

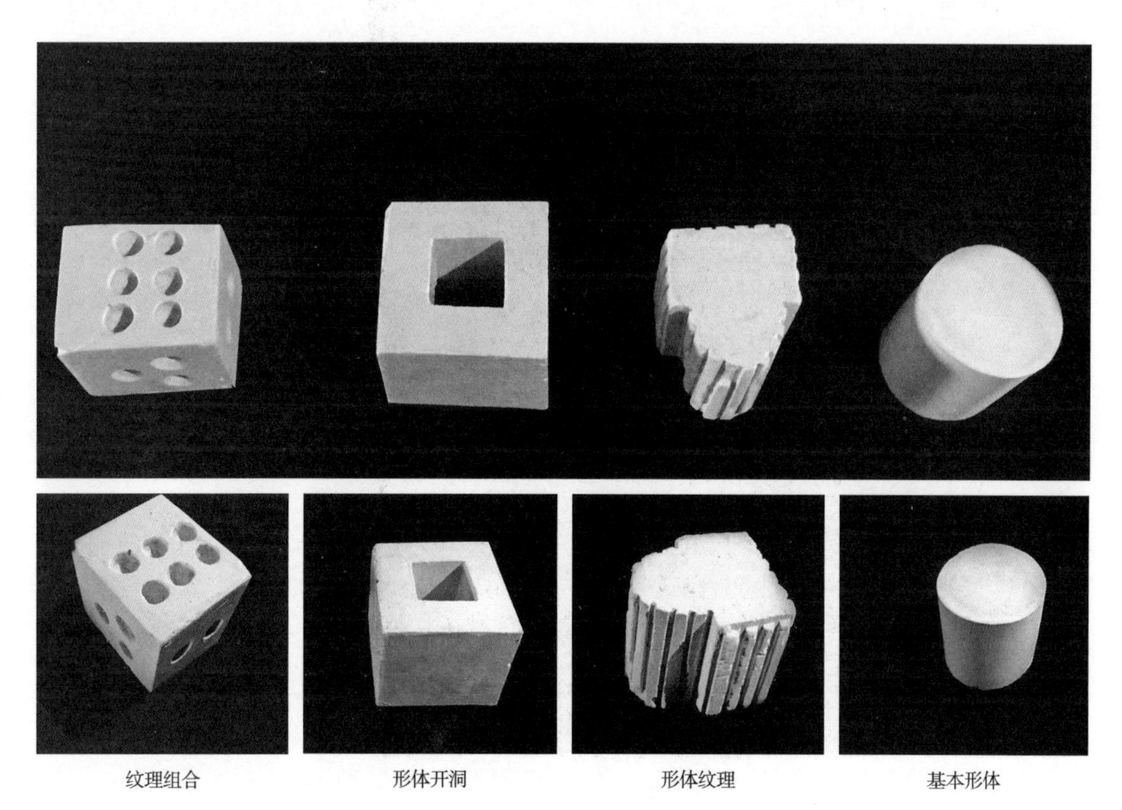

图 5-16　石膏形体 设计：杜旻玥（建筑 2014 级）

5.5 形体到墙体

1. 单面墙体

在掌握形体制作方法的基础上，石膏造从单面墙体操作开始。“墙”的文字源于象形文字，代表了片状用以储存之用的土壁。由此可见，墙的始源便规定了其形态的样式和材料的选择，同时还具备一定的功能属性。墙是用于建构有意义的空间，对空间操作有直接意义。

（1）墙体的形态

墙体形态包括墙体的高低与曲直。墙体的高低直接决定空间是否形成分隔。高低尺度不同引起不同的视觉心理感受。当墙体高度在 0.30 ~ 0.60m 之间时，没有强烈的空间分割，容易被人轻易跨越，不能阻挡行为的发生。空间划分有一定界线但不明确。当墙体高度在 0.90 ~ 1.20m 之间时，有一定的空间分割，不易被人跨越，能阻挡行为的发生，但视觉上仍保持贯通。当墙体高度在超过 1.80m 时，空间划分明确，不论是行为还是视觉，空间都有明确的界定，有较强的独立性与领域感。墙体的曲直影响了空间趣味性。直线墙体对空间有明确的划分，具有直接的导向性。曲面墙体增强空间的趣味感，有流动性、导向性与聚集性。

墙体形态影响着建筑空间感受，是设计的基本手段。古罗马的万神庙，空间形态以完整的穹顶曲面形成，壁龛、柱墩与墙面共同组合，与外部形成封闭内向的空间，是一种静谧的神圣。朗香教堂，弯曲和倾斜的墙面导致教堂的奇异造型。内部空间也不规则，曲线墙面与大小不一的孔洞，交相呼应，光线从顶面和层面中射出，产生了特殊的气氛。小筱邸，建筑大师安藤忠雄将建筑隐匿在地形之中，形态上规则直线体量与弧形体量形成对比，在合理布置功能的同时处理了形体与环境之间的关系，营造了良好空间体验。

（2）墙体的虚实

墙体的虚实关系到空间之间的流动联系。虚代表了墙体不同侧面的空间关联性高，在视觉上容易沟通，有利于空间层次的形成。实代表了墙体不同侧面的空间独立性高，空间的完整度比较强。墙体的虚实关系还影响了空间的明暗。虚实关系控制着空间与光的关系。光的存在与变化，产生不同的明暗对比，形成了空间视觉起伏，丰富空间的表现力，营造不同的氛围。

路易斯 · 康（Louis Isadore Kahn）设计的印度管理学院，整个建筑群体布局像城市一样展开，规则的墙面与明确的几何形体，层次分明空间，质感、比例和细节处理体现出静谧与光明的校园氛围。法国卢浮宫扩建部分，贝聿铭在入口处，采用了透明玻璃为主材料的几何锥形形体，以虚为主手法巧妙处理了新旧之间的对话。美国亚特兰大高技艺术博物馆，理查德·迈耶（Richard Meier）把空间虚实极致地表现出来。光从不同的位置形式的窗洞中进入空间，形成连续效果感知，成为建筑文化价值的象征。

（3）墙体的质感

墙体表面的质感影响了人对空间的感受。墙体表面的粗细、冷暖都会带来不同的心理感受。细腻的肌理，给人以精致的感受，强调其中的细节体会。粗犷的纹理，产生强力的对比，对空间留下深刻影响。墙体不同材料的运用也会带来不同冷暖感受。木材等材料，给人与自然生长感觉，钢材玻璃等材料，精致完整，体现冷的感受。材料墙体的质感处理已经形成建筑独有的表皮语言，将材料、肌理、色彩与构造方式综合处理，成为建筑空间外在的表达。

流水别墅是环境结合与空间处理的典范。其空间自由延伸互相穿插，内外空间相互交融，与自然融为一体。由石材砌筑而成的垂直墙体，其材取自地方材料，与出挑的混凝土平台形成质感的对比。阿尔瓦·阿尔托（Alvar Aalto）设计的玛利亚别墅，以一种贴近自然的形态出现，墙体设计将木质材料与现代技艺相结合，带来温暖的质感体验。赫尔佐格和德梅隆建筑事务所设计的多明莱斯酿酒厂，用金属丝编织外墙，把当地特有的石材砌块置于其中，形成独特质感的建筑表皮。

2. 墙体的制作

石膏从形体到墙体的转化，主要处理好两个方面的关系。一方面是对形体的细化处理，另一方面是对形体的空间形成。形体的细化处理主要包括对形体的开洞和表面的肌理处理。开洞需要在模具制作中有所考虑，并且需要注意浇灌石膏的可能性。肌理处理主要借助其他材料附着在模具上，需要考虑正负形的关系，同时要兼顾材料的稳固性和与石膏的脱离性。形体的空间形成主要是指随着形体尺度的增大，形体设计需要考虑墙体的自立能力。另外，单面墙体也可以存在垂直与水平不同方向，可以考虑单面墙体所营造的空间变化。

3. 墙体实例

下面的墙体实例，表达了石膏墙体在形成空间、形体穿插、肌理表现等方面的设计展现（图 5-17，图 5-18，图 5-19，图 5-20）。

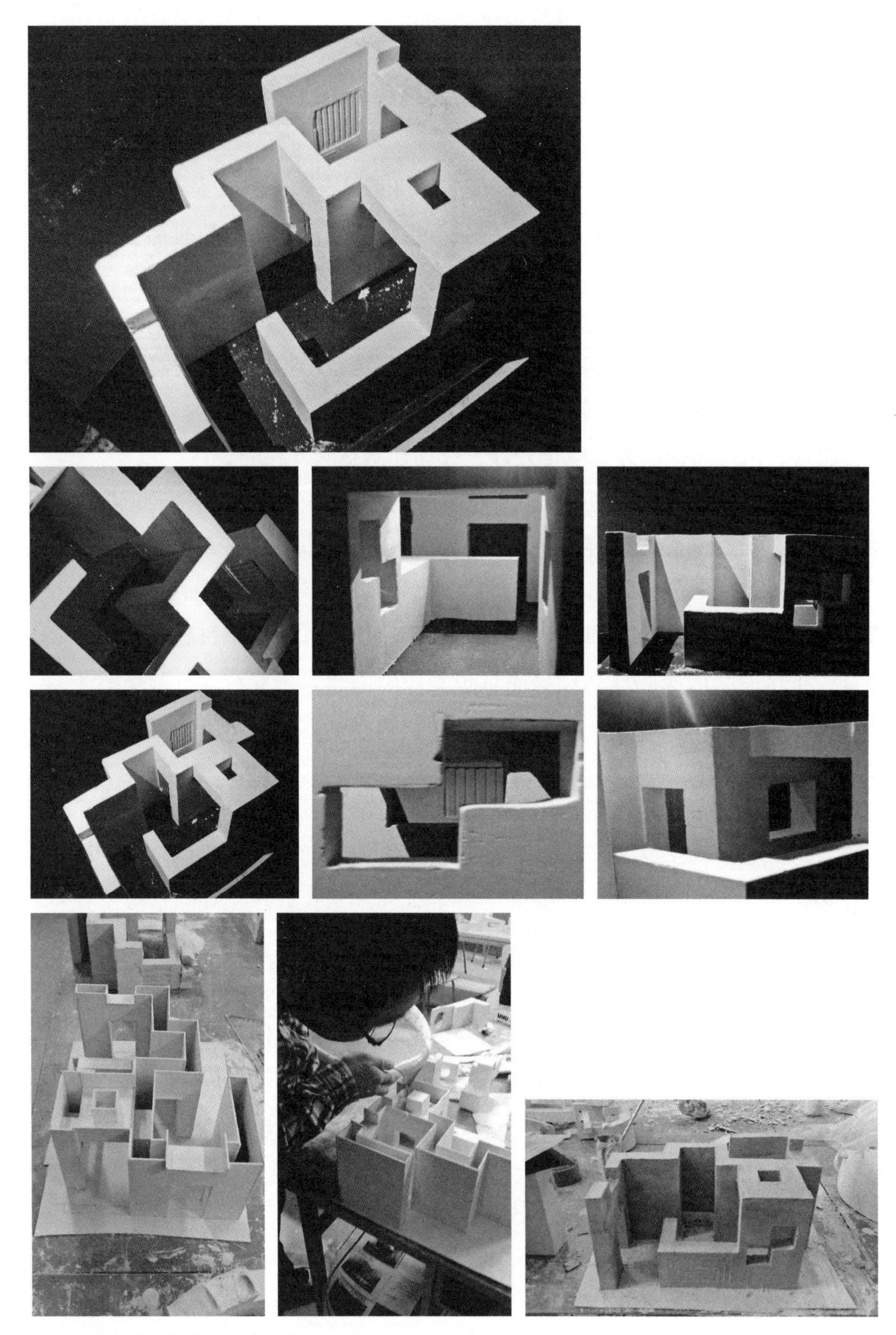

图 5-17　石膏墙体 设计：张希（建筑 2012 级）

墙体制作考虑了石膏在开洞、纹理上的处理。在墙体高度上，根据灌浆口的设计，实现不同高度。同时考虑水平面的设计，使空间呈现更加多样。

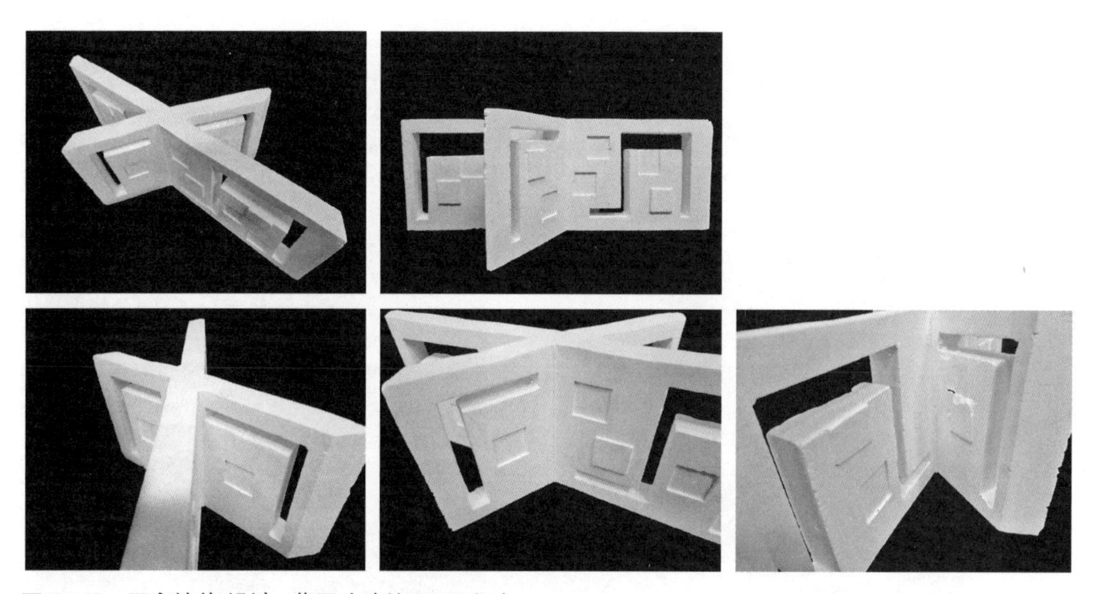

图 5-18　石膏墙体 设计：蔡周（建筑 2012 级）

墙体主要突出“X”形的交叉设计，在此基础上体现石膏材料的特性，重点表达了石膏肌理和开洞设计。

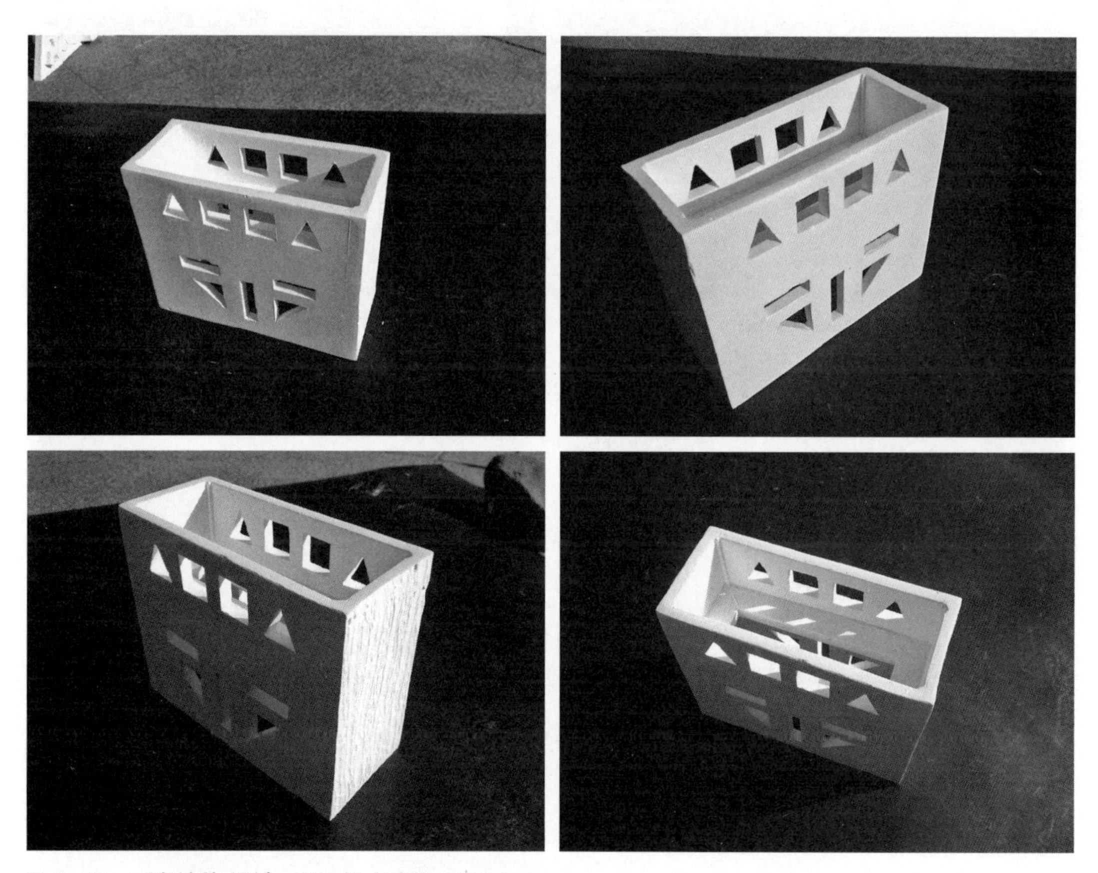

图 5-19　石膏墙体 设计：尹天雄（建筑 2013 级）

墙体制作为一个完整的形体，并设置了相应的开洞，充分表达石膏浇灌成型的特点。

图 5-20　石膏墙体 设计：顾思明（建筑 2014 级）
墙体形态多变，既有墙体的穿插，也有部分悬挑。墙体上设计了相应的开洞与纹理。

5.6　墙体组合

1. 组合方法

墙体的组合方式和材料性质与建造方式有密切关系。以石材为主的西方古代建筑，其墙体的组合主要依靠材料本身的重量，方式相对单一。随着技术发展，墙体的承重作用与围护作用逐渐分离，组合方法相对比较灵活。

常见的组合方式有以下几种：

（1）正交组合。墙体以横平竖直的方式进行组合，这是建筑墙体组合最常用的方式，正交组合形成的空间规则，利于家具布置，使用方便，有较强的实用性。通过墙体之间的互相交错，不同的搭接方式，可以丰富空间感受。

（2）斜交组合。墙体组合的位置关系以非正交的形态出现。建筑中墙体斜交的出现，一般是由于场地环境所限，受到基地形态的制约，墙体之间无法形成直角，需要采用斜交处理。斜交处理得当，可以获得特殊的空间效果。

（3）复合组合。墙体根据需要在平面各个方向展开。复合组合的方式没有严格的几何控制，任意布置，但引起空间的视觉刺激。墙面交错起伏，动态感强，创造出动感模糊的空间感受。

我国传统古典园林外部空间善于运用墙体的组合变化，在有限的空间中营造出无限的空间意境。通过漏窗花墙、隔墙复廊、天井洞窗、景墙廊壁，生成不同的空间意向感知。以苏州留园入口空间为例，空间大小不一，曲折多变。墙体组合在不同尺度上展开，墙上若干形式多样的窗洞，将周围的景致引入空间中来，墙体的虚实变化，空间的曲折流动，步移景异，营造了诗情画意的园林空间。

2. 组合要求

墙体之间的空间组合，是对墙体制作后的一个总结与再设计。每一面墙体经过精心设计，墙体与墙体之间有无联系，如何放置才能产生对话，这需要一个设计和再修改的过程。墙体组合并不强调组合的功能性，也不追求其中的艺术感。关键在于在组合的过程中体会到石膏成型的乐趣。在进一步的设计时，可以培养组合的空间意识，这一意识仍然可以从经典作品中给我们带来启示。从经典作品中学习设计是贯穿整个学习过程的重要一环。

3. 组合实例

墙体之间不同形式的组合，形成了多样化的空间体验，创造了丰富的空间形态（图 5-21，图 5-22）。

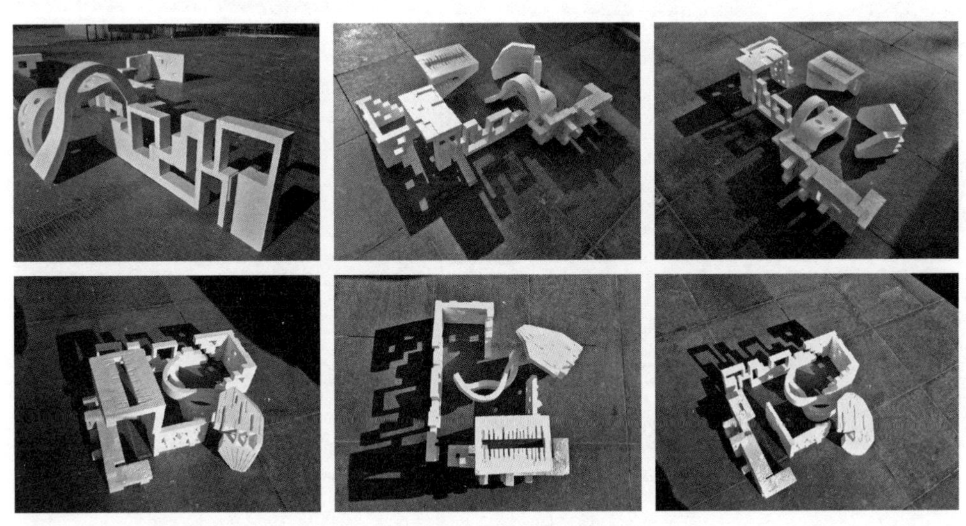

图 5-21　组合墙体 设计：苏婧烨、于若婷等（建筑 2012 级）

几片墙体，有直有曲，互相搭接，相互对话。在阳光的照射下，形成多变的光影效果。不同的组合方式，带来不同的空间感受，真实再现了墙这一构件的设计活力。

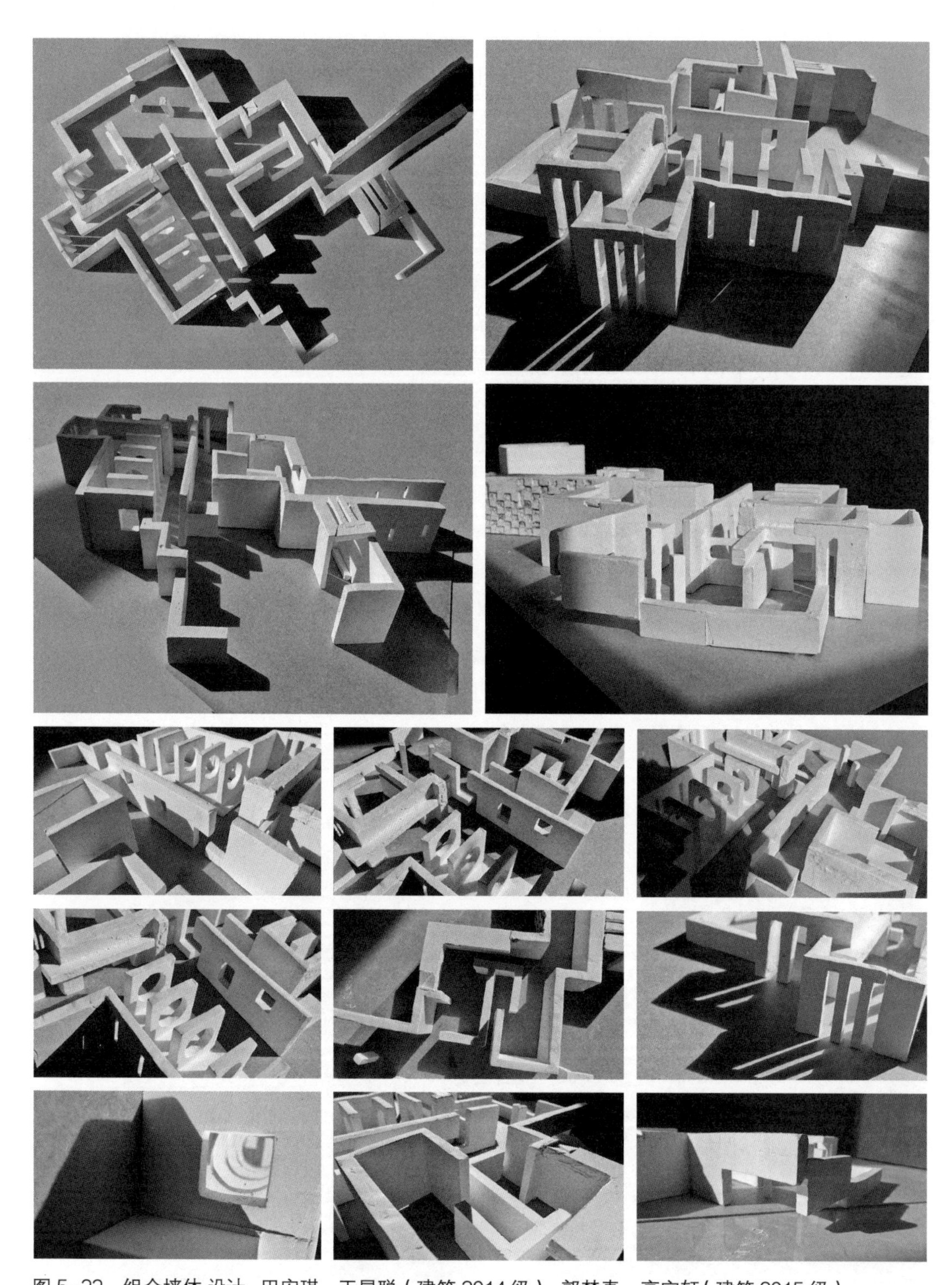

图 5-22　组合墙体 设计：田安琪、王昱聪（建筑 2014 级），郭梦真、高宇轩（建筑 2015 级）

设计墙体在组合时，汲取了中国传统园林空间处理意向，墙体布置考虑到人对空间的感受，步移景异，曲径通幽，空间在墙体布置中不断变化。

5.7　作品呈现

图 5-23 至图 5-42 为石膏造的学生作业实例。这些实例并不都是优秀作业，但各具特色，辅以点评分析，以释内涵。

图 5-23　石膏墙体 设计：涂伟（建筑 2012 级）

教师点评：墙体设计主要考虑到在墙体中开洞，并展现石膏特性浇筑成型。但由于形体的交接点设计较薄弱，实际灌注后发生断裂。

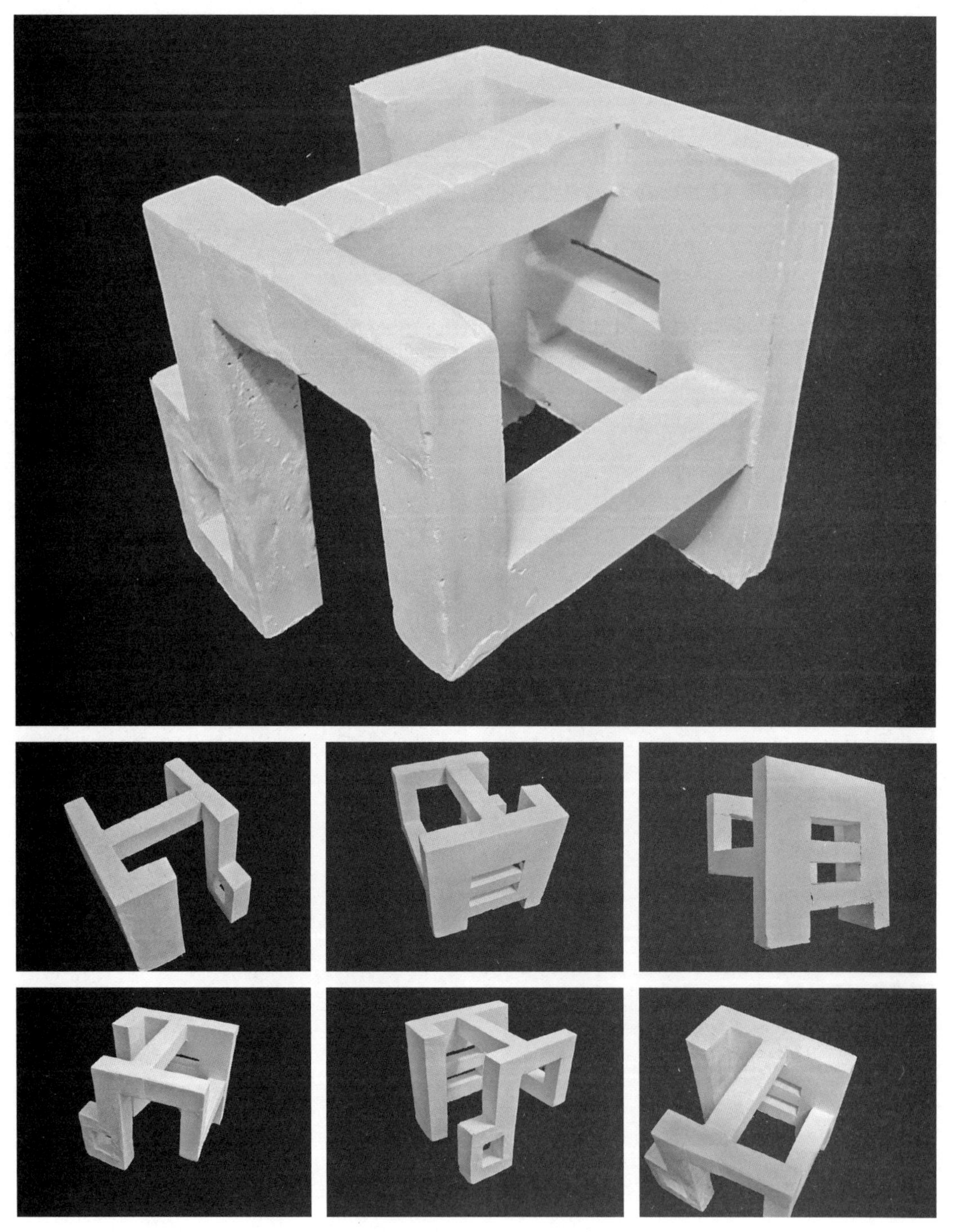

图 5-24　石膏墙体 设计：魏凯明（建筑 2012 级）

教师点评：墙体组合较为复杂，并制作出相应的洞口，洞口大小与墙体厚度相匹配，拆模较为容易，形体一次性灌注成型。

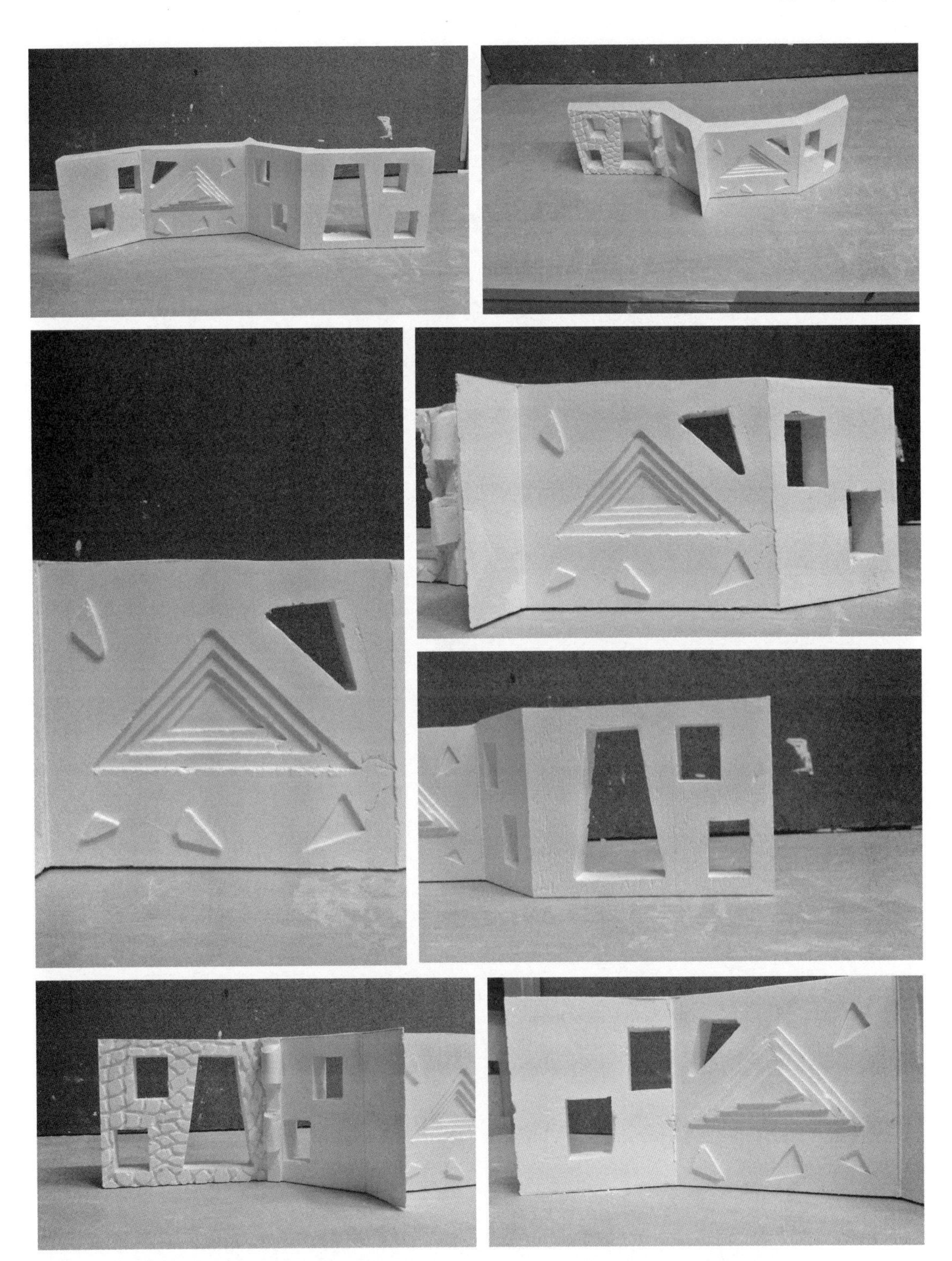

图 5-25　石膏墙体 设计：张攀（建筑 2012 级）

教师点评：墙体上重点表达纹理和开洞的设计，展现了石膏材料在纹理表达上的强大能力。

图 5-26　石膏墙体 设计：于若婷（建筑 2012 级）

教师点评：墙体设计将开洞与纹理相结合，创造了良好的光影效果。

图 5-27　石膏墙体 设计:彭冲(建筑 2012 级)

教师点评：石膏墙体对冰裂纹的肌理展现，表达效果好。

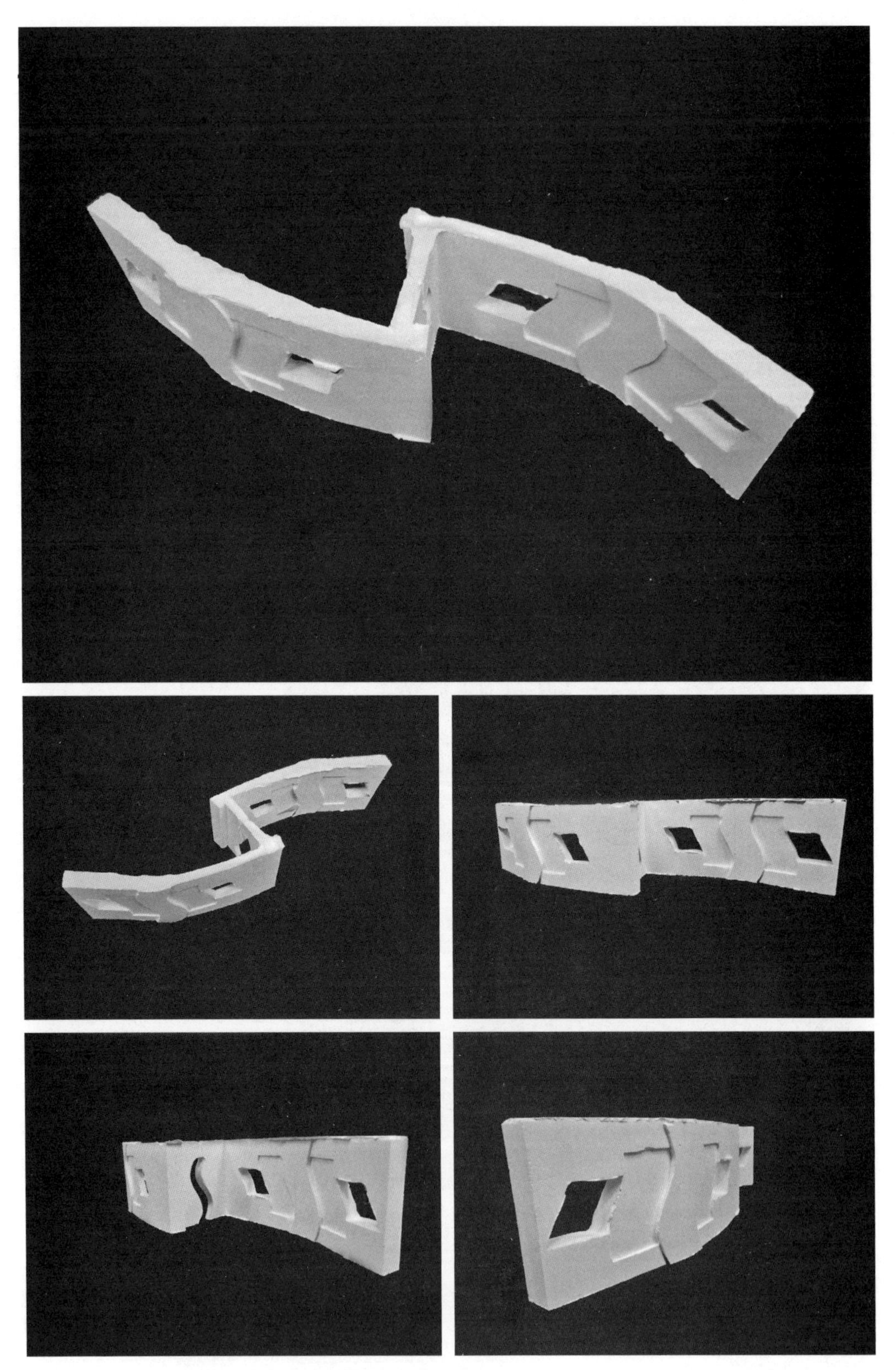

图 5-28　石膏墙体 设计：王璐（建筑 2012 级）

教师点评：直线弧墙的表现，洞口在不同深度上刻画细致。

图5-29 石膏墙体 设计：和斯佳（建筑2012级）

教师点评：折线墙体与洞口的设置，产生多变的光线效果。

图 5-30　石膏墙体 设计：田哲楠（建筑 2012 级）

教师点评：连续曲折的墙体，在曲折中形成整体的倾斜形态。

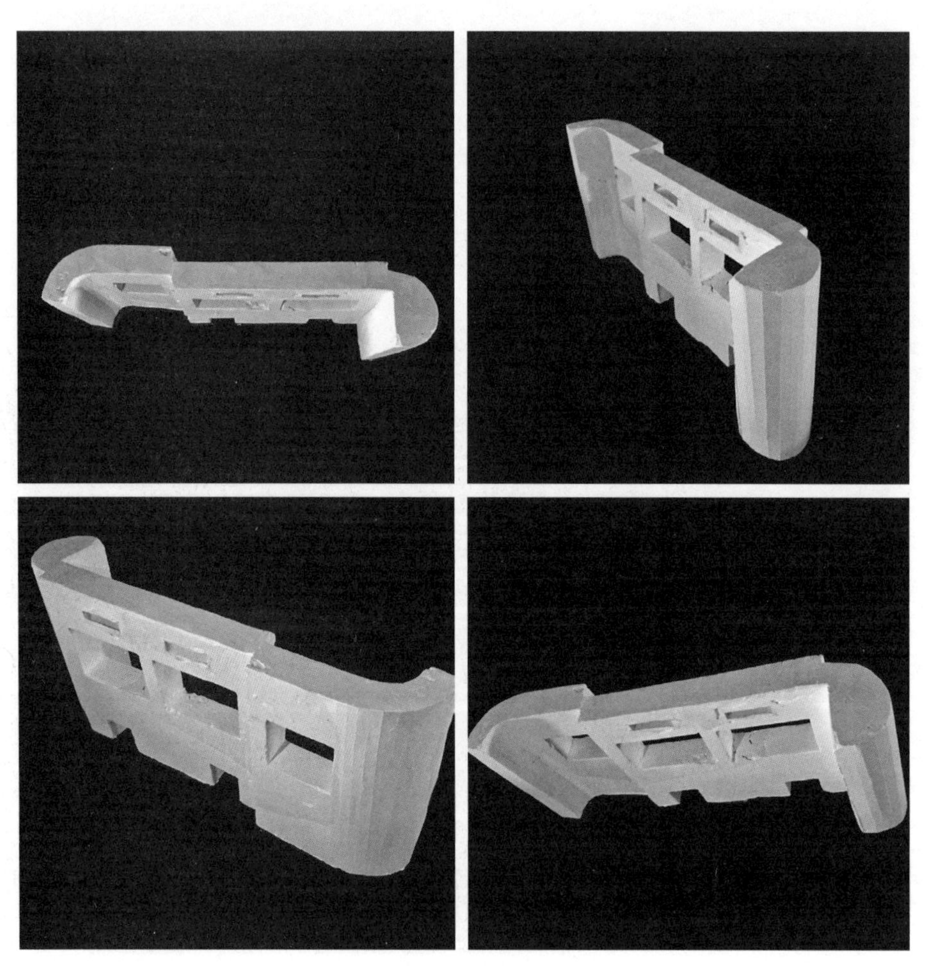

图 5-31　石膏墙体 设计：杜旻玥（建筑 2014 级）

教师点评：直线墙面与弧度墙面相关联，同时展现了洞口大小变化。

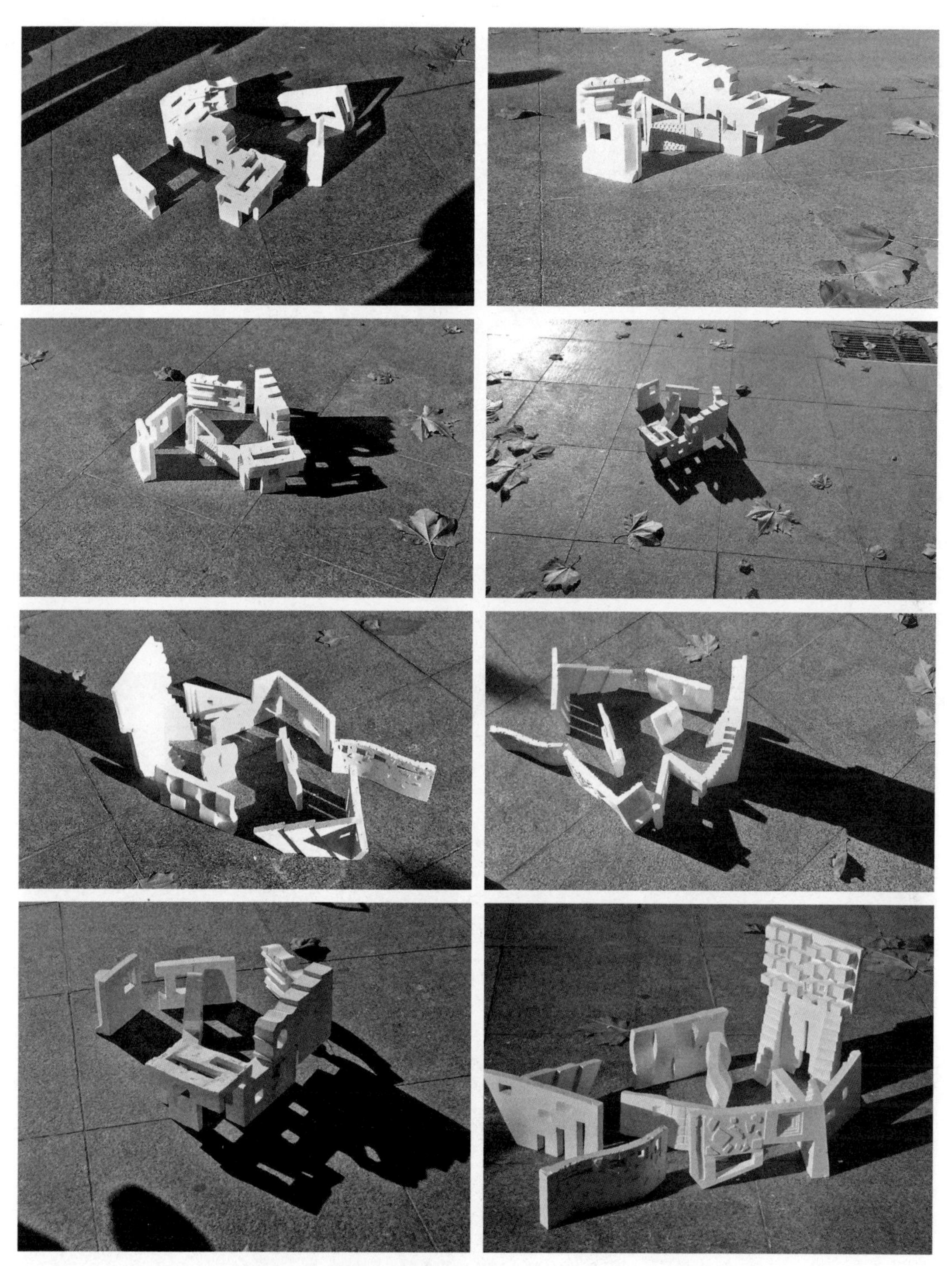

图 5-32　组合墙体 设计：蔡文 李绪洪等（建筑 2012 级）

教师点评：不同形态、不同肌理、不同洞口的墙体，围合在一起，表达出多样的空间体验。

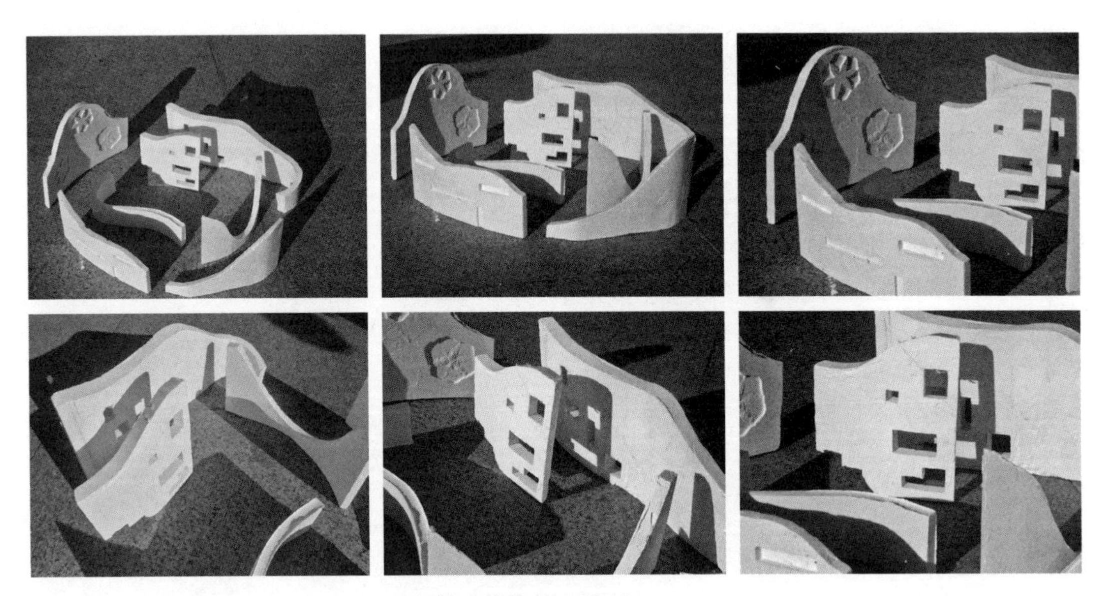

图 5-33　组合墙体 设计：李千寻、穆超等（建筑 2013 级）

教师点评：墙体组合以围合空间为主要表达，每片墙体进行了单独设计，并统一在整体的空间布置中。

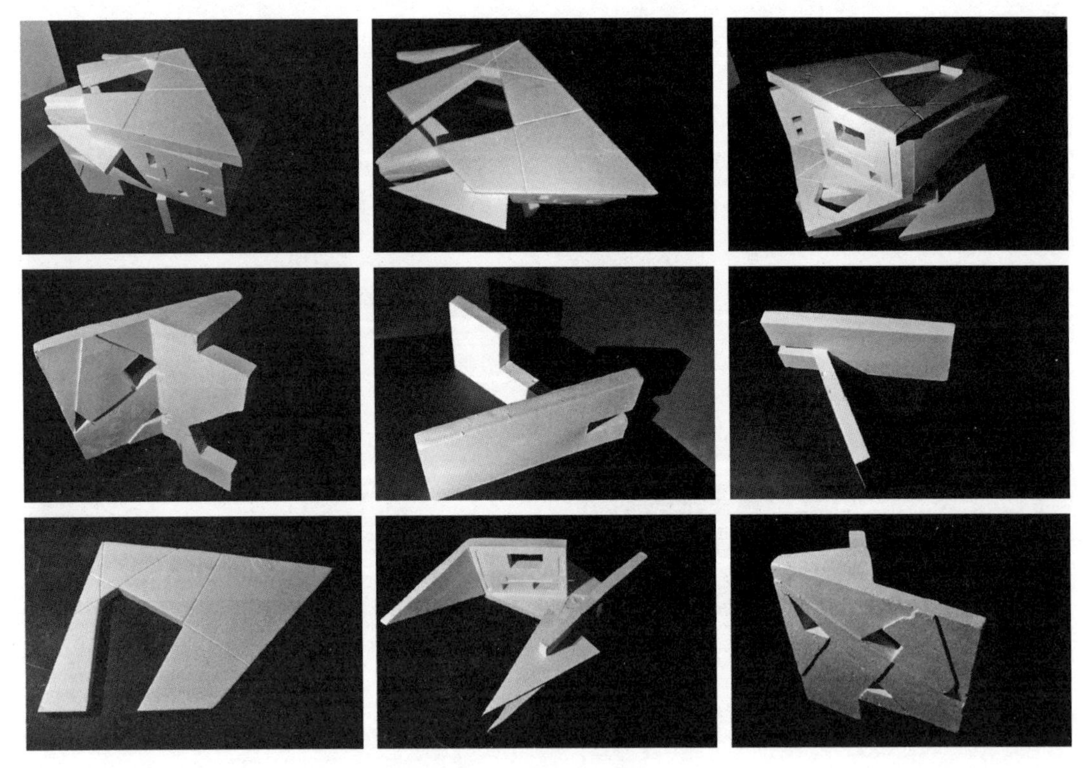

图 5-34　组合墙体 设计：叶文杰、吴斯敏等（建筑 2014 级）

教师点评：设计以空间的形成为主要出发点，将空间界面分解为几片墙体，分别制作，搭接组合展现空间。

图 5-35　组合墙体 设计：薛冰琳（建筑 2014 级），刘梦琦、李科权、王鲁拓（建筑 2015 级）

教师点评：设计以黛玉葬花的情景展开设计空间，墙体围绕故事环节进行布置，展现出石膏材料对洞口、纹理的表现能力。

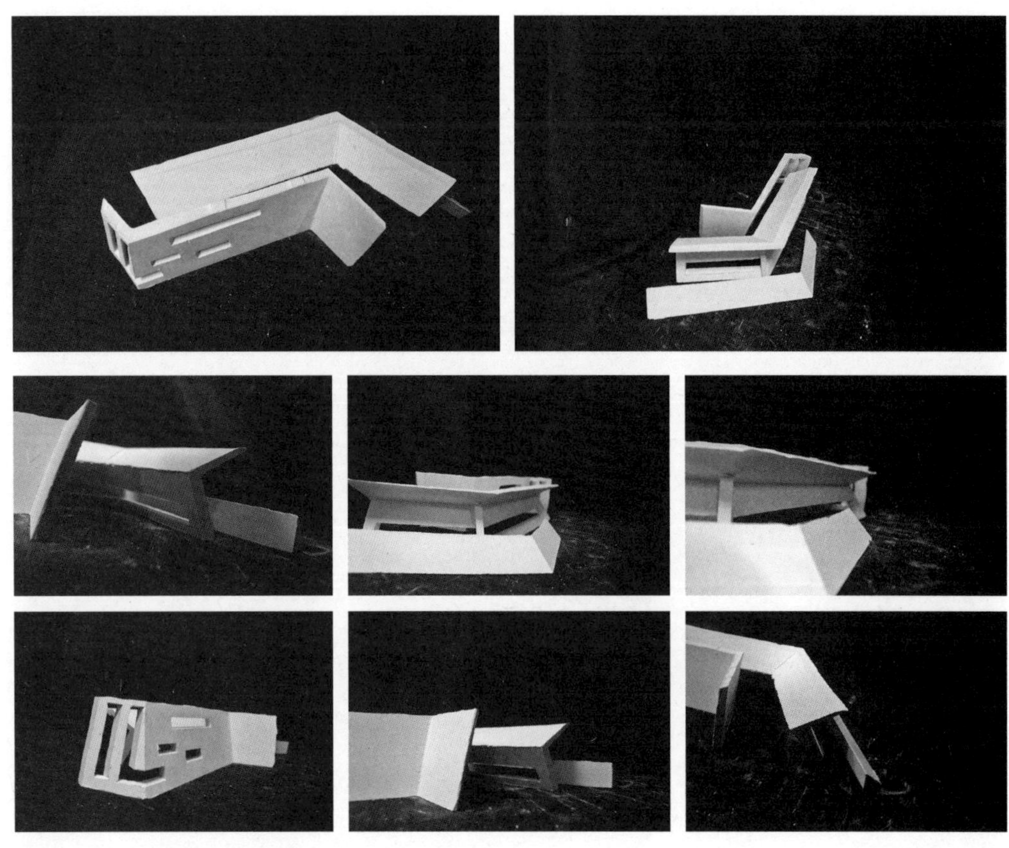

图 5-36　组合墙体 设计：崔双熠（建筑 2016 级）

教师点评：墙体以折线形态展现，虚实对比明确，构成感强。

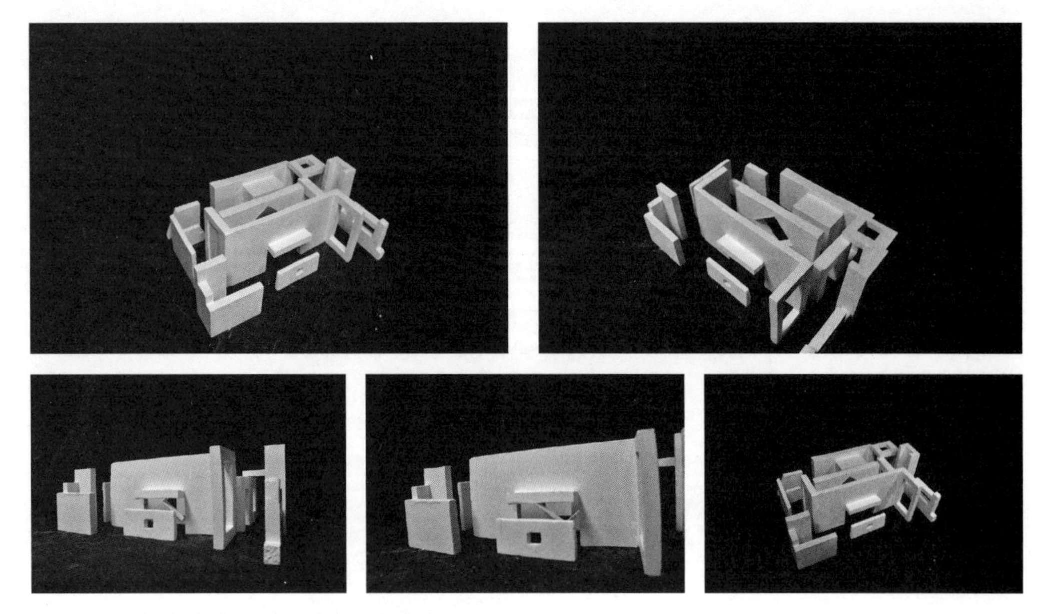

图 5-37　组合墙体 设计：雷佳月（建筑 2016 级）

教师点评：多片墙体组合，空间组合丰富，并学习框景、借景、底景等处理手法。

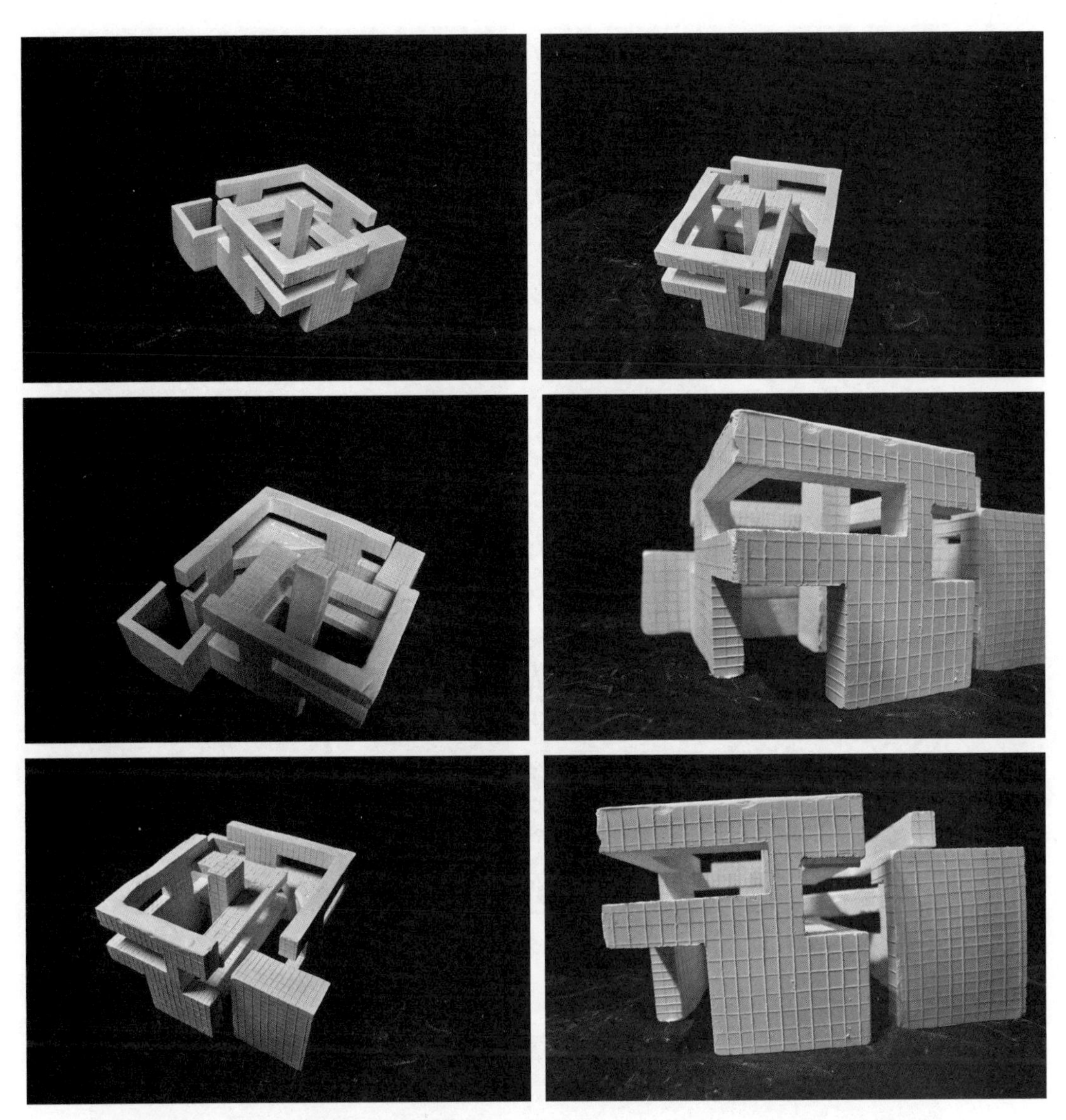

图 5-38　组合墙体 设计：李苹（建筑 2016 级）

教师点评：墙体纹理效果突出，墙体组合表达空间的多样性。

图 5-39　组合墙体 设计：陆云峰（建筑 2016 级）

教师点评：主要十字墙体制作表现了石膏材料特点，曲线墙体在空间中起到了设立作用，丰富了空间表达。

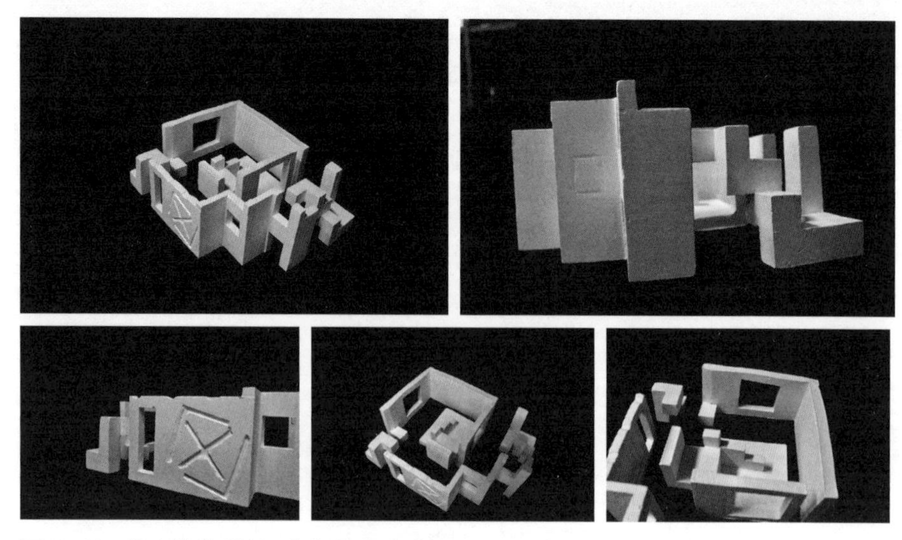

图 5-40　组合墙体 设计：赵妍秋惠（建筑 2016 级）

教师点评：空间以围合为主，墙体洞口的开设考虑到人的视线，通过行为流动，创造不同的空间感受。

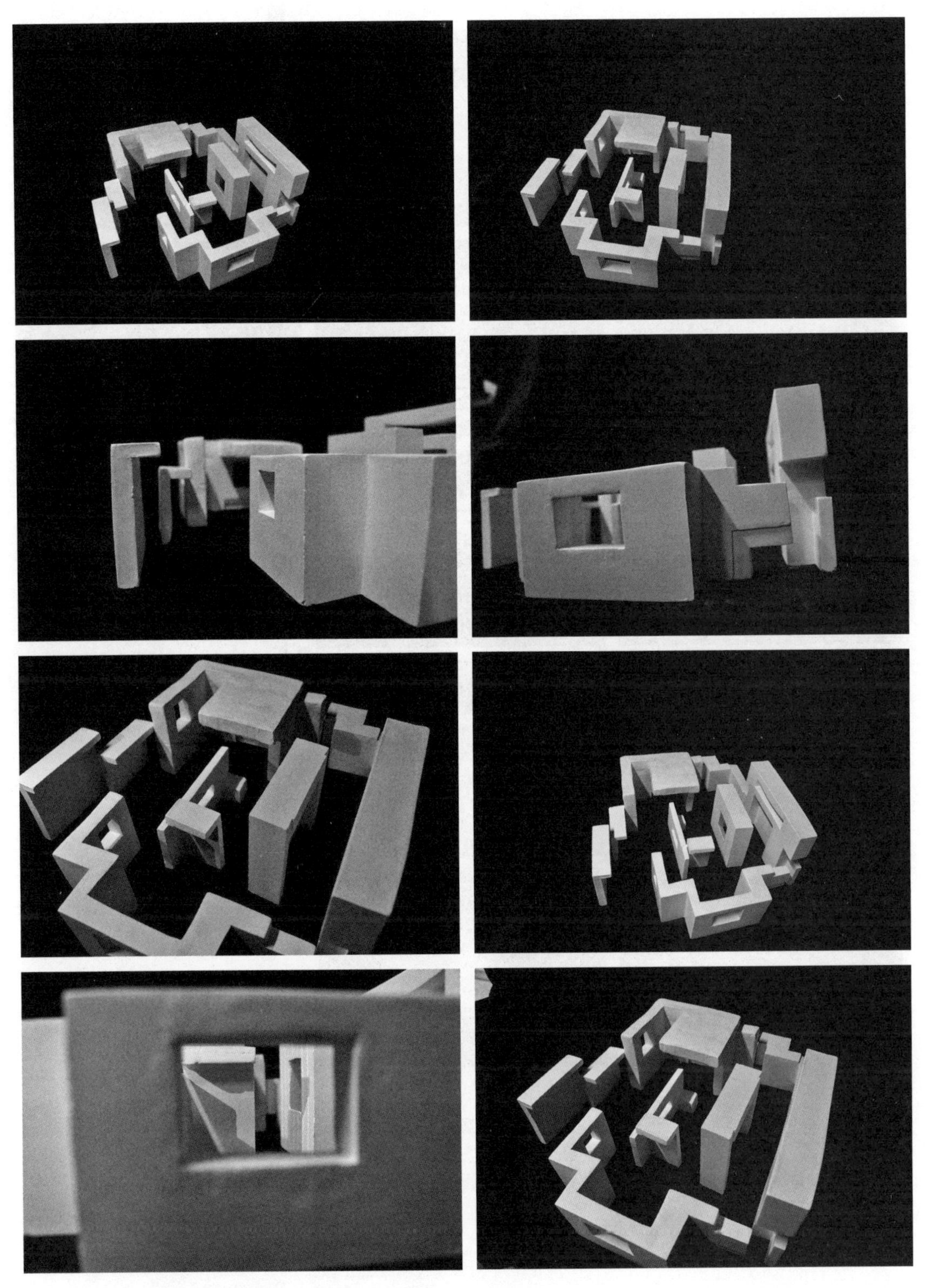

图 5-41　组合墙体 设计：张月（建筑 2016 级）

教师点评：空间设计有一定变化，设计将墙体在水平与垂直两个方向结合起来。洞口设置考虑视线设计。

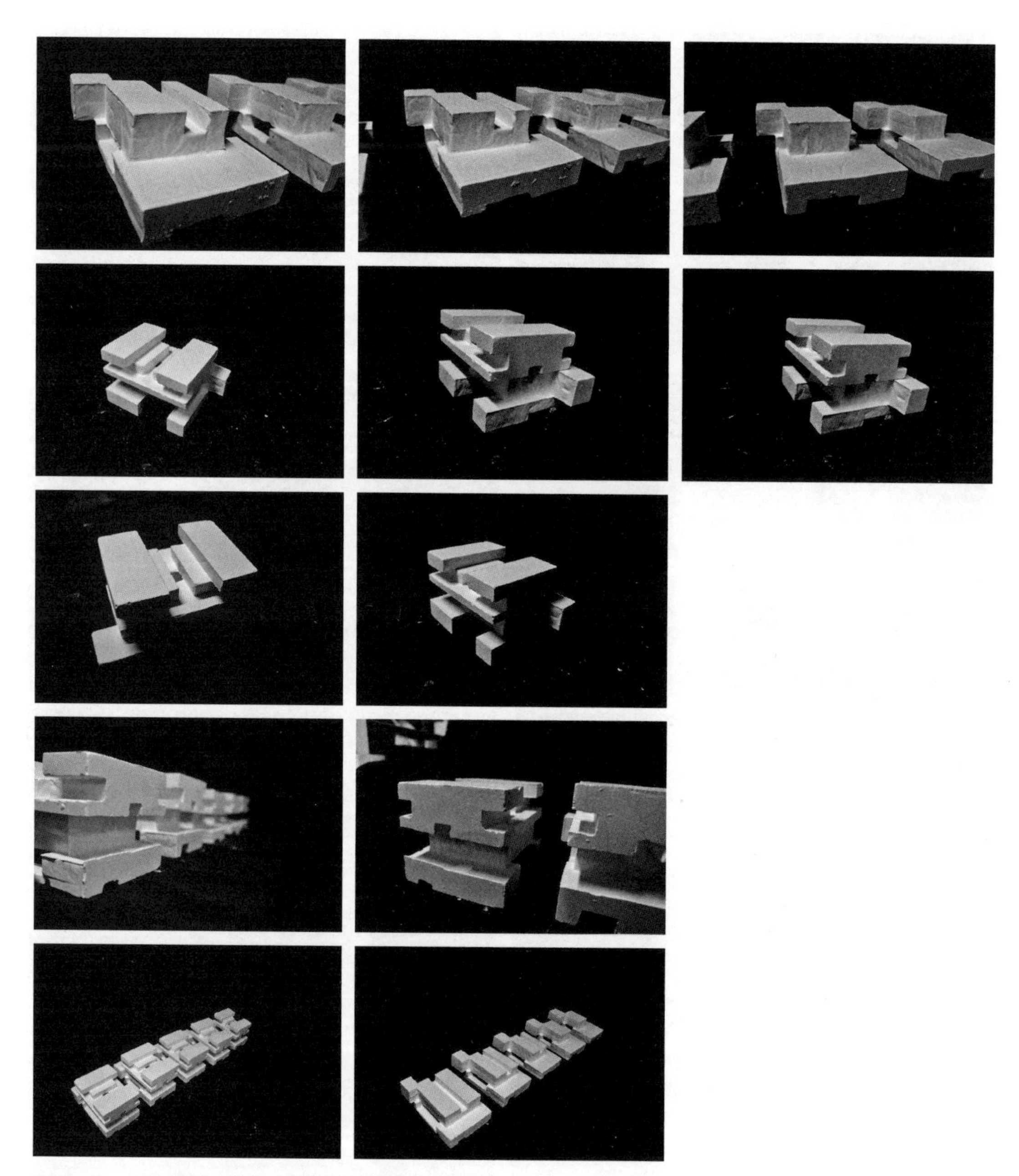

图 5-42　组合墙体 设计：孟芝慧（建筑 2016 级）

教师点评：该组合墙体为单一形体变化设计的逻辑展现。在长方体的基础上，通过在不同维度上采用加法、减法等手段，形成有韵律的空间变化。

第6章 聚苯造

城市是人类文明走向成熟的标识。《吴越春秋》记载："筑城以卫君，造郭以卫民。"将城的边界及作用明确表达。作为人类的集聚地，城市承载人类活动相关的各项功能，构成了复杂的有机系统。城市承担着生产功能、服务功能、管理功能、集散功能、协调功能等，这些功能构成不同特色的城市空间。城市空间结构和形态直接表现于建筑、道路、广场、绿化、水系等要素的组织上。无序的城市空间格局会给人们造成混乱的印象，逐渐失去城市活力，甚至导致城市消亡。设计师是有使命去认知和设计城市空间与环境。聚苯造核心教学目的是通过聚苯材料的尺度指代认识城市空间。

聚苯造的意义有三。第一，对外部空间环境的认知与体验。城市外部环境是"可读的"，是由一系列符号组成，认知符号之间的关联性，逐步由可读变为可写语汇。第二，了解外部空间组合的基本方法。一般从城市区域、道路、边界、节点、标志物等几个方面，分层次进行认知。范围不同运用的方法也有所不同。实体模型再现城市，感受城市空间组合基本方法。第三，对外部空间设计能力培养。认知城市中建筑密度、容积率、城市肌理等基本概念对空间格局的影响。通过不同指标要求的设计，模拟不同的城市空间感受。

6.1 初识材料

1. 材料种类

聚苯造所使用的材料是硬质发泡塑料。材料价格便宜，加工方便，成型快速，其优良的体积感是这种材料独有的特点。硬质发泡塑料材料是塑料颗粒，使用物理或化学的方法，将材料发泡形成的一种塑性材料，有 PS 类、PP 类、PE 类和 PVC 类。聚苯造使用的材料为聚苯板，包括膨胀聚苯板（EPS）和挤塑聚苯板（XPS）（图 6-1）。

2. 材料性质

聚苯类材料，表面平整，质地轻，密度大约在 12 ~ 30 kg /m^3，材质比较坚硬、紧凑、均匀。传热系数低，吸水率低，有一定的保温隔声效果，所以在实际中聚苯板常用于建筑墙体、屋面保温、复合保温板材的保温层。

从上述材料基本性质分析，材料面平质轻，可以容易加工成规则形态，且容易搬运。有一定硬度，紧凑匀质，可以自立，且不变形收缩，便于保存。总体上，聚苯类材料具有良好的加工性，成型速度快，因此是理想的模型制作材料。

图 6-1 聚苯类材料

作为聚苯造的材料，材料易切割，体量明确，可以比较清楚地表达城市建筑的尺度概念，指代城市中建筑、道路、节点等要素的体量关系，便于认知城市环境、城市肌理和城市结构。

3. 材料加工

聚苯类材料有较好的加工成型能力。常见的材料主要是以工具切割方式形成体块，再进行组合成型。体块特征是聚苯类材料主要表达的内容，加工设计主要依托材料实体感来界定空间，通过切割和组合完成形态加工。聚苯类材料因其材料本身密实，切割是其主要加工动作，便于掌握。此外，聚苯板的成型工艺会在其表面留有匀质点状图案，可适当保留以增加模型的表达力（图 6-2）。聚苯材料还可以通过表面上色，改变原有材料单一色彩，丰富模型的表现力（图 6-3）。

一般使用的切割工具包括电热切割机或者刀、锯等工具等。电热切割机的

图 6-2　聚苯的材质表达 制作：计珂然等（规划 2012 级）

聚苯在成型过程中遗留的规则小点，可以加以利用，表现建筑实体。

图 6-3　聚苯的色彩表达 制作：王思玥等（规划 2012 级）

聚苯材料配合水粉颜色，可以改变材料本身色彩，有助于模型表现。

工作原理是利用电热丝发热达到切割的目的。与刀具加工相比较，电热切割机加工快速，切割截面整洁，形体控制容易，但是由于电热丝较细，温度过高，切割时容易发生偏转，温度不够，容易切割受阻，发生断裂。因此使用时应注意电热丝的状态，调整好电热丝松紧度，控制好电热丝温度（图6-4）。刀、锯等工具以辅助加工为主，用于切割小块体量和局部修整（图6-5）。

图6-4　聚苯材料手工工具加工

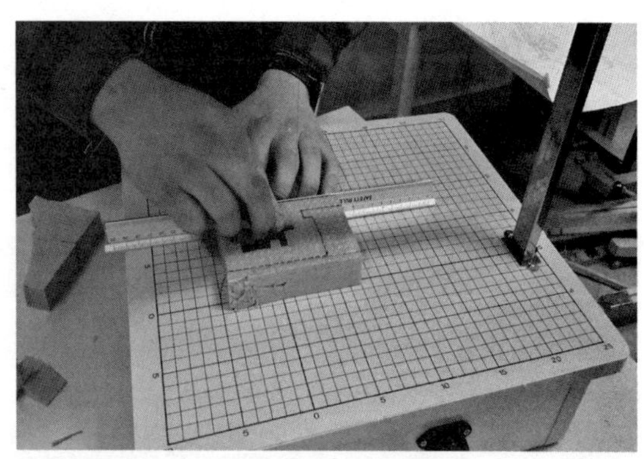

图6-5　聚苯材料电热阻丝切割加工

6.2　工具认知

1. 切割工具

一般使用的切割工具包括用美工刀、手锯或电热丝切割，也可用粗齿锉、锉刀、砂纸打磨。

电热切割机的工作原理是利用电热丝发热达到融化切割的目的，能够对一定厚度的塑料泡沫进行简单、快速、准确的切割。电热丝切割机的组成部分包括切割平台与细电阻丝，在其中通过低伏电流加热后就可以切割泡沫材料。电热丝直径一般采用0.2 ~ 0.25mm，电热丝直径过大，切割阻力增加，并且影响变压器使用寿命。电热丝温度可以无限调节，不同密度和材质的切割物需调节合适温度切割，通常电热丝以不发红或者微微发红为宜，忌电热丝通红切割。切割时佩戴工作手套，切割完成及时关掉电源。另外，切割聚苯时会散发一定有害气体，需在通风条件下佩戴口罩做好防护工作。

与刀具加工相比较，电热切割机加工快速，切割截面整洁，形体控制容易，但是由于电热丝较细，温度过高，切割时容易发生偏转，温度不够，容易切割受阻，发生断裂。使用时应注意电热丝的状态，调整好电热丝松紧度，控制好电热丝温度。在切割前应预留一些模型在切割时被烧掉的宽度。切割时也应注意匀速推进切割，不可长时间停留或过快向前推进，以免发生切割过度或细电阻丝被模型拉断的情况。切割时，被加工材料宜平整，借助靠尺可以完成平整体块（图 6-6）。

2. 粘接材料

由于聚苯类材料的化学稳定性比较差，可与多种有机溶剂发生反应，被强酸强碱腐蚀，不抗油脂。当其用做保温板时主要通过粘结砂浆与墙面粘贴。用做制作模型时，主要是自己本身粘接，一般的模型胶都会对其有所侵蚀，不能使用常用 UHU 建筑模型胶进行粘接。通常可以采用固态胶或不干胶类进行粘接，常用双面不干胶带，也可采用通过其他工具连接，例如借助大头钉，钉接不同体块的材料（图 6-7）。

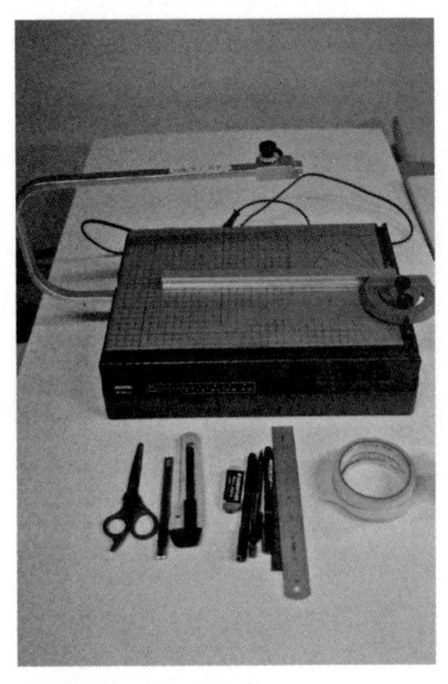

图 6-6　加工工具

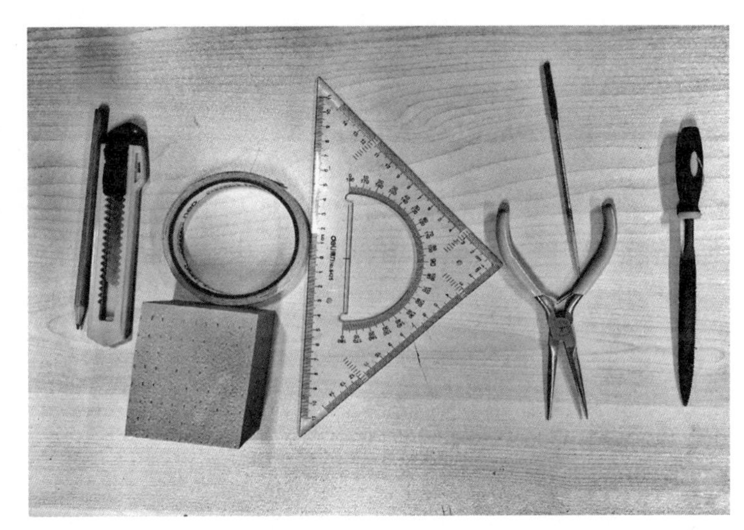

图 6-7　粘接材料与其他用具

6.3　城市体验

1. 城市的概念

城市，作为人类集聚的集合体，具有复杂的组合功能，是为建筑和景观发展提供基础条件。

城市是人类走向成熟和文明的标志。原始社会，人类居无定所，随遇而安。当人类的第二次劳动大分工开始，使原来原始居民点发生分化，出现了具有商业和手工业职能的城市。可以说，城市是伴随着私有制和阶级分化而产生的。

城市是城与市的组合词。“城”是防御性的概念，为社会的政治、军事目的而兴建，边界鲜明，形态封闭、内向。《管子・度地》说“内为之城，内为之阔”。“市”是贸易、交易的概念，为生产活动、商品交换的目的而形成，边界模糊、形态开放、外向。按照城乡规划学的概念，城市是指以非农产业和非农业人口聚集为主要特征的居民点，在我国是指按国家行政建制设立的市和镇。

2. 城市的发展

城市在发展过程中，形成了几种不同的模式。

（1）“自下而上”的城市。一般是以聚落为基础，从不自觉的自然村落逐渐发展到一定规模的城市；城市没有一个预先构想的目标与形态，依实际发展需要，在自然环境、客观规律作用下长期积累而成，因此也被称为“自然城市”。城市形态自由灵活、有机多变，体现出一种“约定俗成”的群体控制规律、“渐进的城市设计”思想，其自由发展的程度也是相对而言的。

（2）“自上而下”的城市。城市主要按人的主观作用、思想观念、宗教信仰，或某一统治阶层的理想模式建设而形成。它通常以一种法定的设计准则，在严格的控制和要求之下进行建设实施。因此也被称为“人造城市”，它是一种控制机制下的建设方式，一般在集权统治的社会制度下“自上而下”而形成的城市较多。城市形态表现着规则的用地、严谨的构图、鲜明的等级和全面的计划，几何形式很强。

（3）“交替发展”的城市。实践中，“自上而下”和“自下而上”两者往往是兼容并蓄。“自上而下”的城市在设计上的控制较严格，必须遵循特定的法则和模式；而“自下而上”的城市在设计上就显得灵活、自由，因地制宜和随机应变。两者共同作用于城市发展之中。

城市的发展经历了集市型、功能型、综合性、城市群不同的阶段。尽管全球化作用下，不少城市特色趋于相同，但是由于城市所处的自然条件、人文背景等因素的不同，仍然有不少具有不同面貌特色的城市，值得去体会城市尺度下的空间环境特征，学习城市群体空间的组合方法。

3. 群体空间组合

群体空间组合主要是指组成要素之间，按一定的脉络和依存关系，连接成整体的一种框架。可以看出，群体空间组合主要研究的是各要素之间的关系。这些要素可以分为两类：一类是以可视形象出现的显性元素，包括建筑、道路、铺地、建筑小品、构筑设施、绿化、水体等，另一类是以心理感知表现的隐形元素，主要是指人的空间行为、心理定势等。

群体组合中需要分析的方面很多，常见的组合方法主要有：

（1）单元组合法。将建筑按结构特征和建筑特征划分为基本单元，各单元之间按一定秩序将之组合起来，构成一种群体关系。其特点是应用简单，结构关系明确，适用范围较广，组织较灵活。

（2）几何母题法。采用一两种基本几何形体做母题重复使用，以达到建筑、结构的完全统一。

（3）网格布局法。按一定的空间参数构成，利用正交和斜交的网络，将建筑单元填充在网格中，构成一个规则化、标准化、统一化的群体。

（4）辐射式组合法。以一个中心为圆点，通过发散向四周辐射，形成自中心向周围辐散和由四周向中心辐合的群体空间秩序。

（5）廊院组合法。以通道、走廊、过厅等先行构架作为联系纽带，将各建筑单元组合在线的一侧和两侧，纵横交错构成院落空间。廊院组合可以构成单院式、复院式等，院具有向心、凝聚、内守、不耗散的空间秩序，以院为中心与四周建筑单元发生等距离联系，形成面的关联性。

（6）轴线对位法。轴线是一种线性关系构件，它通过发挥串联、控制、统辖、组织两侧建筑的作用，使各个分散的建筑单元以它为联系的纽带，形成一种线性结构关系，并联接成一个整体。轴线对位即指线之两侧及在线上的建筑与线构成贯穿、相切以及邻接的关系。

4. 典型城市空间模型表达

下面所展示模型照片，是聚苯造城市空间体验的阶段模型成果。三个模型成果表达各有侧重。其中图 6-8、图 6-9 选择了两个东、西方不同的城市典型区域进行比较认知；图 6-9、图 6-10 是对同一座城市的表达，采用不同模型处理对城市空间认知进行比较分析。

6.4　图解分析

1. 两种基本表达

聚苯造对城市空间的认知从两种建筑学习基本手法展开。其一，模型制作。通过聚苯类材料的加工与制作，概括出城市典型区域模型的特征，直观感受城市的功能不同的布局、空间形态、肌理特征等内容，正如上节所展示的阶段性模型成果所示。其二，图解分析。通过图形语言，分析和认知外部空间环境。这两种方法在设计方案的表现上各有特点，互为补充。模型表达体量感强，视觉感受直观，图解分析快速便捷，内容比较详实。因此希望通过聚苯造题目的训练，能初步掌握这两种建筑设计基本的不同表达手法。

2. 图解分析

图解分析实质是一种图形化的表达。图形化表达目的在于从抽象思维到形象思维，直接操作具象的视觉形象，将设计的深层次内涵展现出来。可以说，图解表达本身就是一种设计。图解涉及如何能够恰当表达所分析内容，首先应

图 6-8　中国北京城市聚苯造模型　制作：于若婷、周雨晨、赵骄阳、韩放（建筑 2012 级）

北京，中国的首都，是世界上最大的城市之一，是中国的政治、文化、交通、科技创新和国际交往中心。北京作为城市的历史可以追溯到 3000 年前。秦汉以来，北京地区一直是华夏民族北方的军事和商业重镇城。其特有的城市位置与沿革，决定了城市形态的特点。中国古代建筑的合院形制，又凸显了城市的整体肌理特征。北京的胡同反映了北京的四合院建筑特色和北京的民风民俗，被认为是北京市井文化的代表和载体，蕴含着丰富的历史和文化。

该组以《加摹乾隆京城全图》为主要分析对象，选择现在什刹海地区的城市形态进行研究分析。模型清楚表达了城市中建筑与道路之间的关系。作为区域的标志，钟鼓楼的表达作为轴线的重要节点在模型中较好表达出来。

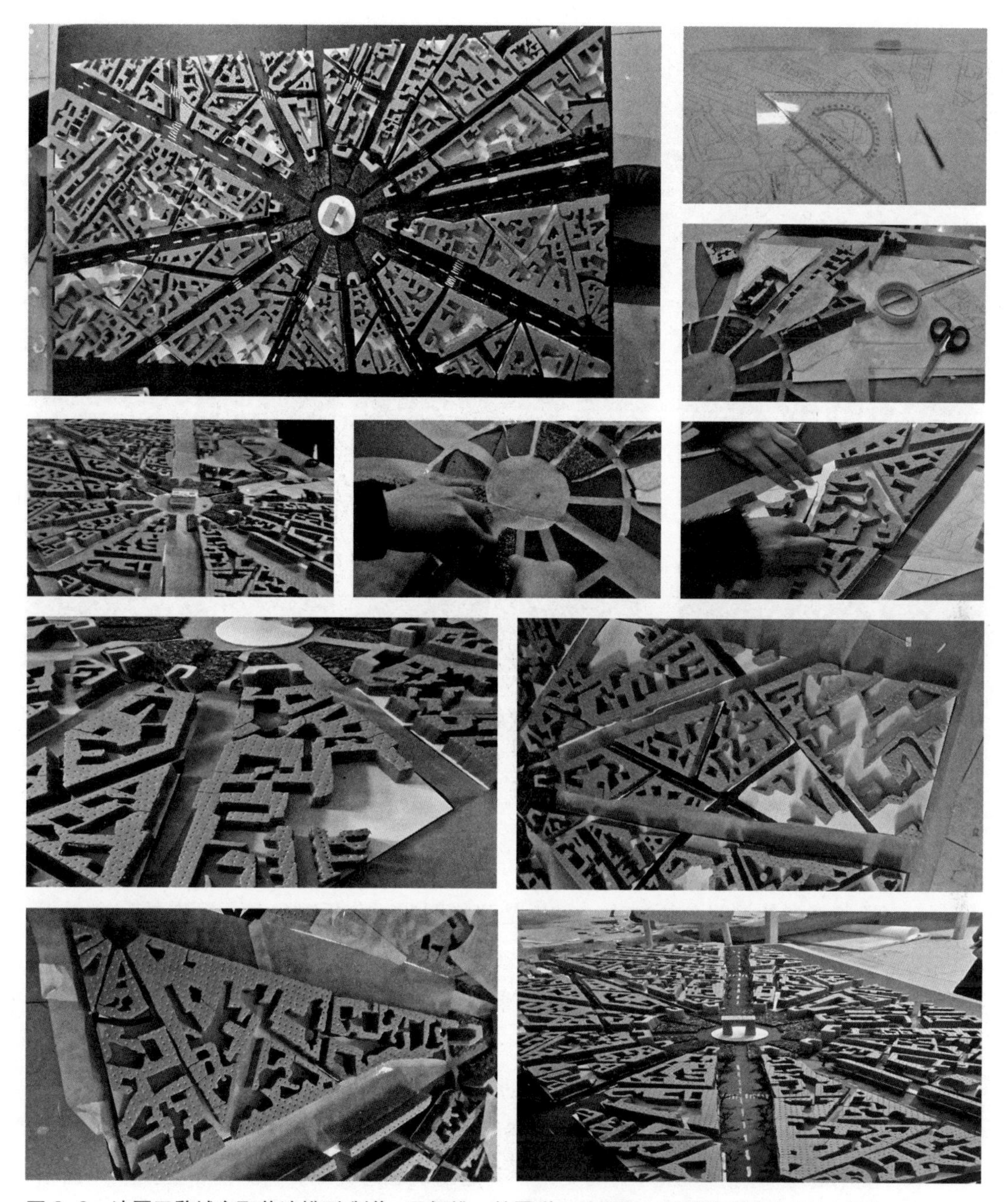

图 6-9　法国巴黎城市聚苯造模型 制作：马俪维、林雪琪、关斓斓、刘雅静（建筑 2014 级）

巴黎，法国的首都、法国最大城市，是法国的政治与文化中心。巴黎是世界上最古老的城市之一，考古学家认为巴黎地区在公元前 4200 年就已经有人类居住在此。城市保持着自中世纪以来的城市特点。当代巴黎的大部分城市面貌是 19 世纪中叶法兰西第二帝国时期奥斯曼男爵对巴黎进行大规模城市改造的结果。长期以来，巴黎一直遵守严格的城市规划，特别是限制建筑物的高度。城市设计时，预先确定的街道宽度，沿着林荫大道两侧，确定外墙位置，然后修建同样高度的建筑物，大楼的高度根据所面临街道的宽度界定。放射式的节点布局使城市肌理赋予特色。

该组选定巴黎作为分析的对象。在具体处理上，通过相关软件，获取相应区域图纸。按照所需比例，绘制场地平面图纸，估算建筑高度。绘制时要对建筑与道路的图底关系有所辨识。制作场地（主要预留出道路、集中绿地）。按照区块，分块制作建筑体量模型。完善道路、绿地系统，最终完成模型制作。

图 6-10　法国巴黎城市聚苯造模型 制作：刘帅、管晨、卢通、纪帅东、翁职广（城规 2014 级）

该组对巴黎城市表达，模型制作上突出了城市布局特点。主要表现在：①道路路网表达清晰；②城市图底关系明确；③色彩的运用强调了城市的组织关系。

具备清晰的逻辑分析能力。分析是解释阐述所分析对象从无到有的一个过程。其次应具备良好的制图表达能力。图解的基本语汇是图纸，图纸表达是图解的基本要求。图解分析不仅强化思维逻辑能力，还能提高手绘表达能力，手脑并用，对于思维培养有重要的作用。

常见的图解表达方式可以借助点、线、面进行综合运用。点的疏密变化、线的粗细不同、面的密度差异，都可以用来表达对分析作品的认识内容。图解使用的基本图形可以分为两类，一类是建筑表达类图，包括总平面图、平面图、立面图、剖面图、轴测图、剖透视、展开图等；另一类是数据类分析图，包括坐标图、饼状图、柱状图、框图、流程图等。建筑表达类图可以用以分析空间流线、功能分析、形体生成、环境特征等内容；数据类分析图可以用以分析前期资料、类型分析、发展变化、数据可视化等内容。这些分析图使用没有明显界定，同一种分析内容可以由不同的表达方式呈现。例如空间功能的分析，可以通过平面图纸二维表达，也可以通过轴测图纸三维表现。图解分析绘制方法多样，表达能力丰富。

3. 城市分析

下面实例中的分析以图纸表达为主。通过抽象提取、道路关系、实景再现等手法，对城市空间进行分析（图 6-11 ~图 6-13）。

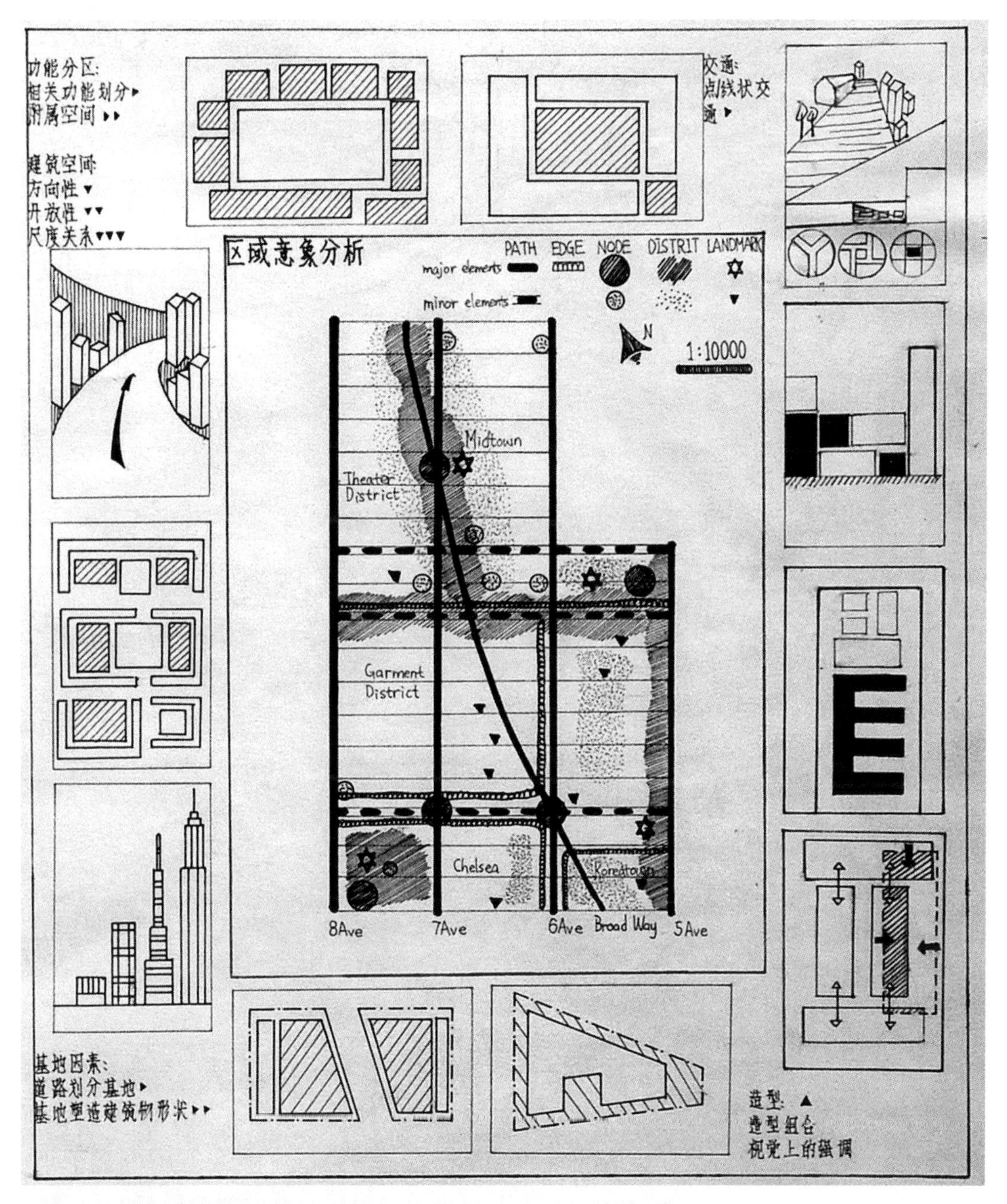

图 6-11 基地要素分析 绘制：张迪 张雅琪 刘莹 赵卓（建筑 2012 级）

图中借助凯文林奇的城市认知中的五要素，分别对所选区域的道路、边界、节点、区域、标志物进行了分析。此外，通过图示解析与立体表达，分析了该区域中的功能、交通、城市空间等要素。

图 6-12 城市肌理分析 绘制：赵任宇 王紫媛 何旭 蔡周（建筑 2012 级）

该组同学以意大利佛罗伦萨为研究对象，在对建筑、道路、河流等城市组成元素提炼的基础上，分析了该区域的肌理特征。

图 6-13 空间意向分析 绘制：于若婷 赵骄阳 周雨晨 韩放（建筑 2012 级）

建筑手绘效果表达是建筑初步课程涉及的重要内容。该组同学通过一组不同视点下的手绘表达图，清楚地展现出北京城市的空间特点。

6.5　图底认知

1. 图底关系

几乎所有的城市设计理论都会涉及“图底关系”理论，认为图底关系的好坏是判断城市外部空间优劣的重要手段。所谓的图底关系是经常发生在日常生活中的。人们写字的时候只会注意到字的形态，对字以外的剩余部分不会顾及。人会根据自己的视觉判断来选择观看有积极意义和正面意义的形状，而忽略那些具有消极意义和负面意义的形状，这种形成的正负形视觉特点发展成为图底关系。图处于正面，底处于负面。图底之间关系并不是不可跨越，尤其当图底面积区别不大，图底的形状又容易使人察觉时，两者介于之间的关系状态，图底之间发生了转换。

图底关系理论应用于城市设计领域，重点在于研究城市结构中实体与空间之间的关系，是一种知觉的选择性。城市环境中，建筑实体体量较大，易被人所观察感知，因此称为“图”，而建筑周围的空间，模糊的事物被认为“底”。图底关系称为城市结构组织有效的图示工具，经过简化城市空间结构和次序的二维空间，抽象展现出城市的形态特征。图底关系有助于了解城市结构特征和空间等级，有助于了解城市的肌理特色，有助于了解城市的发展趋势。

城市设计中的图底关系也不是一成不变的，1748 年由詹巴蒂斯塔・诺利（Giambattista Nolli）绘制的罗马地图，清晰表达了建筑实体与空间虚体之间的关系，衬托罗马城积极的室外空间。这里空间的图形性被强化感知。图底理论是基于对城市建筑实体和空间虚体的组织与感知。图底关系能够完整表现并被感知，城市空间则易呈现出具有一定特征的区片。反之则需要重新考虑实体与虚体的连接关系，使建筑与空间有机共处。

2. 图底认知

结合图底关系理论认知，聚苯造希望能够认识建筑密度与城市肌理的相互关系。具体题目要求在给定区域范围内，以网格化划分的形式运用平面构成的手法划分虚实空间，设计不同建筑密度，以反应不同城市肌理城市局部的图底关系（图 6-14、图 6-15）。

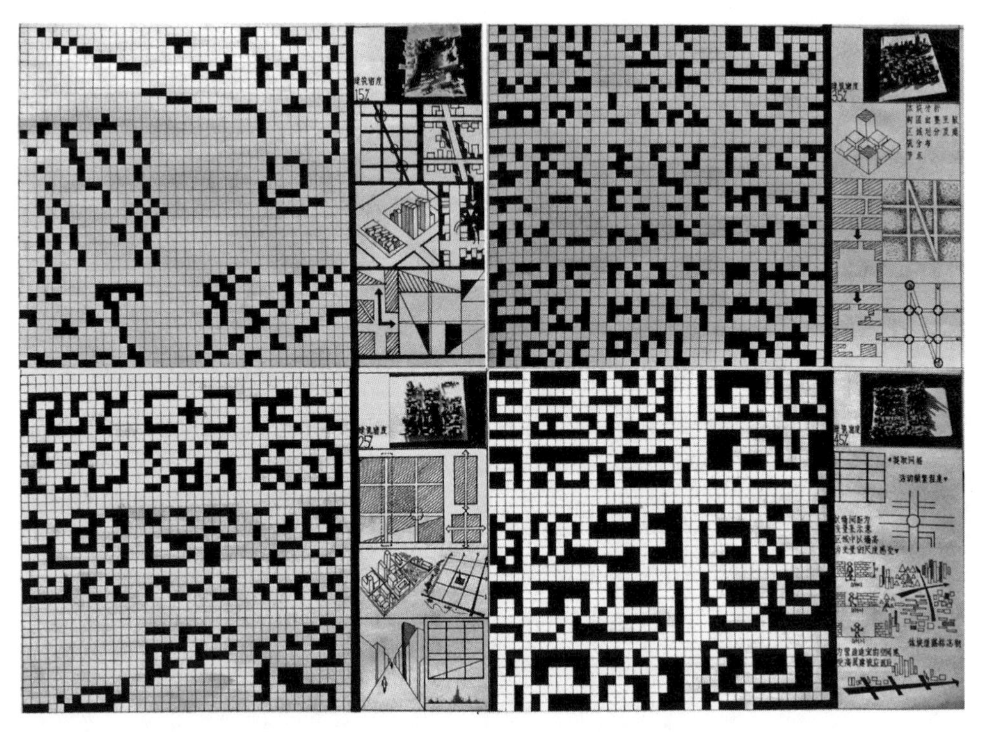

图 6-14 设计方案与图底分析 设计：张迪、张雅琪、刘莹、赵卓（建筑 2012 级）

在设计给定街区的肌理时，四名同学借鉴了上一个阶段所分析的纽约曼哈顿区的肌理特征，以典型的街区布置为设计想法。不同建筑密度所带来的城市肌理变化，通过制作模型，将这一区块形态特点明确表达。

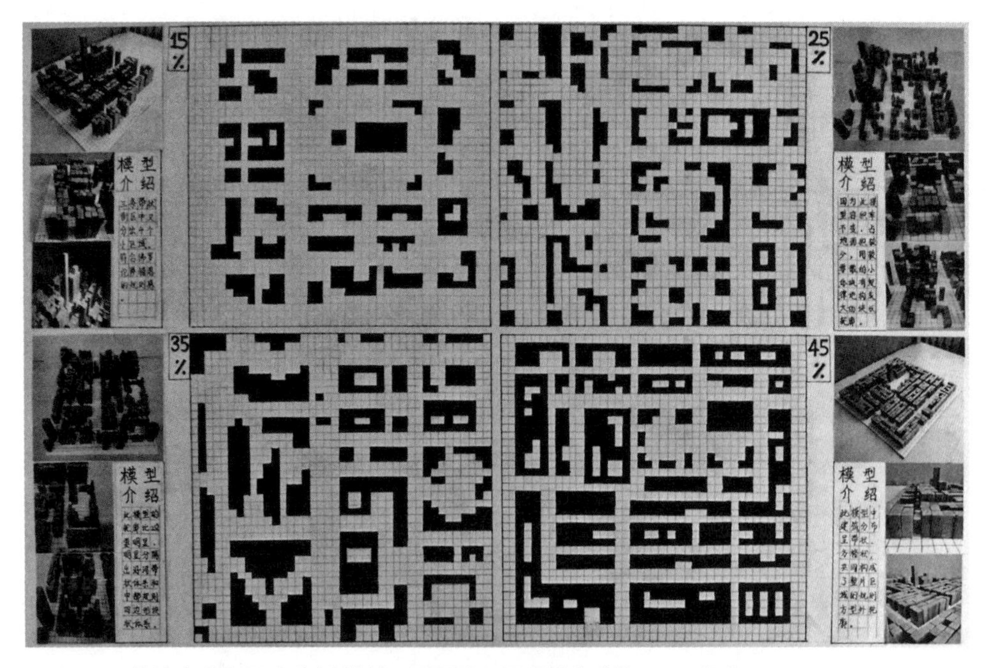

图 6-15 设计方案与图底分析 设计：顾思明、吴斯敏（建筑 2014 级）

该组同学重点分析了不同密度要求下设计城市地块所形成的不同空间特征。不同密度要求下城市空间的疏密不一，建筑物高度也有所变化，形成不同城市风景线。

6.6　空间设计

1. 城市空间

城市空间质量高低直接影响了人们生存环境的好坏。空间质量是现代社会的基本关注点，涉及多方面的因素，不仅包括空间结构、空间密度、自然环境等物质因素，还包括心理需求、认知需求、健康需求、安全需求等社会因素，是一个复杂的多层面多维度的概念。其中，容积率与建筑密度等基础指标对空间形态起到了重要控制作用，可以营造出不同的城市空间。

容积率是指一定地块内，地上总建筑面积计算值与总建设用地面积的比值。容积率是衡量建设用地使用强度的一项重要指标。容积率越低，居民的舒适度越高，反之则舒适度越低。从城市认知而言，图底关系偏于二维平面图形认知，容积率则偏于三维立体体量认知。两者结合，将二维图案与三维空间结合，感受不同因子对城市空间的影响。

2. 空间设计

结合容积率的概念，聚苯造设定城市空间抽象设计。设计要求以图底关系形成的建筑密度与城市肌理为基础，运用构成手法，建立三维模型，形成给定容积率的立体空间模型。建筑层高控制在每层 3 米，直观感知不同容积率带来的不同空间感知（图 6-16、图 6-17）。

图 6-16　城市空间模型 设计：张迪、张雅琪、刘莹、赵卓（建筑 2012 级）

空间模型制作中，采用概括的手法。以 1cm 的聚苯条作为基本模型单元，根据密度和容积率的要求，截取不同的高度使用。这种方法有利于模型的快速成型，但缺少了一定的建筑空间和体量感受。在同样容积率大小要求，不同密度的城市空间所呈现的特点各有不同。

图 6-17　城市空间模型 设计：顾思明、吴斯敏（建筑 2014 级）

模型较好地展现了在相同容积率下建筑密度分别是 15%、25%、35%、45% 时，城市空间的不同特点。

6.7　作品呈现

图 6-18 至图 6-32 为聚苯造的学生作业实例。这些实例并不都是优秀作业，但各具特色，辅以点评分析，以释内涵。

图 6-18　城市模型波士顿 制作：李惠文 黄秋实 种璟媛 张希（建筑 2012 级）

教师点评：选取城市地段为临水区域，城市肌理有明确的整体。模型制作将建筑、道路、绿地、水面等几大城市组成要素清晰地表达出来。模型制作精良，表达效果良好。

图 6-19　城市模型华盛顿 制作：盖以楠等（建筑 2012 级）

教师点评：模型体现出了华盛顿在网络和放射两种作用力下所呈现的城市空间特点。模型准确地表达了地块中的建筑、道路和绿化，对城市空间有一定认识。

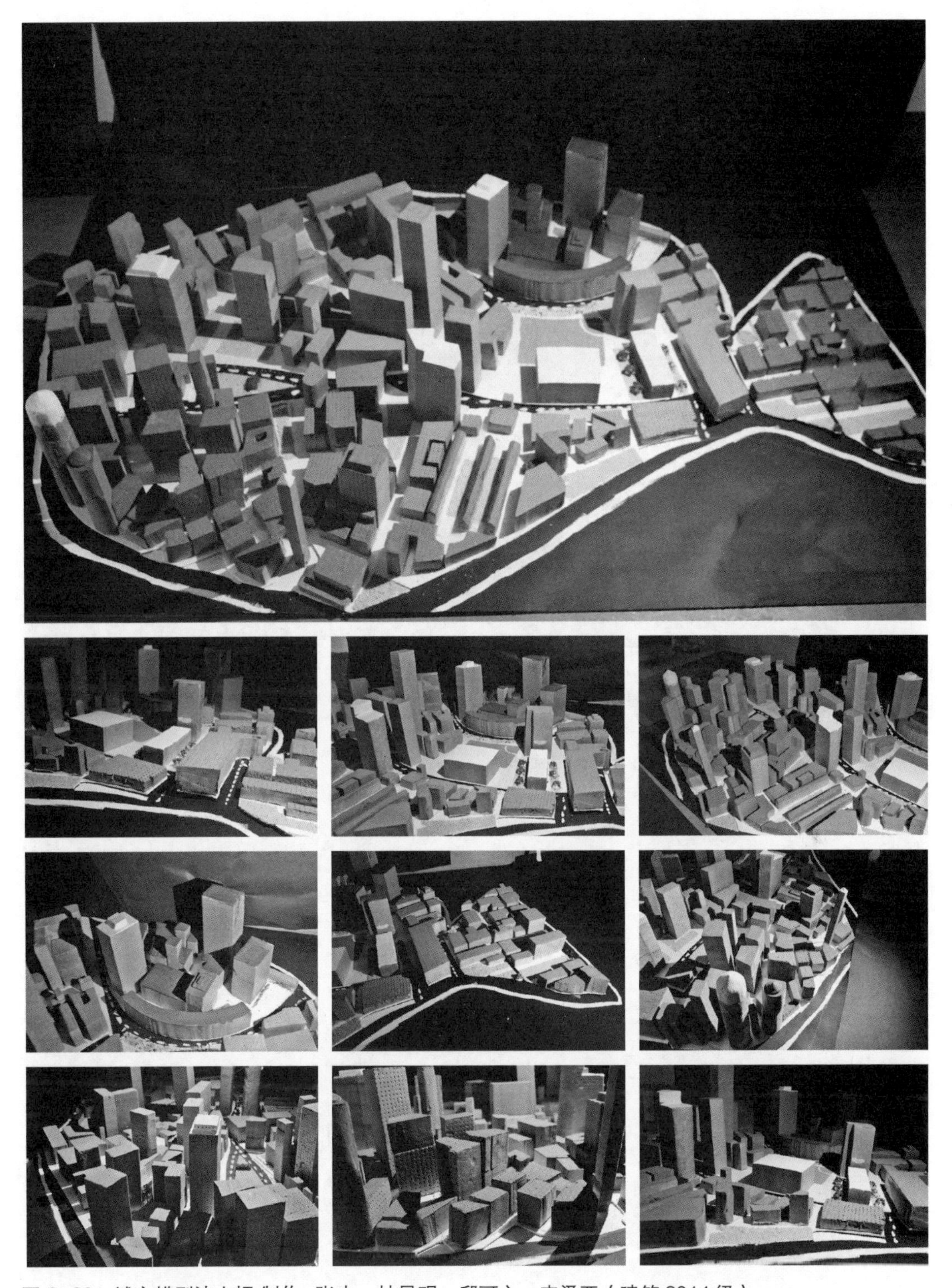

图 6-20　城市模型波士顿 制作：张冉、杜旻玥、邱可心、李泽亚（建筑 2014 级）

教师点评：该组选定地段为波士顿临水区。模型充分利用底部的色彩，较清楚区分出该地段的不同功能分区。

图 6-21　城市模型佛罗伦萨 制作：张旭颖、叶文杰、刘伯文、顾思明、吴斯敏（建筑 2014 级）

教师点评：佛罗伦萨城市密度高，因此模型的重点在于对建筑的表现。聚苯材料较好地表达建筑的体量感，同时也清楚地留出院落空间。教堂施以颜色表现其地标地位。

图 6-22　城市模型锡耶纳组 制作：李若冰、李嘉鸿、刘玥、张若楠（城规 2014 级）

教师点评：所选地段有一定的地形变化，模型在表达建筑、道路、绿化等要素的基础上，重点表现了周围地形变化。地形的高度变化通过叠合多层 KT 板制作表达。

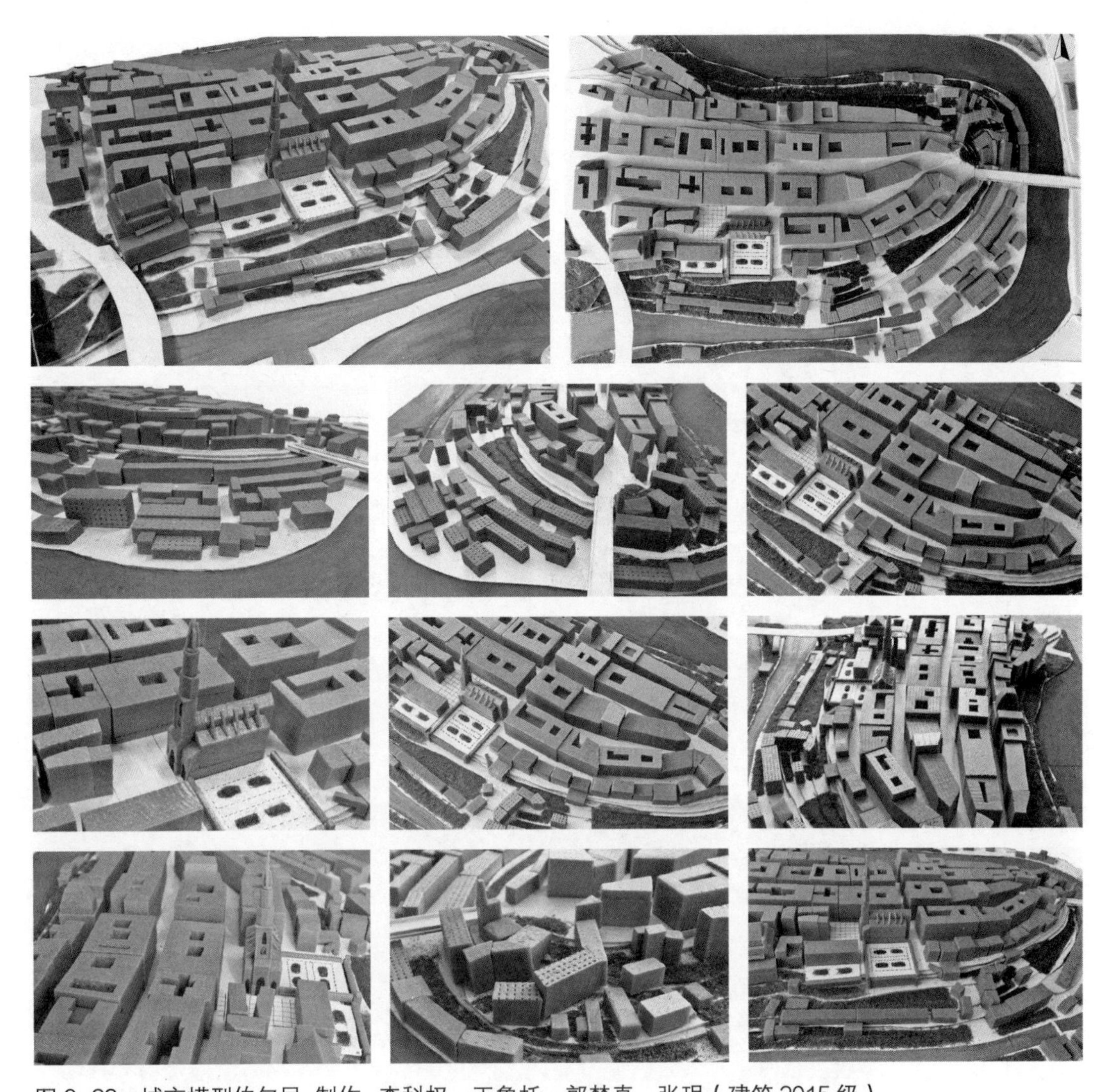

图 6-23　城市模型伯尔尼　制作：李科权、王鲁托、郭梦真、张玥（建筑 2015 级）

教师点评：模型表达地块为一处滨水地段。整体上，模型对建筑、水面、道路有明确表达。此外，地形高差变化也较准确表达处理。作为该地段的标志性建筑的教堂，制作相应细节与之呼应。

图 6-24 城市模型曼哈顿 制作：高宇轩、崔玮辰（建筑 2015 级），王昱聪、田安琦（建筑 2014 级）

教师点评：模型选取了曼哈顿典型区域，街区的形态特征明确。该地块中，模型对标志性建筑有一定细节表现。该模型对材料加工工艺十分精细，每个体块挺拔端正。

图 6-25 城市模型帕尔马洛城 制作：刘梦琦、毕可心、金婧雪（建筑 2015 级），薛冰琳（建筑 2014 级）

教师点评：该地段放射性的空间关系明确，模型也重点表达这一城市空间特点。模型将建筑、道路、广场、绿化等要素都明确呈现出来。

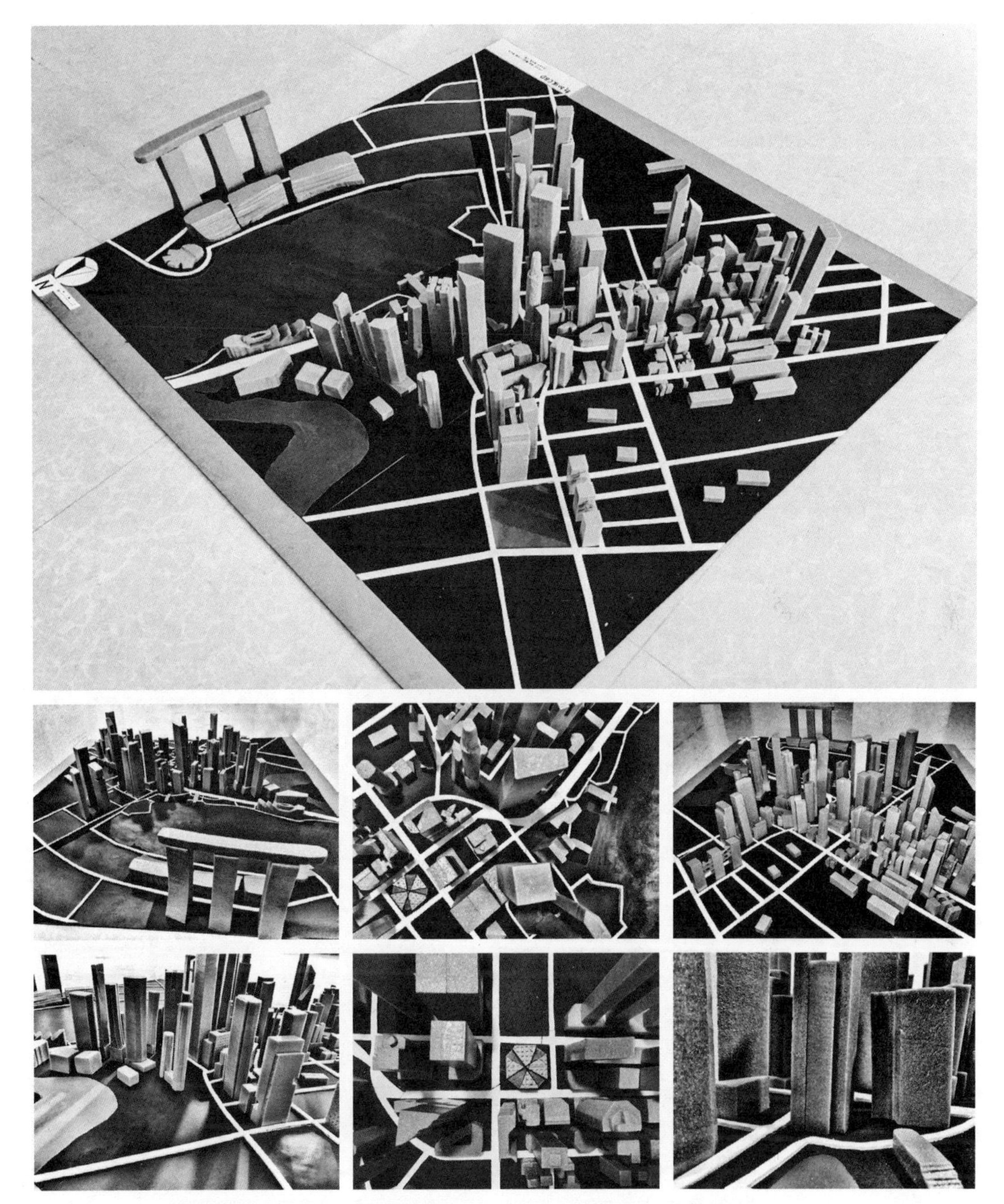

图 6–26　城市模型新加坡　制作：丁亚楠（建筑 2012 级），谢亚宁、董悦（建筑 2015 级），秦晓萱（建筑 2014 级）

教师点评：该地段为新加坡滨海区域，有海湾金沙大酒店等标志性建筑。模型重点表达建筑群体之间的关系，对地段内的建筑有所取舍。模型重点突出，表现力强。

图 6-27　城市模型芝加哥 制作：金秋彤、任毓瑶、侯雨欣、刘嘉雯（建筑 2015 级）

教师点评：模型表达了所选城市的建筑、道路、绿地、河流等要素。其中对绿地的表达细致到位，整体城市空间呈现较为清楚。

图 6-28　容积模型 设计：李惠文、黄秋实、种璟媛、张希（建筑 2012 级）

教师点评：展现了相同容积率下，不同密度所形成的不同城市空间。

图 6-29　容积模型 设计：林志云（建筑 2012 级）

教师点评：城市设计以轴线对称为起点，通过不同密度的区域进行围合，展现城市空间特点。

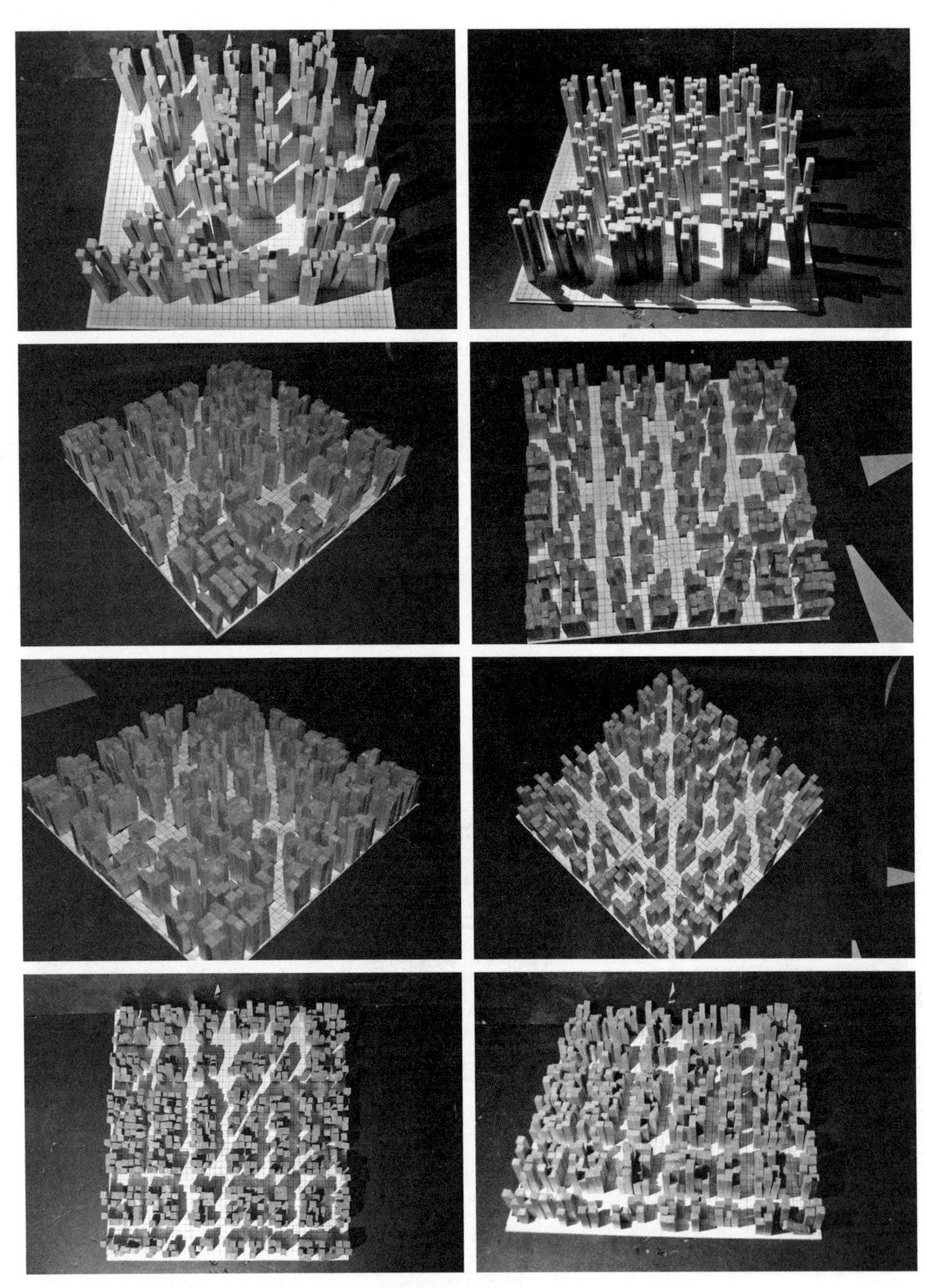

图 6-30　容积模型 设计：田安琦、赵冰（建筑 2013 级）

教师点评：不同密度的城市空间设计。空间有所表达，但建筑尺度与体量还应进一步考虑。

图 6-31　容积模型 设计：邓雅文（建筑 2014 级）

教师点评：空间设计以围合为主导要素，相应的尺度应深化设计。

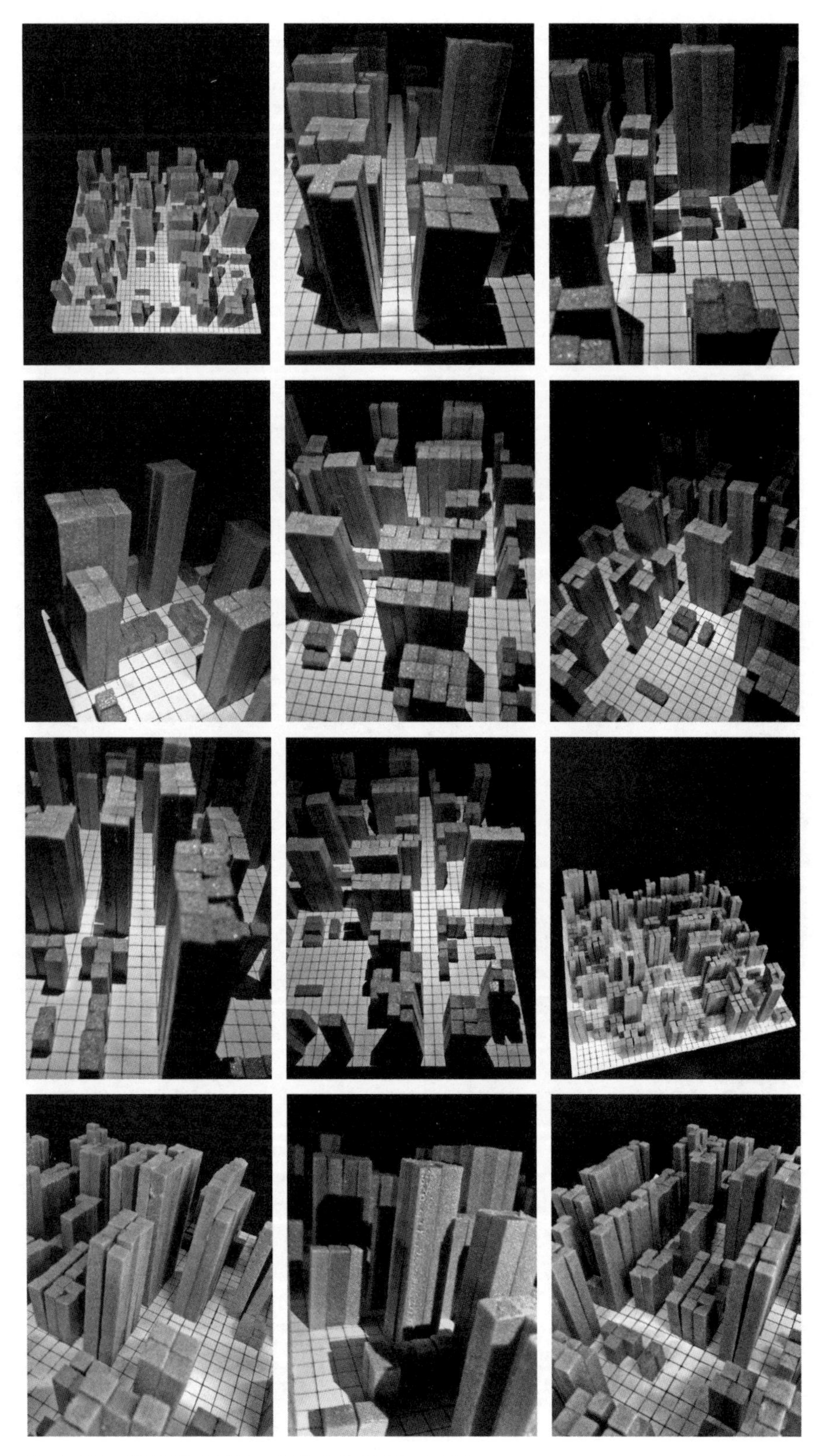

图 6-32　容积模型 设计：覃惠（建筑 2014 级）

教师点评：设计符合密度的要求，但建筑尺度、间距关系还应细化。

第7章 铁丝造

线性材料形态呈现与其他材料不相同的特征。线性材料在建筑中主要起到承重和装饰两个方面的作用。承重作用主要和其他材料配合，常用于建筑中的线性材料主要是钢筋，用于承受拉力。装饰作用主要通过材料本身的细部设计，结合实际使用功能达到对建筑美化的作用。细部设计能力是建筑设计中的重要能力。铁丝造的核心教学目的是以铁丝为材料模拟建筑细节，对造型进行训练，认识线性材料的特性，理解建筑的工艺之美。

铁丝造的意义有三。第一，建立工艺的概念，掌握基本的线性材料性质，了解材料的组织方式与细节刻画，认知线性材料对空间的组织能力。建筑对工艺的追求是提高建筑质量的重要内容。从线性材料认知，逐步树立设计处理细化的概念。第二，了解新工艺运动中线性元素在建筑、绘画、家具、工艺品等方面的应用，初步理解建筑的工艺美。经典建筑所蕴含的工艺美是其成为经典的重要原因，工艺美将生产与审美相结合，在实用中创造美的特性。第三，体验建筑细部，感知细部的尺度，对建筑细部进行模拟和刻画，注重对细部的创造能力培养，并提高对线性复杂形体的表达能力。建筑细部构造设计一直是设计中重点涉及的内容，设计方案优劣与细部处理手法是否得当有密切的关系。树立正确的细部设计观，在体验中不断学习。

7.1 工艺美

1. 工艺美术运动

工艺美术运动是在英国 19 世纪下半叶发生的一场设计改良运动。该运动起源是对当时社会问题的回应，为了抵制工业化对传统建筑、传统手工艺的威胁，改变由工业革命带来的批量生产所导致的设计水平下降的趋势而兴起。机器的工业化生产和繁琐的装饰风格使设计发展缓慢，工艺美术运动寄希望于抛弃机器生产，重新回归传统工艺，为设计发展注入活力。运动有两位先驱，艺术评论家约翰·拉斯金（John Ruskin）的主要思想作为“工艺美术”运动的理论指导，艺术家诗人威廉 · 莫里斯（William Morris）的创作活动作为“工艺美术”的主要实践的倡导者。

工艺美术运动的产生导火索源于 1851 年英国举办的世界博览会。展会的展馆“水晶宫”由玻璃和钢材建造而成，新建筑材料和建造方法展示了工业革命对建筑的影响，但也暴露了工业生产与审美之间的脱节。正如拉斯金评价这座建筑“大批深凹的洞穴和低矮的山丘，使整个建筑看起来傻傻的”。新材料新工艺的出现激发了人们对审美的再思考。

工艺美术运动有以下几个特点:①重视手工艺生产，提升手工艺的艺术高度。手工艺产品受到设计师们的追捧，这样的手工制作从精英人士拓展到了全体人民共同享有。②装饰上反对矫揉造作风格。对当时盛行的维多利亚风格进行批判，认为过于繁杂造作。③讲究简单、朴实的风格良好。认为以往的美术被贵族的利己主义所控制，设计应该转变，具有民主特性，服务于大众。④反对风格上华而不实，主张设计诚实。主张真实的、诚挚的新艺术风格，以哥特风格和中世纪的精神重新在设计中得以有效利用。⑤提倡自然主义风格和东方风格。设计中选取了大量的东方元素，与自然融合，从大自然中提取所需的设计内容。

重新回味工艺美术运动中所提倡工艺美的精神至今仍有所启发，对后世的设计风格产生了深远影响，对建筑设计、家具设计、陶瓷设计、平面设计及金属工艺等产生了深远的影响，提出更多的设计风格，强调出工艺对设计的重要性。工艺美术运动的风格影响到了其他欧洲国家和美国，建筑领域影响了芝加哥学派，对建筑大师沙里文和赖特都产生很大影响。

2. 工艺的意义

我国对工艺认知是有悠久历史的。早在春秋末期就出现了记录工艺的专著《考工记》，文中总结了 30 多个工种，反映出古人对工的细分程度。从出土和保留下的各种器皿、雕塑、建筑装饰等也可以看出当时精湛的工艺。工艺的发展与科技进步有关，随着近代我国科技发展落后，工艺的发展也止步不前。

实际上，工艺不仅包括手工工艺，也包括工业工艺。手工工艺，强调加工的历时性，因地制宜，富有人情味。工业工艺，强调制作的流程性，精度准确，具有可复制性。将两者各自特点发挥，便是对当前工艺的品质追求。正如清华大学秦佑国先生指出，工艺技术的实质就是加工精度的控制，同时兼顾效率与工人和机械的技术水准。工艺技术的高低关系到建造效果的好坏。建筑工艺直接影响着建筑的品质。

提高工艺意识，对设计学习有重要的意义，有利于培养正确的设计观念，注重细部设计与实现途径；有利于扩大设计思路，拓展设计视野，工艺与实用、形式、造型、建造等多因素结合；有利于提高审美水平，工艺美是整体性的，具有鲜活的生命力和艺术气息。

7.2 材料认知

1. 材料种类

铁丝因使用不同成分也有所区别，主要包括铁、镍、铜、锌等元素。按照加工工艺，铁丝可以分为电镀锌铁丝、热镀锌铁丝、硬态黑铁丝、软态黑铁丝等几种。铁丝按照直径的粗细分为多种型号。铁丝造选用铁丝时，考虑到后期以手工加工，应选取可用徒手弯折的铁丝为主，柔性要好，并且可以选择不同粗细的铁丝以备使用（图7-1）。

2. 材料性质

铁丝造主要使用材料为铁丝。铁丝有着双重指代作用，一方面指代铁丝本身的材料性质，同时也可指代建筑中的线性金属材料。铁丝是用低碳钢拉制成的一种金属丝。铁丝的生产是将炽热的金属钢条，进行拉拔、冷却、退火、涂镀等加工工艺而成，因此，铁丝有一定的柔性，也保持了相应的刚度。柔性的特性，使其易于弯曲加工，可以形成用于装饰的构件（图7-2）。刚性的特征，使其有力学特征，可以承受拉力，通过编织成网能起到支撑作用（图7-3）。此外，铁丝有一定的记忆性，加工后的形态会有一定的回弹，需要注意。

3. 材料加工

铁丝加工，主要涉及铁丝的分割与连接具有较强的可加工性（图7-4）。分割主要依靠工具进行切分。连接可以分为两种形式：绑扎和焊接。两者各有特点，前者加工方便，但稳定性和精度差，后者借助焊锡焊接，可靠性高但不易焊实，节点较粗糙。相比较而言，绑扎可以依靠铁丝之间的不同缠绕方式，设计出相应的形式，具有一定的形式美感，体现建造的编织美感，可以作为铁丝造推荐加工方式。另外，铁丝的连接还可以借助第三种材料进行联系。例如通过磁石将铁丝吸附，或其他成型构件将铁丝绑扎。

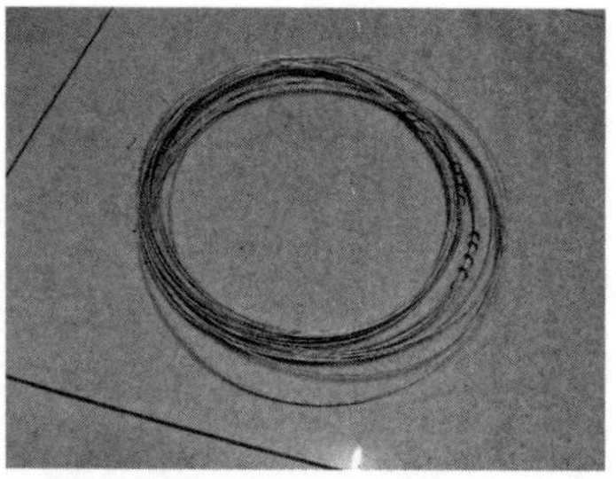
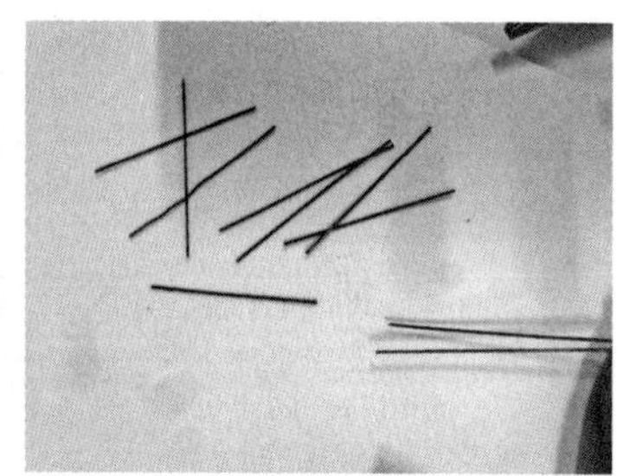

图 7-1　铁丝材料

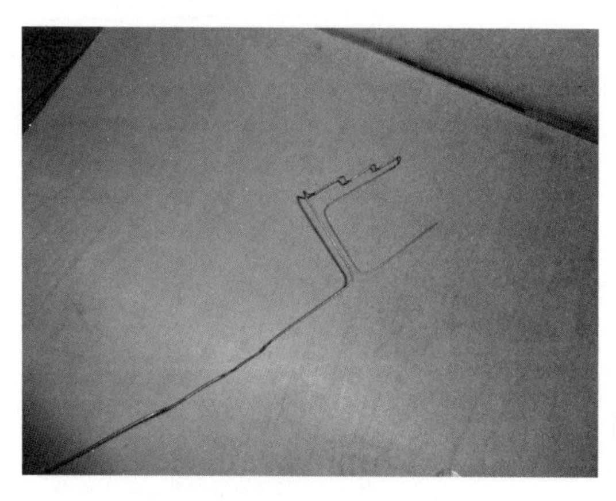

图 7-2　铁丝的柔性 制作：蔡周（建筑 2012 级）

铁丝有一定柔度，加工可直可弯。

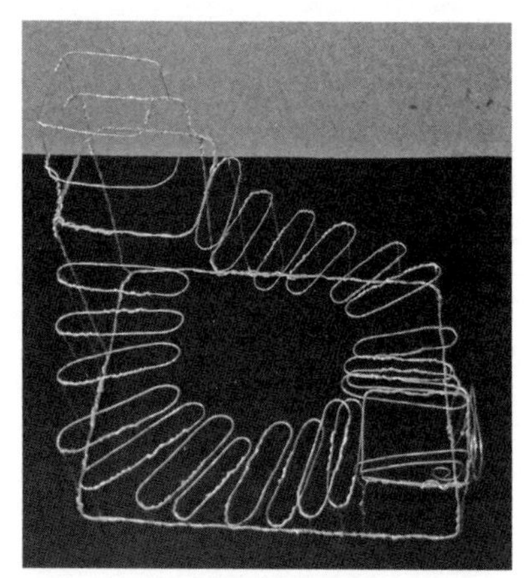

图 7-3　铁丝的刚性 制作：许国玺（建筑 2012 级）

铁丝有一定稳定性，不仅可以承受自重，还能起到支撑作用。

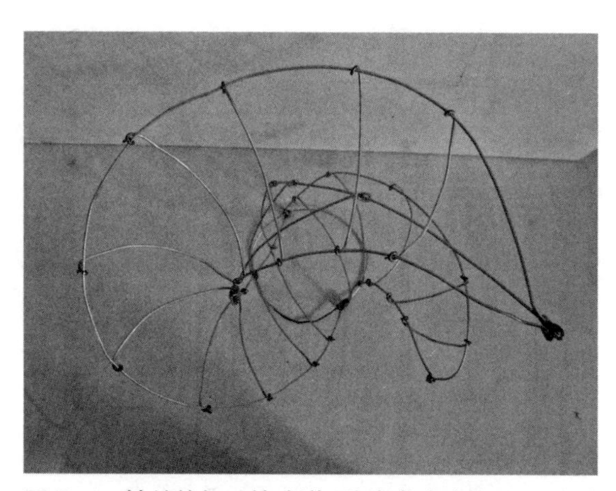

图 7-4　铁丝的加工性 制作：陈嘉睿（建筑 2012 级）

铁丝易加工，弯曲成型，并可制作相应节点。

7.3　工具认知

1. 加工工具

铁丝加工方便，工具相对比较简易，主要分为剪弯工具和焊接工具。

常用的剪弯工具是钳子，这是一种用于夹持、固定加工工件或者扭转、弯曲、剪断金属丝线的手工工具。钳子通常包括手柄、钳腮和钳嘴三个部分。钳嘴的形式很多，常见的有尖嘴、平嘴、扁嘴、圆嘴、弯嘴等样式，可适应于对不同形状工件的作业需要。使用钳子时，要注意用力的均匀性。配合工作手套，确保使用安全（图 7-5）。

常用的焊接工具是电烙铁，按结构可分为内热式电烙铁和外热式电烙铁，按功能可分为焊接用电烙铁和吸锡用电烙铁，根据用途不同又分为大功率电烙铁和小功率电烙铁。

内热式的电烙铁发热效率较高，而且更换烙铁头也较方便。外热式的电烙铁体积较大，较适合于焊接大型的构件。使用烙铁时，应该控制好烙铁温度和焊接时间。烙铁温度太低，焊锡不易融化，焊点不易牢固；烙铁温度太高，会使烙铁烧死，无法焊接。焊接时间也应控制好，时间太长，容易损坏物件；时间太短，焊锡不易完全熔化，形成虚焊。新的烙铁使用前应检查其是否漏电。焊接时电烙铁不能移动，应该先选好接触焊点的位置，再用烙铁头的搪锡面去接触焊点，做到准确不犹豫。

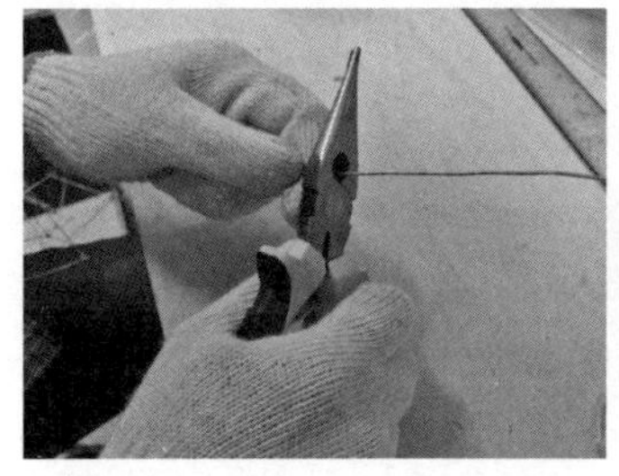

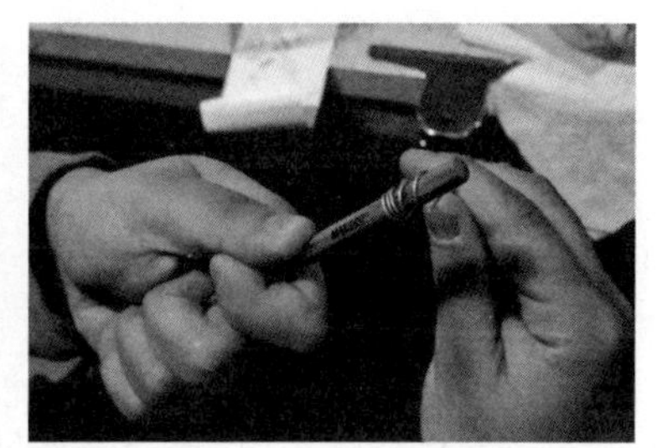

图 7-5　常见加工工具与使用

2. 节点处理

铁丝由于特殊的材料性质，其连接往往需要一定设计与处理，才能较好地表达和完成设计表达。这种设计需要在满足连接牢固要求的基础上，还应考虑连接的美感。图 7-6 至图 7-11 是典型的铁丝节点加工实例。

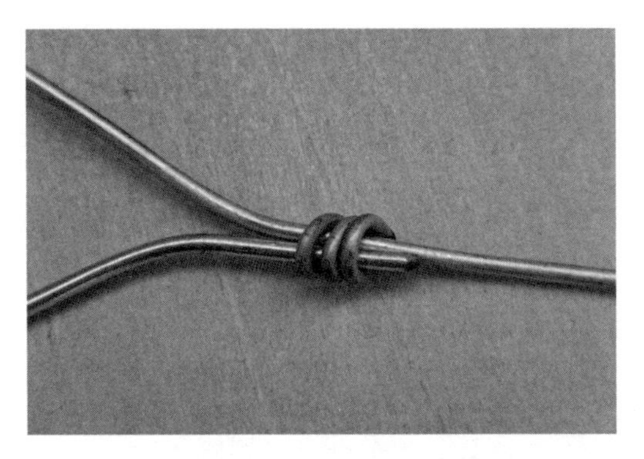

图 7-6　节点加工 制作：苏婧烨（建筑 2012 级）

节点以一根铁丝规则缠绕与另一根铁丝而形成。

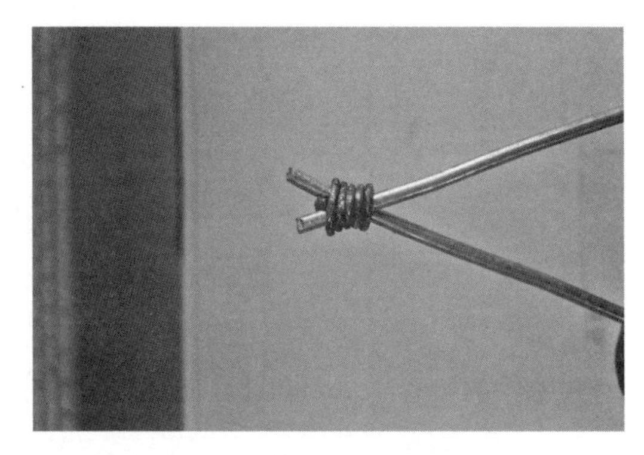

图 7-7　节点加工 制作：相杨（建筑 2013 级）

两根铁丝交叉，规则缠绕形成节点。

图 7-8　节点加工 制作：郭梦真 张玥（建筑 2015 级）

节点通过三根铁丝两两相扣形成。

图 7-9　节点加工 制作：李科权 王鲁托（建筑 2015 级）

多根细铁丝规则缠绕，呈现一定规律性。

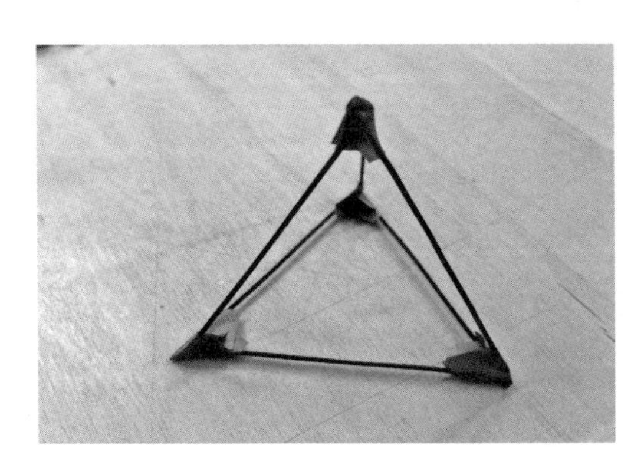

图 7-10　节点加工 制作：黄俊凯（建筑 2013 级）

铁丝通过第三种材料胶布固定，形成节点。

图 7-11　节点加工制作 董悦 侯雨欣（建筑 2015 级）

铁丝通过焊接手段，得以相互连接。

7.4 “梯”的设计

1. 设计要求

任务以“梯”为主题，材料上使用等粗细铁丝，设计制作有“上与下”概念的部件。这里“梯”，不是真正意义上的用以解决上下交通的楼梯，只是一个抽象的概念。不必要完全考虑上下的实际需要和规范性规定，只需从空间和细部角度进行思考。

选择这个“梯”作为训练题目，主要有三个方面的考虑：

（1）梯的解读。设计明确有上下部件的概念，其关注点不是解决上下的功能问题，而是关注相关工艺美问题。楼梯一般由踏步、平台与栏杆组成，从概念出发，组成的三个部分都可以成为工艺装饰的部件，可以拓展设计的思路，关注在不同使用角度下对工艺的体现。

（2）构件要求。从铁丝材料性质出发，构件设计需要满足两个基本要求。一方面是满足构件自身承重的受力要求。题目虽然不要求满足人上下的需要，但构件本身应能自立，承受铁丝重力。另一方面是构件的工艺要求。构件成型过程中要注重铁丝之间的连接方式，需要体现制作的工艺美。

（3）可操作性强。梯的概念对初学者并不陌生，是日常生活中经常使用的建筑构件，可以直观认知内容。另外不强调功能，只做上下，其目的在于使初学者把关注点集中于形象，着力考虑装饰的内容，鼓励积极动手实践。

2. 设计实例

下面实例以“梯”为设计造型，在满足自重承受力的前提下，能对形态设计有一定的展现（图 7-12，图 7-13）。

楼梯概念设计，主要体现能上下功能，并有一定的登踏面。该设计踏步以三棱柱为形体，通过细铁丝的缠绕形成面。多个棱柱固定在主铁丝上，形成楼梯。主铁丝经规则缠绕增加刚度起到支撑作用。

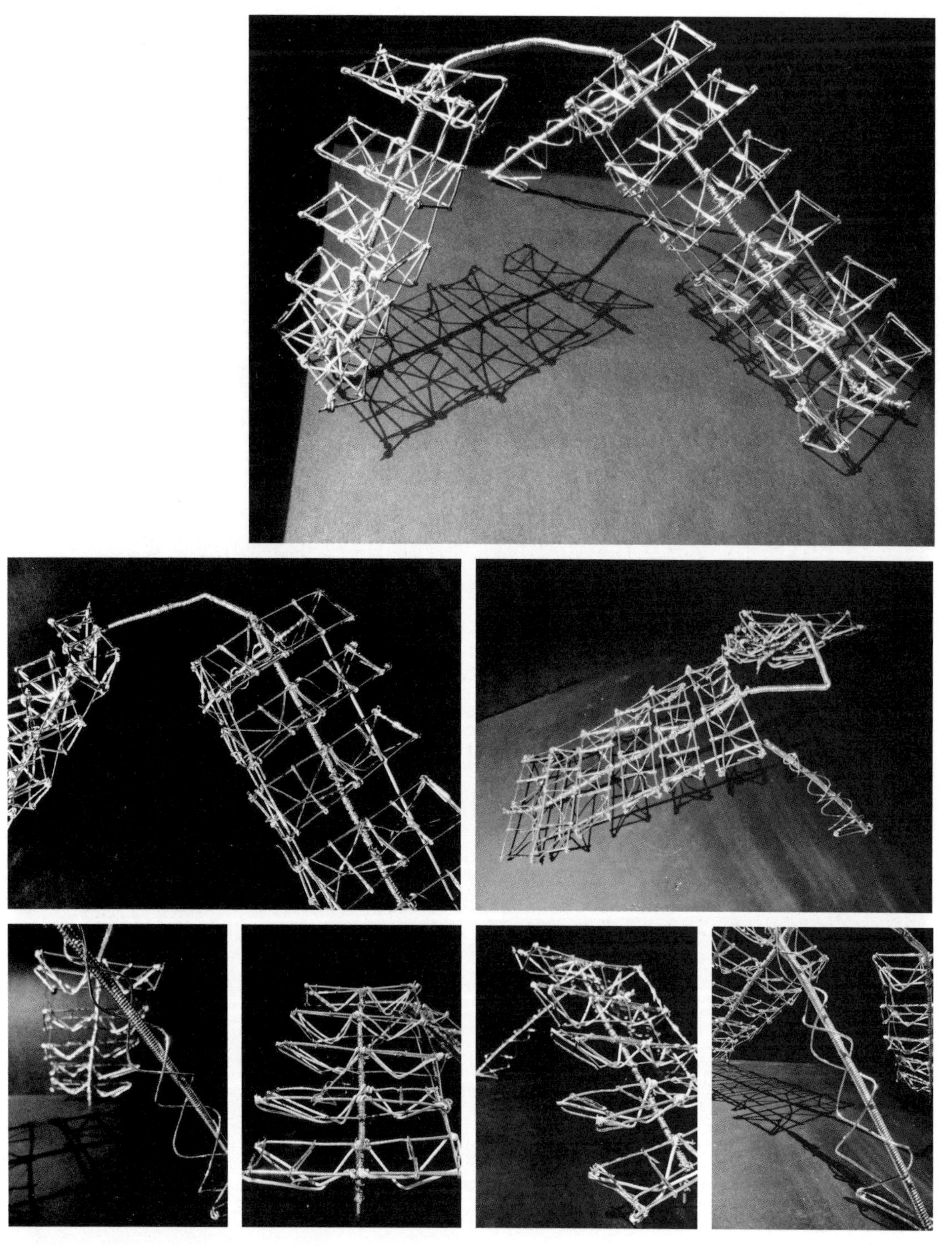

图 7-12　楼梯设计 设计：彭冲（建筑 2012 级）

楼梯概念设计，主要体现能上下功能，并有一定的登踏面。该设计踏步以三棱柱为形体，通过细铁丝的缠绕形成面。多个棱柱固定在主铁丝上，形成楼梯。主铁丝经规则缠绕增加刚度起到支撑作用。

图 7-13　楼梯设计 设计：周雨晨（建筑 2012 级）

设计以相互缠绕铁丝连接成三角形以求结构稳定，以大小不同圆形作为踏步。

7.5 装置设计

1. 设计要求

设计要求结合日常使用的公共空间，寻找现有空间设计问题，丰富室内空间环境。这一训练分为两个部分。

第一个部分，在限定的三个维度界面中设计装置，有一定的空间感，具有观赏性。相对于“梯”训练，这个部分增加了设计的开放性。限定尺寸空间，给出设计的基本起始条件，使设计者主要关注工艺问题。当然，空间限定也会引出一些其他问题需要解决。例如构件如何与界面相连接，连接方式除了能够满足功能稳定的需要，还应该具有相应的美感。装置构件本身的自重承受和工艺表达是设计的重点与难点。

第二个部分，从现实空间出发，发现可以弥补的问题，通过装饰达到优化室内环境的整体目的。这个题目从设计的本质出发，设计用于解决存在问题，提高生活质量。与第一个部分比较，空间尺度放开，且有形态的变化，难度有所增加，但更加富有趣味性。题目设定，从实际角度出发，设计面对真正应该解决的问题。首先在实际的学习环境中发现存在的问题，培养学生观察周围事物，寻找问题的能力。设计的出发点实际是为了解决存在的问题，任务要求从生活环境中寻找问题，且是可以通过铁丝工艺装饰可弥补的问题，对设计者而言是一种能力的培养。其次通过设计手段来解决所发现的问题。实际环境的介入，增加设计的真实性，解决设计落地问题，提高了学生能力。这些问题不易过大，限定在装饰层面，从铁丝材料的工艺角度能够完成设计。

2. 设计实例

图 7-14 所示实例是在限定三维空间进行的装置设计。图 7-15 所示实例是对所处环境进行的优化设计。

图7-14 装置设计 设计：陈蓉蓉（建筑2013级）

设计充分利用了铁丝的柔性，将铁丝弯曲一定的曲度，以中心发散的构图与限定空间连接，有一定的美感。

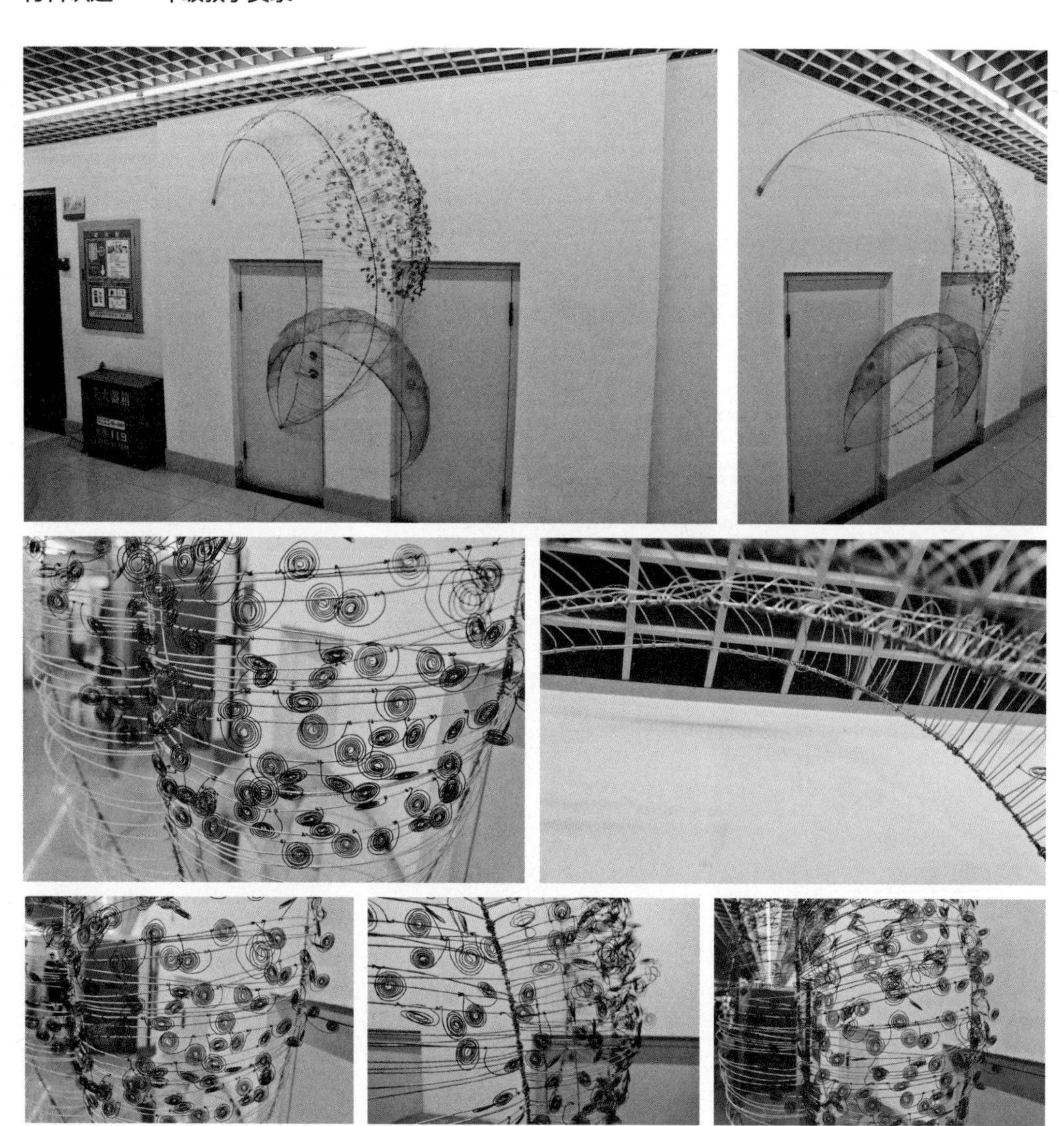

图 7-15　空间装置 设计：李倩云（建筑 2013 级）

设计为了美化走廊空间，以大尺度的曲线造型改变了原有门的视觉感受。装置通过使用铁丝网、细铁丝的规则缠绕，增加了装置细节。

7.6　灯具设计

1. 设计题目

以“灯”为题，制作有一定体积大小的灯具。“灯”分为两个主要部分，其中装饰部分使用铁丝，支撑部分可以采用木材等其他材料。装饰部分使用的铁丝，可以是不等粗的铁丝，可增加其他线性的五金构件进行连接或固定，也可以采用焊接的手法。支撑部分能够满足对装饰部分重力的承担，同时建造方式也需要体现相应的工艺美感。模型细节应具有一定的逻辑关系。

灯具设计不仅考虑到了铁丝的承重与装饰作用，而且还根据灯具的使用要求合理布置采光灯泡，将工艺与实用结合，题目有一定难度，设计者应该综合考虑。

2. 设计实例

下面实例是以铁丝和其他材料相结合，强调铁丝之间的连结，配合整体造型设计，把铁丝和其他材料较好地设计成一体（图 7-16、图 7-17）。

图 7–16　灯的设计 设计：王柄棋 王铮（建筑 2015 级）

设计从自然生物获得灵感，以铁丝作为灯具的承重框架，软木片起到围护作用，形成一定韵律美感，设计思路逻辑清晰。

图 7-17　灯的设计 设计：金秋彤 任毓瑶（建筑 2015 级）

方案从内外两个不同曲面围合形成主体灯具框架。装饰部分采用铁丝和木片两种不同材料制作纹样，形成质感的对比。

7.7 作品呈现

图 7-18 至图 7-42 为铁丝造的学生作业实例。这些实例并不都是优秀作业，但各具特色，辅以点评分析，以释内涵。

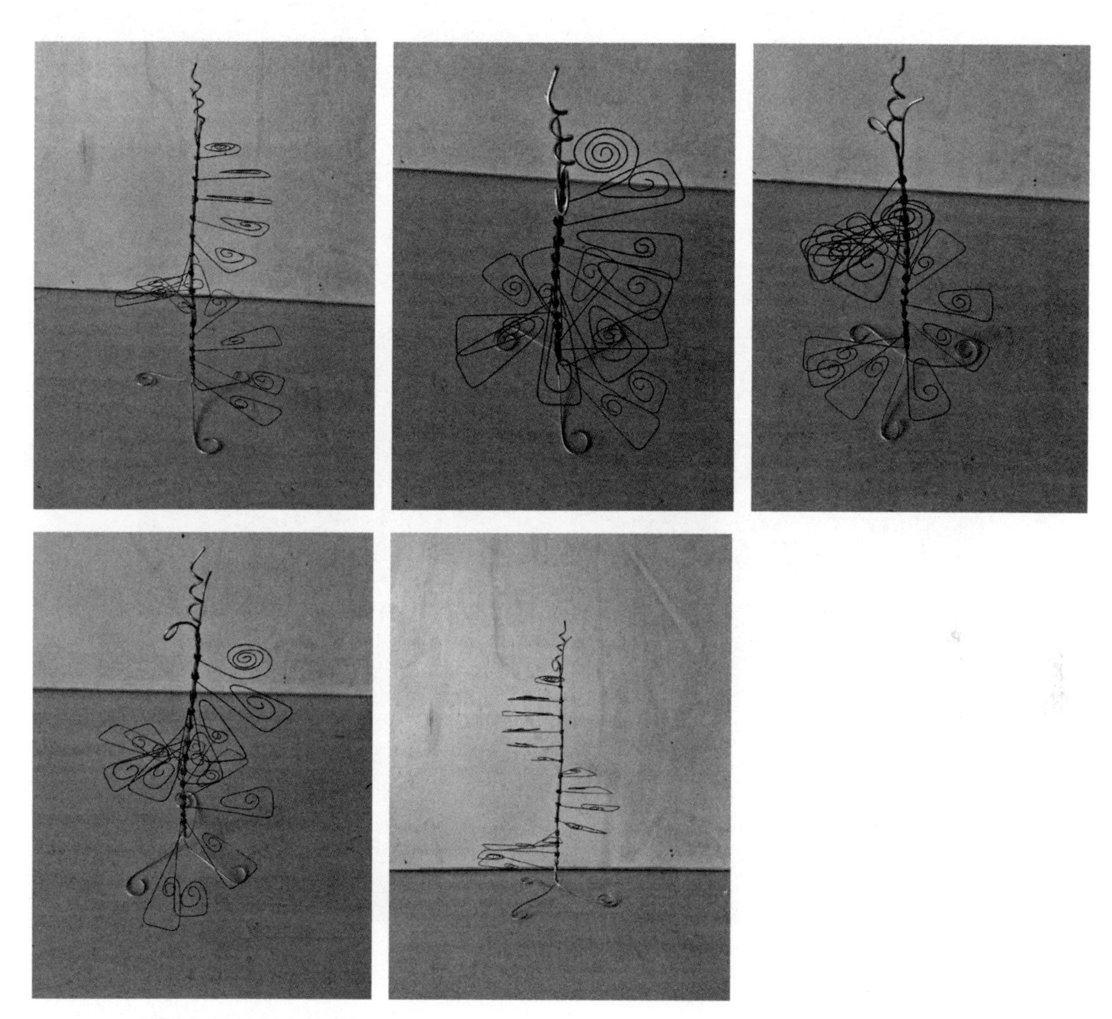

图 7-18　楼梯设计 设计：盖以楠（建筑 2012 级）

教师点评：踏步的设计突出了铁丝的柔性，每个踏步制作形态上从三角形逐步过渡到圆形，统一中又富有变化。

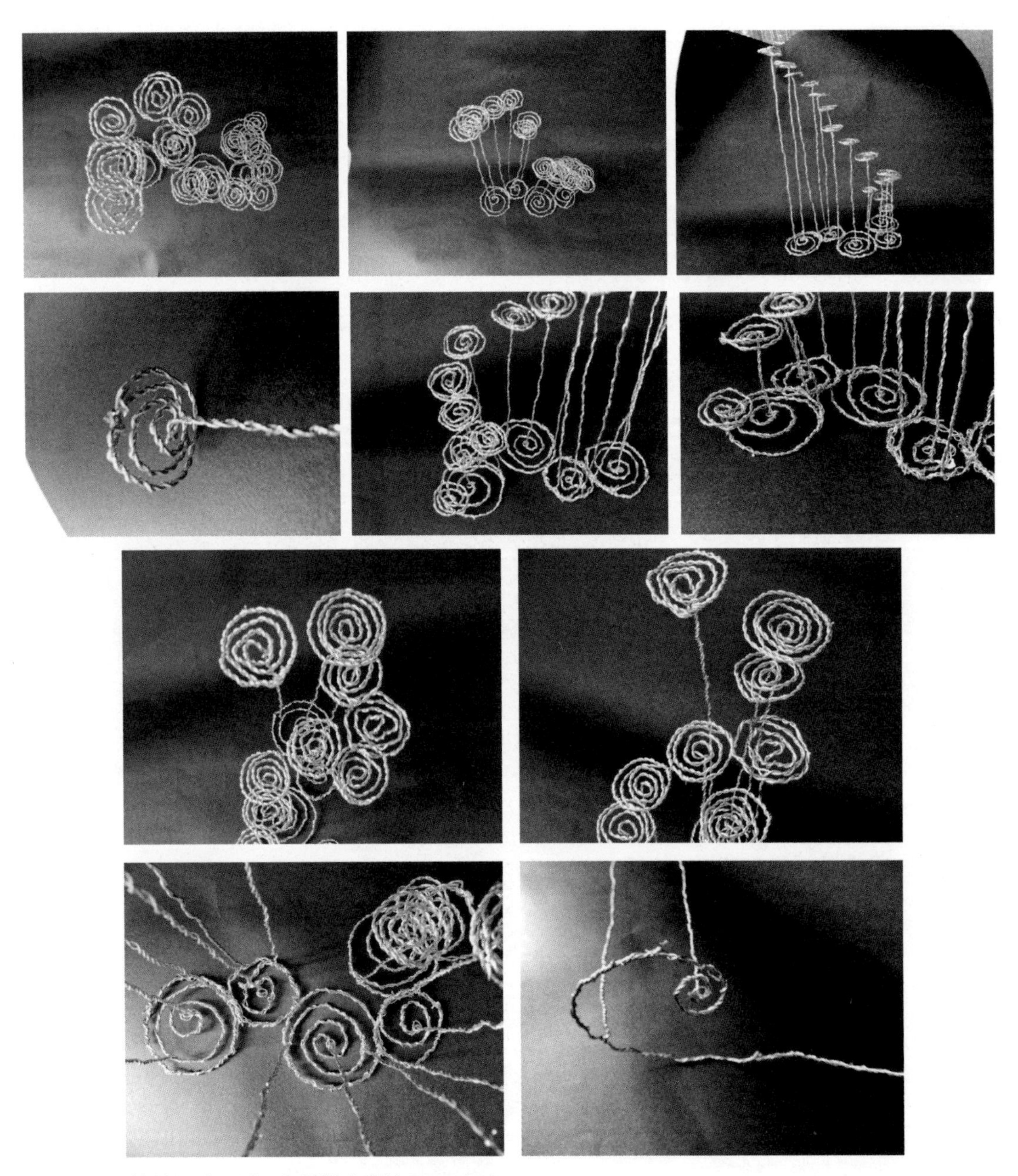

图 7-19　楼梯设计 设计：白雪悦（建筑 2012 级）

教师点评：设计以圆形曲面作为基本造型，曲面一方面增加底面接触面积，起到稳定作用，另一方面也具有踏步的意向。

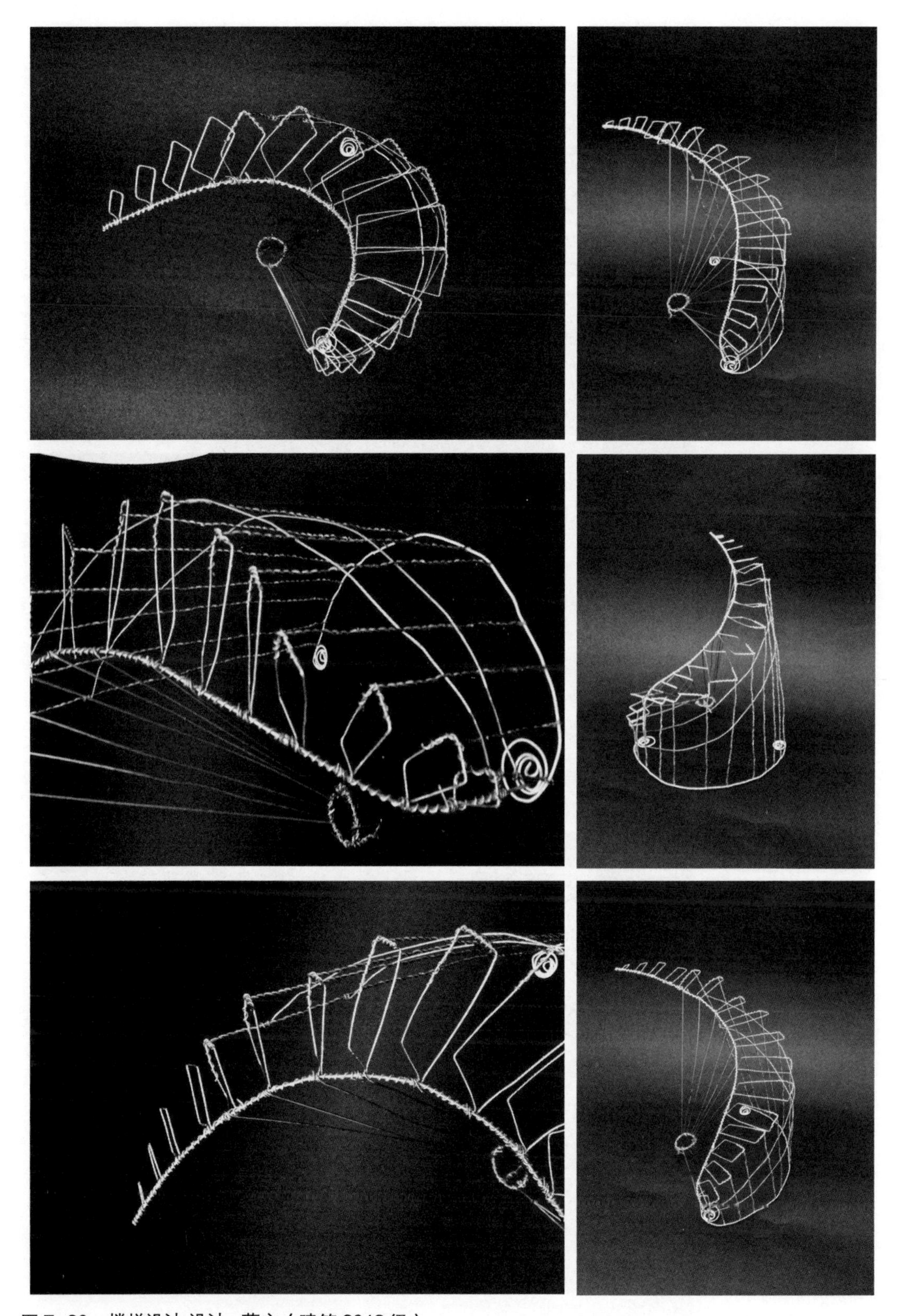

图 7-20　楼梯设计 设计：蔡文（建筑 2012 级）

教师点评：两种不同材质的铁丝，分别起到不同作用，色彩对比为设计增加了视觉感受。

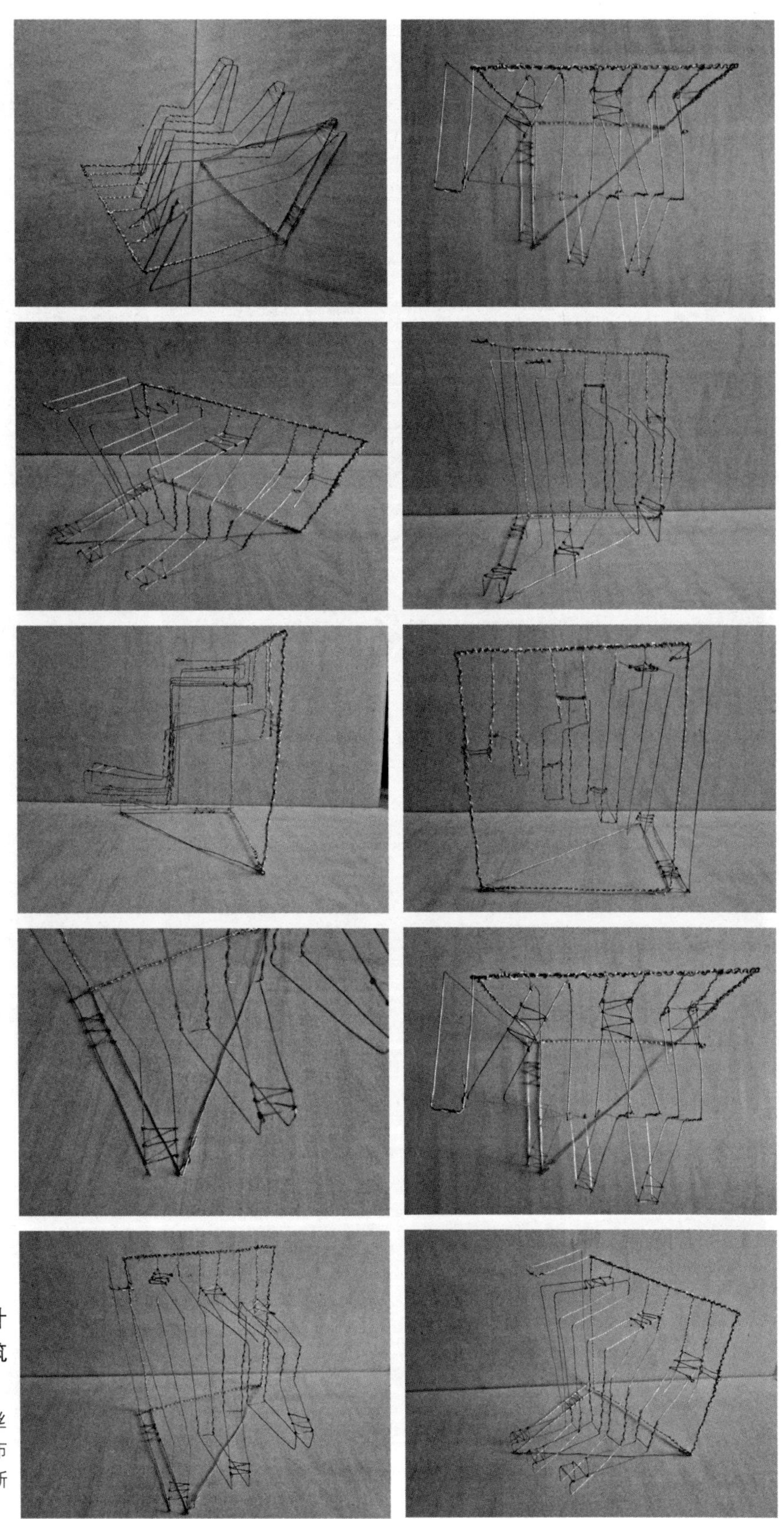

图 7-21　楼梯设计
设计：和斯佳（建筑2012级）

教师点评：由细铁丝编织成的踏步面交错布置，引发楼梯设计的新构思。

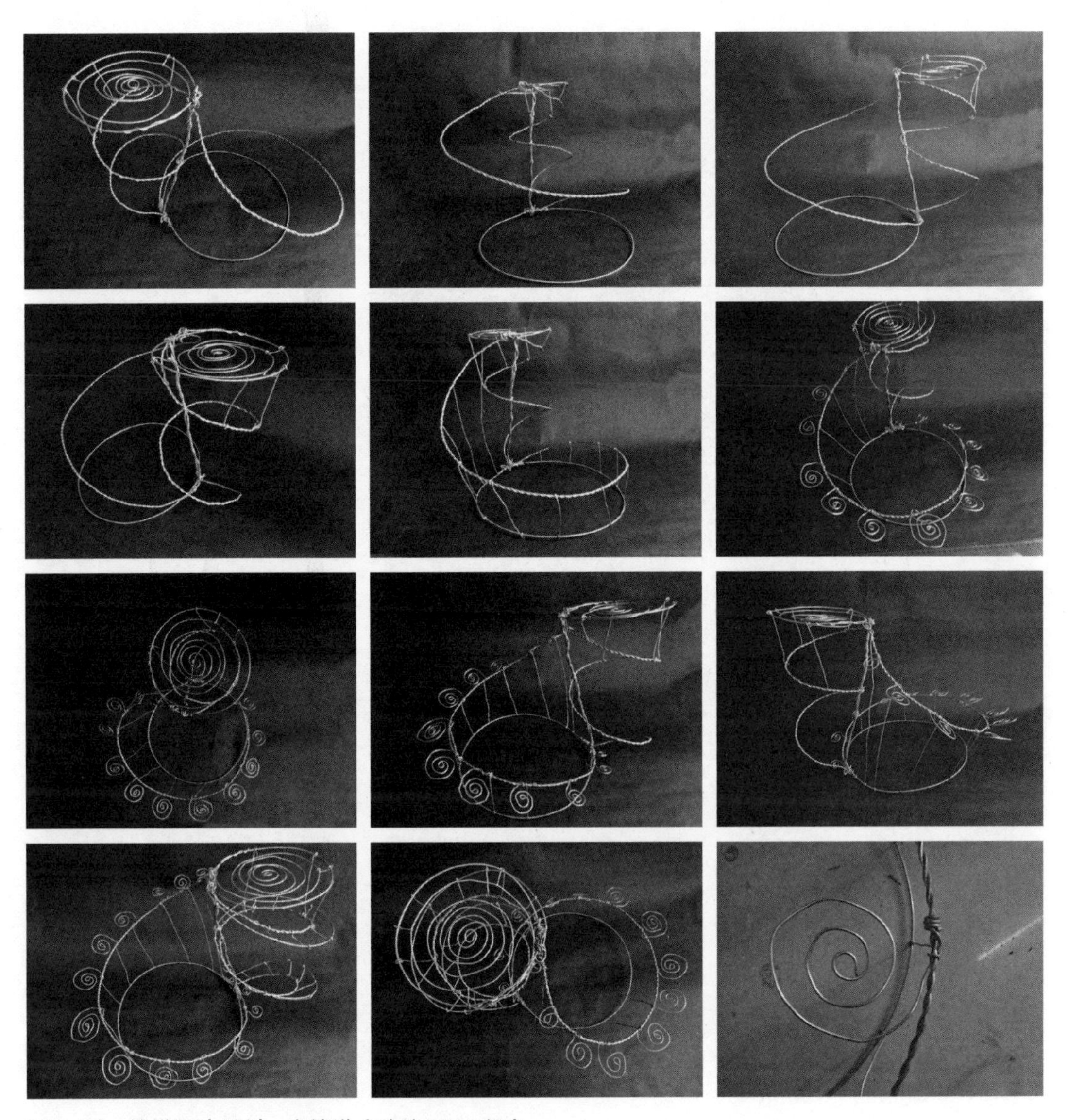

图 7–22　楼梯设计 设计：李绪洪（建筑 2012 级）

教师点评：设计以曲线为造型基础，不同曲线分别承担了承重、装饰的作用。设计元素一致并有一定动态。

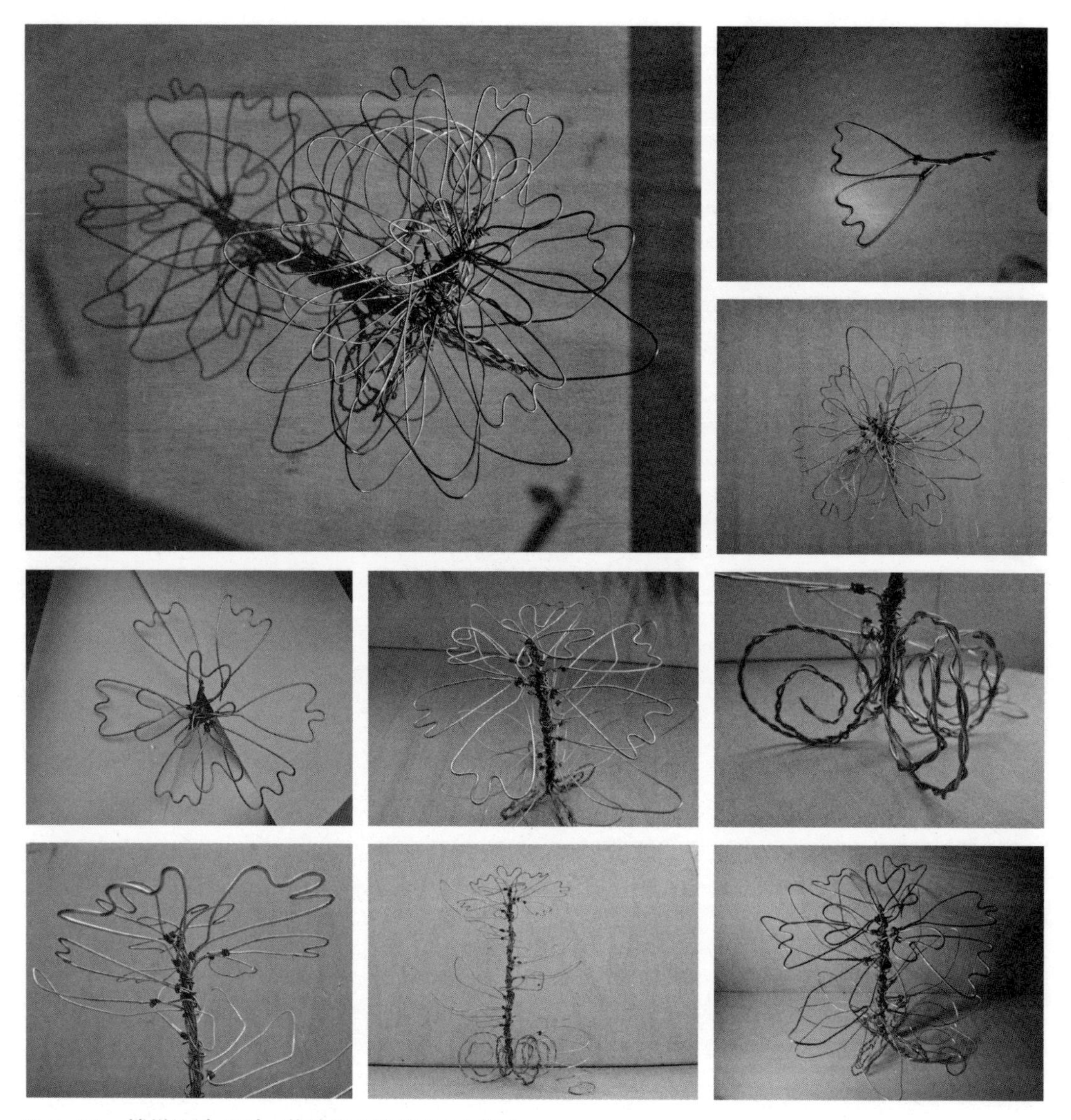

图 7-23　楼梯设计 设计：苏婧烨（建筑 2012 级）

教师点评：设计以花瓣为灵感，将踏步的形态与之呼应。通过不规则缠绕增加主干铁丝的刚度。

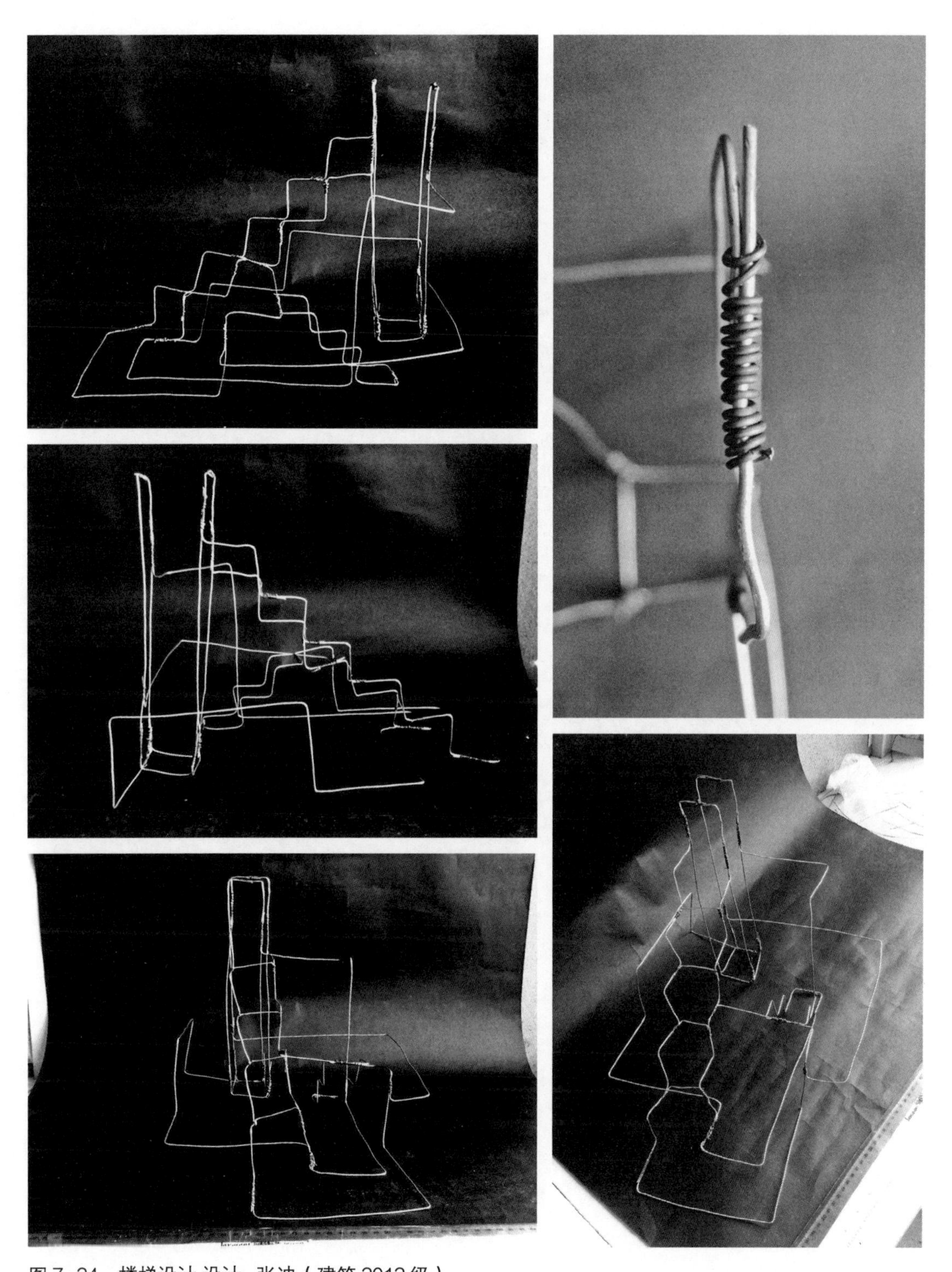

图 7-24　楼梯设计 设计：张迪（建筑 2012 级）

教师点评：通过细铁丝的弯折体现出了楼梯的整体形态，在此基础上扩大，构成稳固底座。

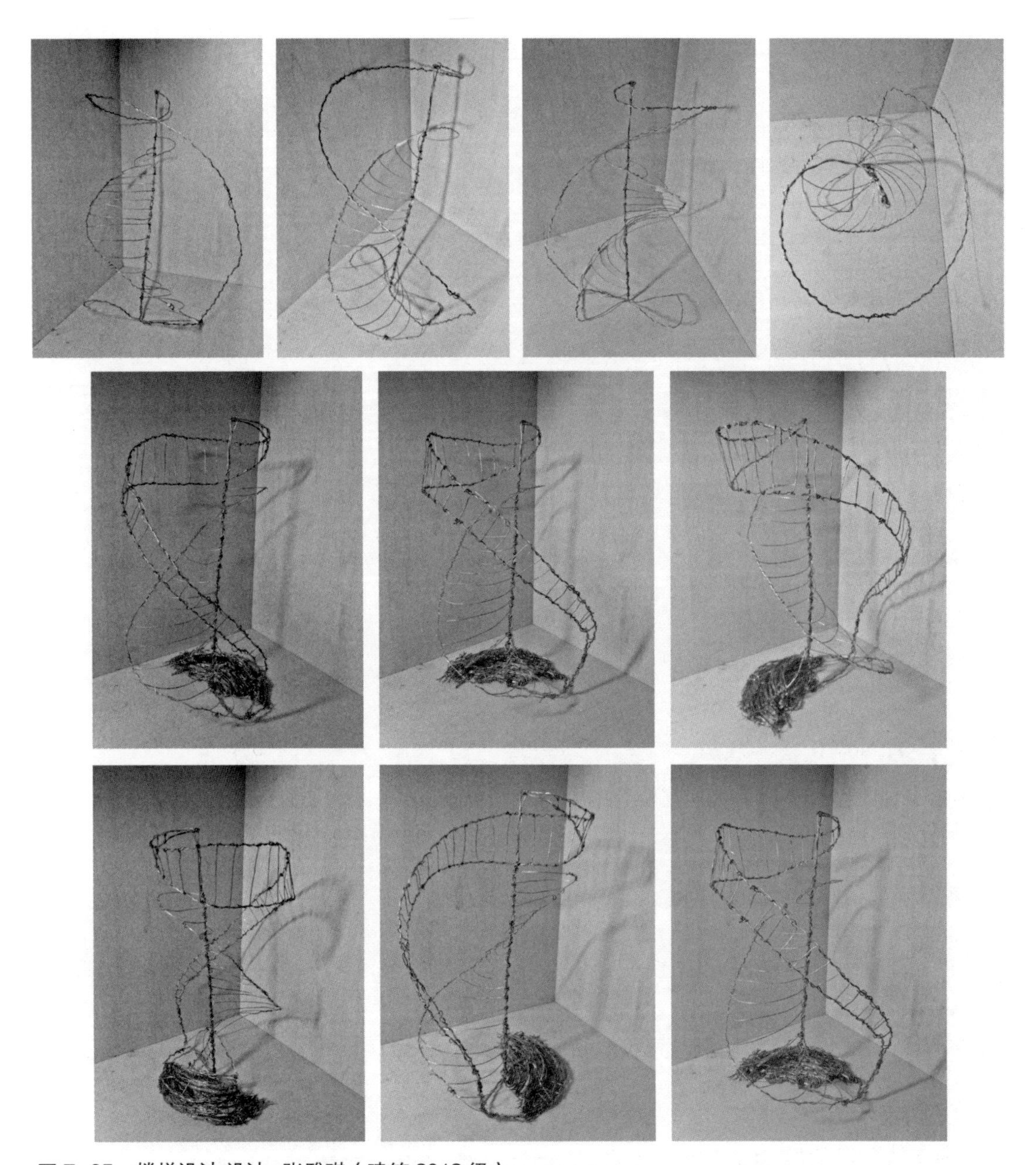

图 7-25　楼梯设计 设计：张雅琪（建筑 2012 级）

教师点评：铁丝的不规则缠绕形成底座，与上部曲线规则变化形成对比。

图 7-26　装置设计 设计：曾程（建筑 2013 级）

教师点评：通过木条的辅助提升了铁丝加工工艺。设计整体形态呈现穹隆形式，粗细不同的铁丝构成相应细节。

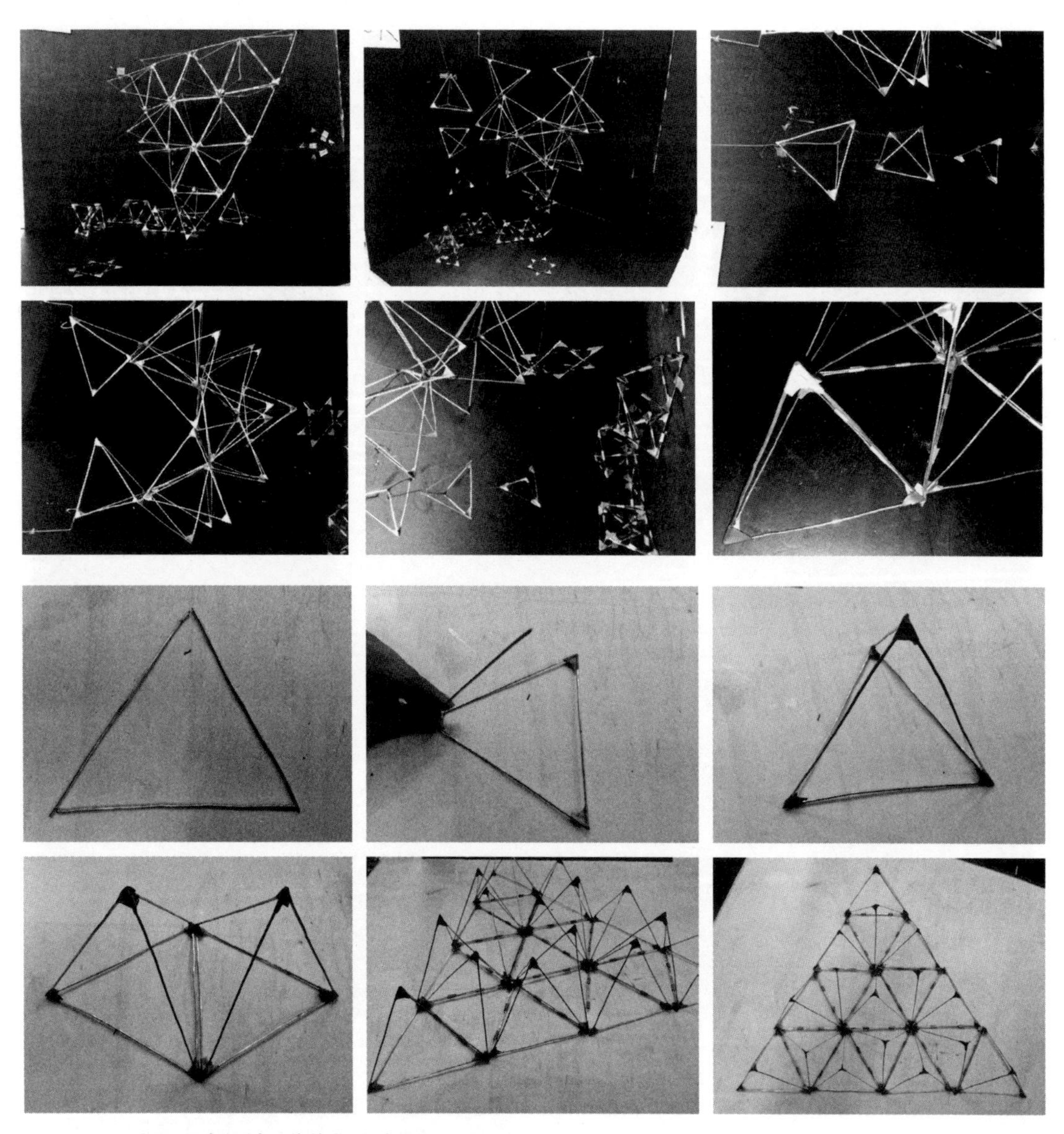

图 7-27　装置设计 设计：黄俊凯（建筑 2013 级）

教师点评：铁丝在胶布辅助下形成三角锥基本构件，基本构件以立体构成手法形成装置。

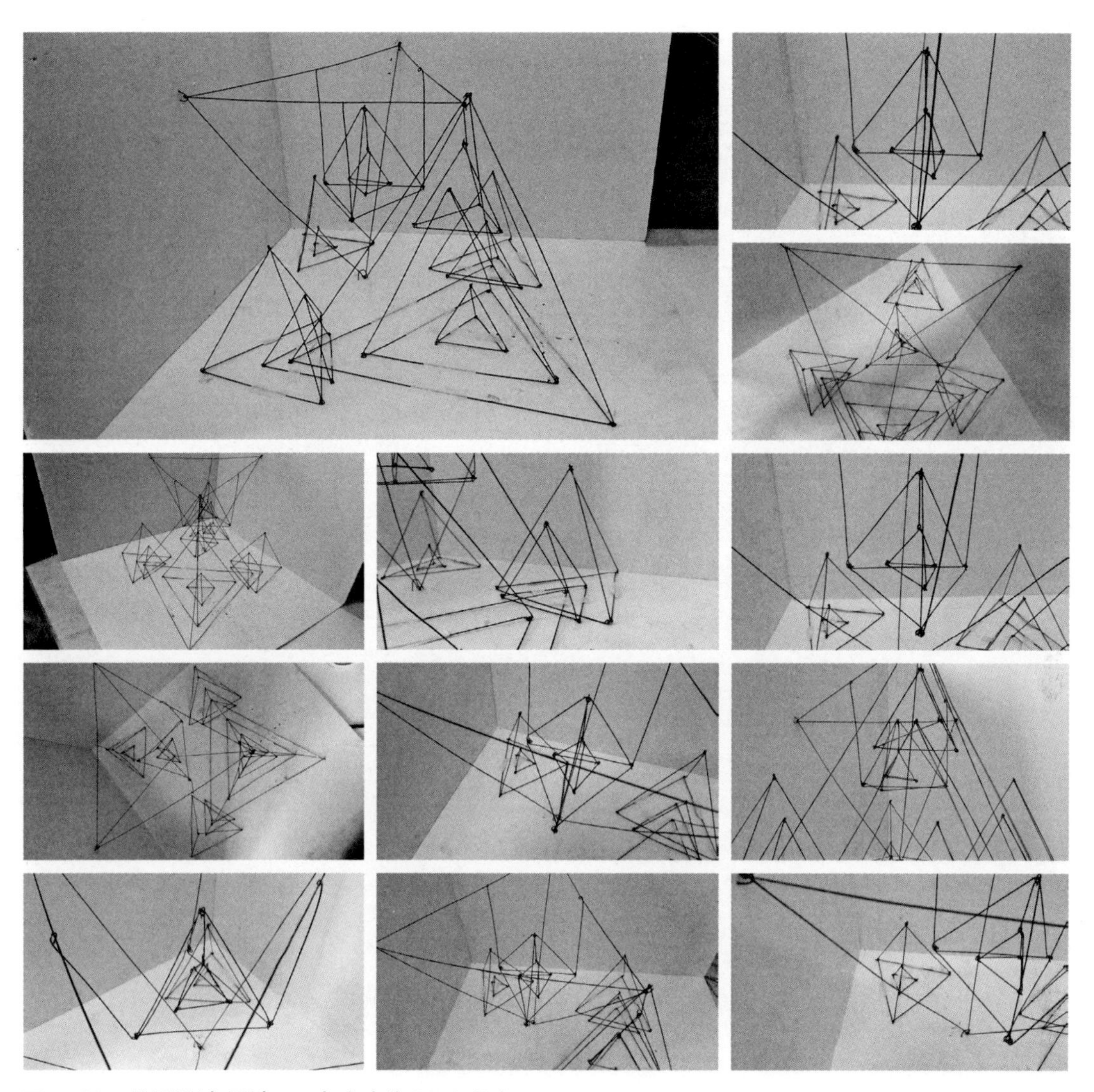

图 7-28　装置设计 设计：王杰（建筑 2013 级）

教师点评：设计以三角锥为母体，节点由铁丝弯接形成，三角锥形成稳定的构件，以此为基础以大小不等的三角锥构成整个装置。

图 7-29 装置设计 设计：朱珠（建筑 2013 级）

教师点评：设计利用铁丝的柔性，弯曲成为花瓣形态作为基本形，再将多个形态叠加，以细铁丝进行连接实现最后造型。

图 7-30　空间装置 设计：赵冰（建筑 2013 级）

教师点评：设计使用了铁丝不用的形态，利用线性铁丝形成框架，利用铁丝网形成面体，这个作品虚实结合，引发不同的视觉感受。

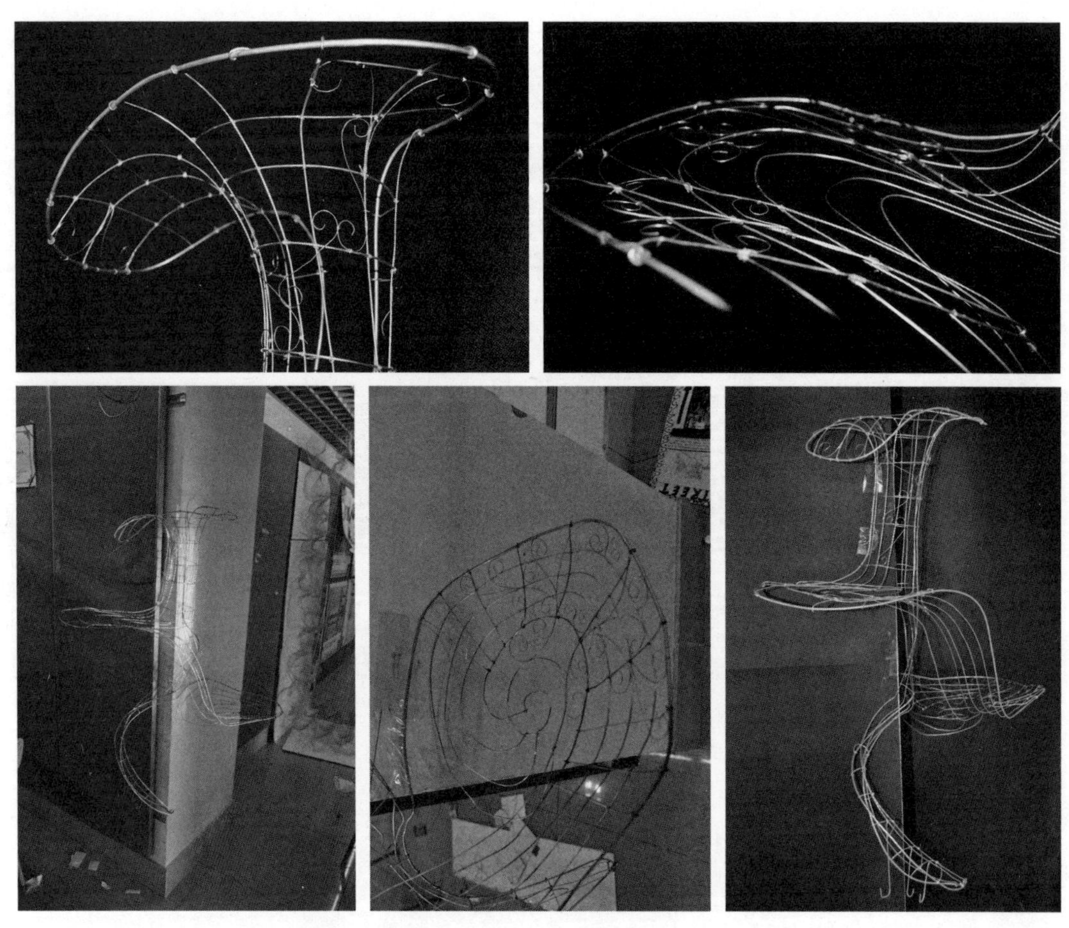

图 7-31　空间装置 设计：顾思明、张旭颖（建筑 2014 级）

教师点评：利用墙体转交，把铁丝编织成为柔美曲线，并赋予一定搁置物品的功能，与直线转交形成一定对比。

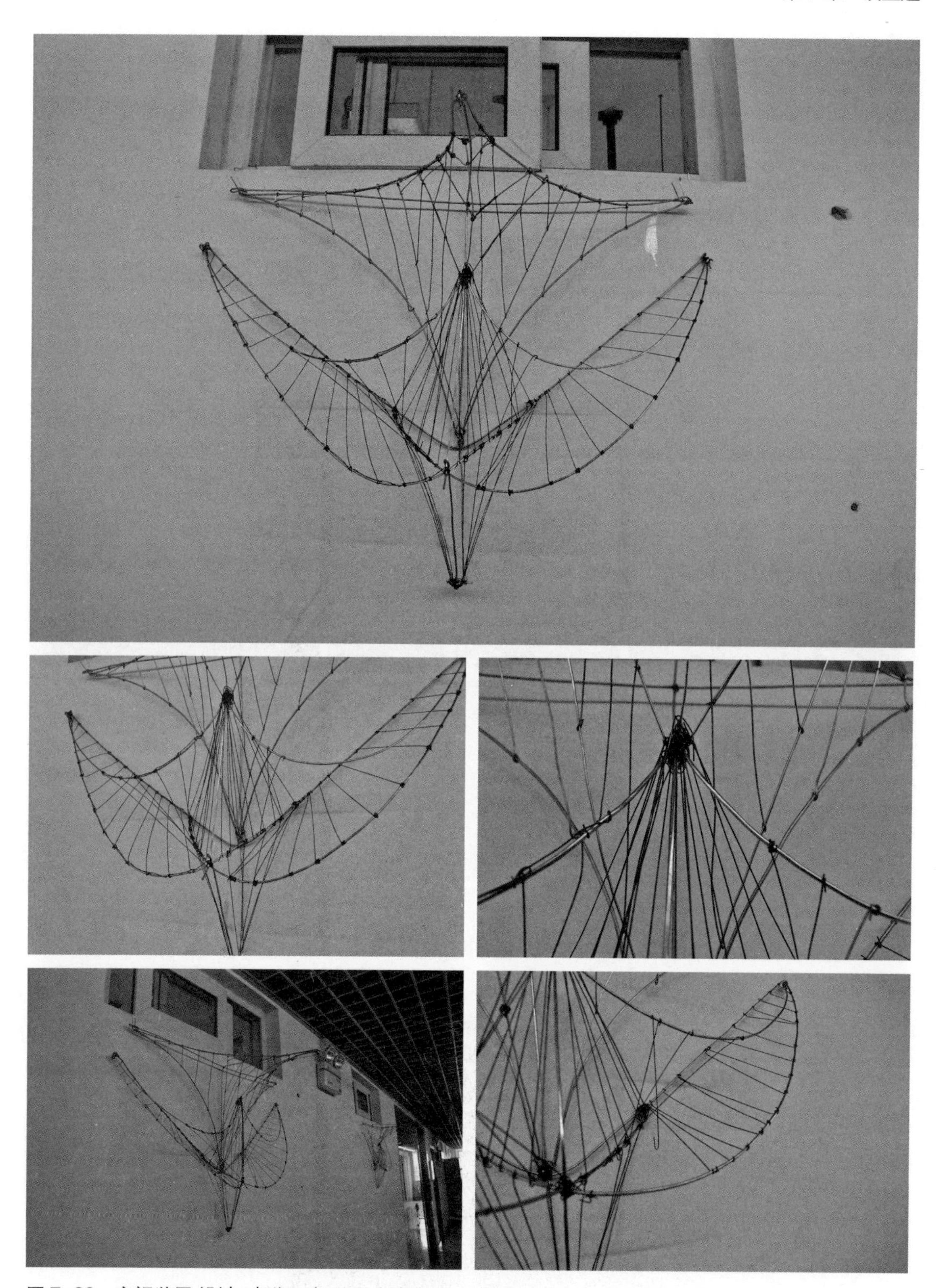

图 7-32　空间装置 设计：贺润、杨兴正（建筑 2014 级）

教师点评：设计以美化教室的高窗为出发点，在不同维度以曲线塑造了相应造型，丰富了墙面变化。

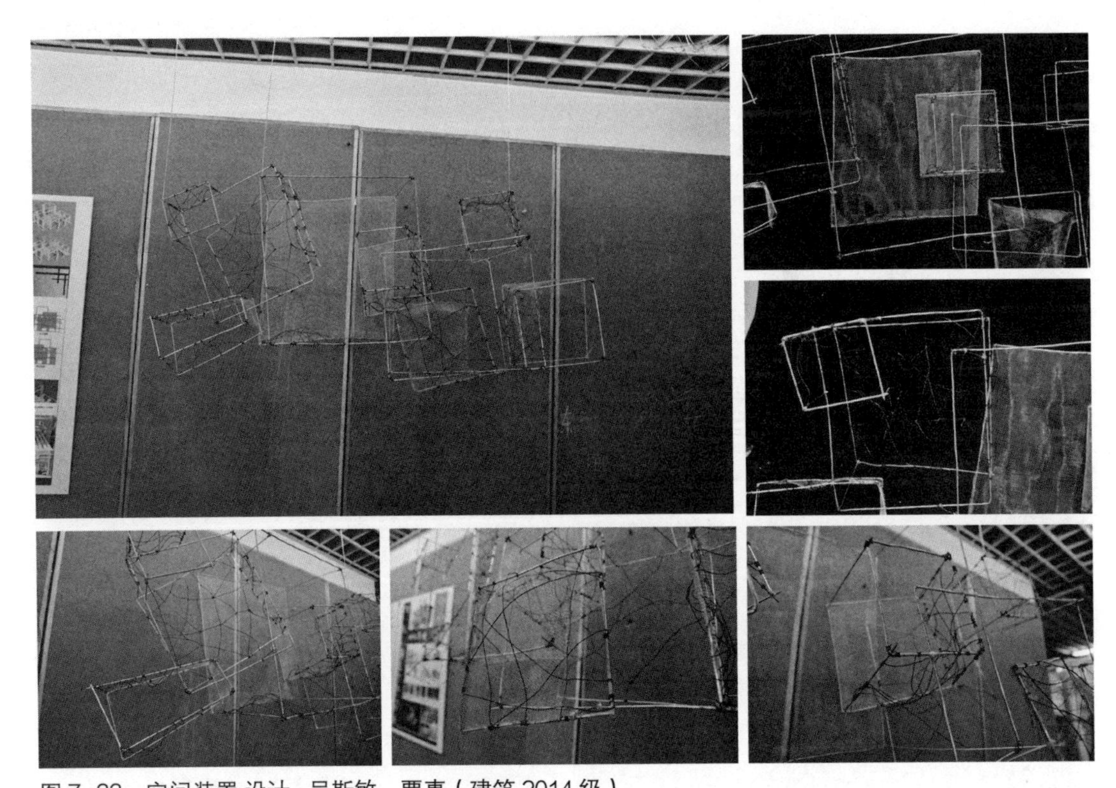

图 7-33　空间装置 设计：吴斯敏、覃惠（建筑 2014 级）

教师点评：设计利用铁丝网，结合铁丝编织的大小不一的立方体，虚实对比，并赋予了挂图、放置文具等一定的使用功能。

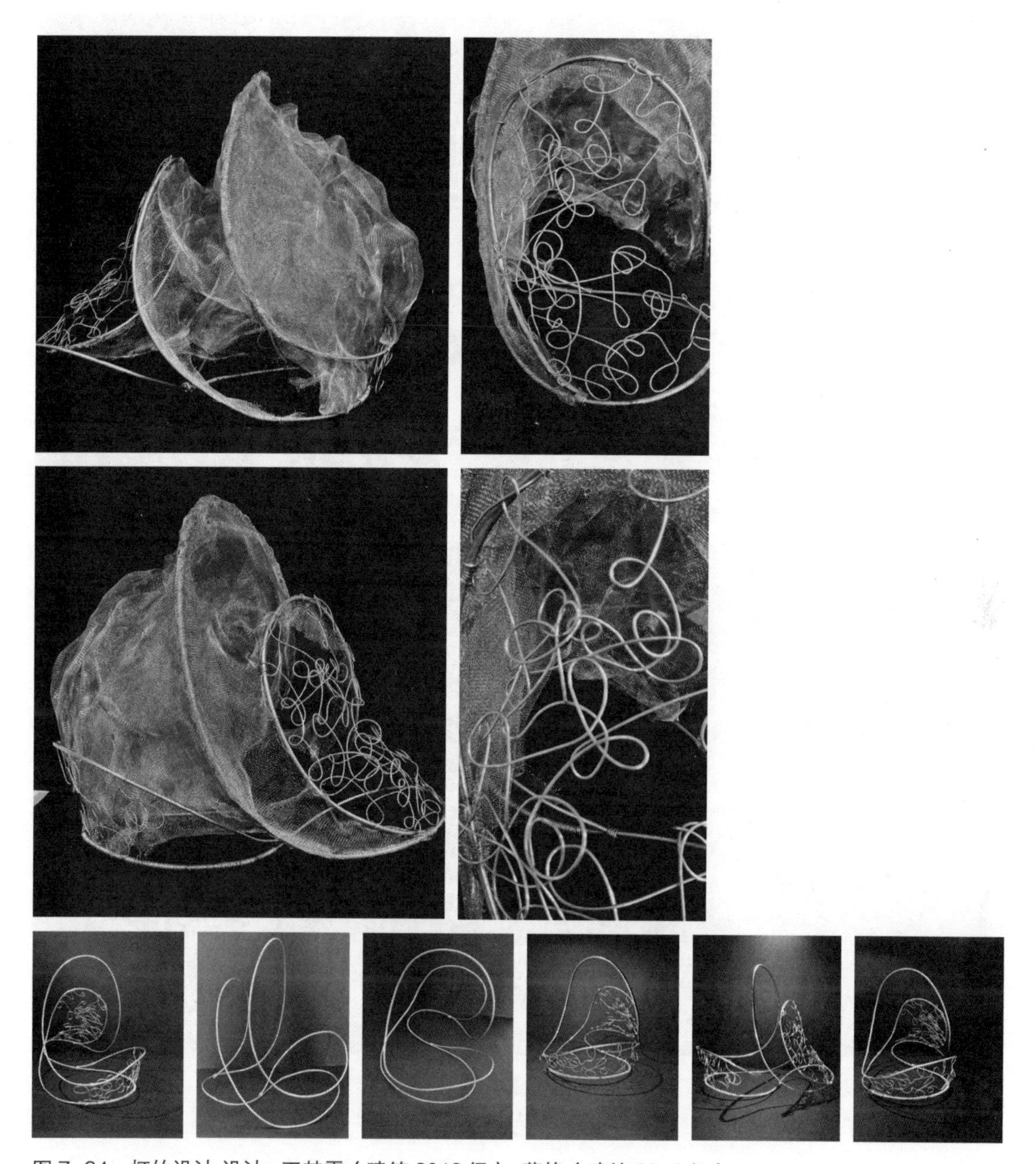

图 7-34　灯的设计 设计：王梦雪（建筑 2012 级），蒙艳（建筑 2013 级）

教师点评：优美的曲线和凸凹变化的铁丝网，共同组成了灯具的表皮。铁丝网和曲线疏密对边，增加了灯具的可观性。

图 7-35　灯的设计 设计：星梦钊、贾兆元（建筑 2014 级）

教师点评：设计以香港维多利亚港建筑群为启发，通过黑铁丝及白色硫酸纸，营造了建筑味道十足的独特灯具。

图7-36 灯的设计 设计：金婧雪、毕可心（建筑2015级）

教师点评：设计以两个不同大小的空间穹顶组成，外部穹顶以铁丝为主材，并用铁丝形成相应的面，内部则采用透明纸形成相应的面，内外对边，层次丰富。

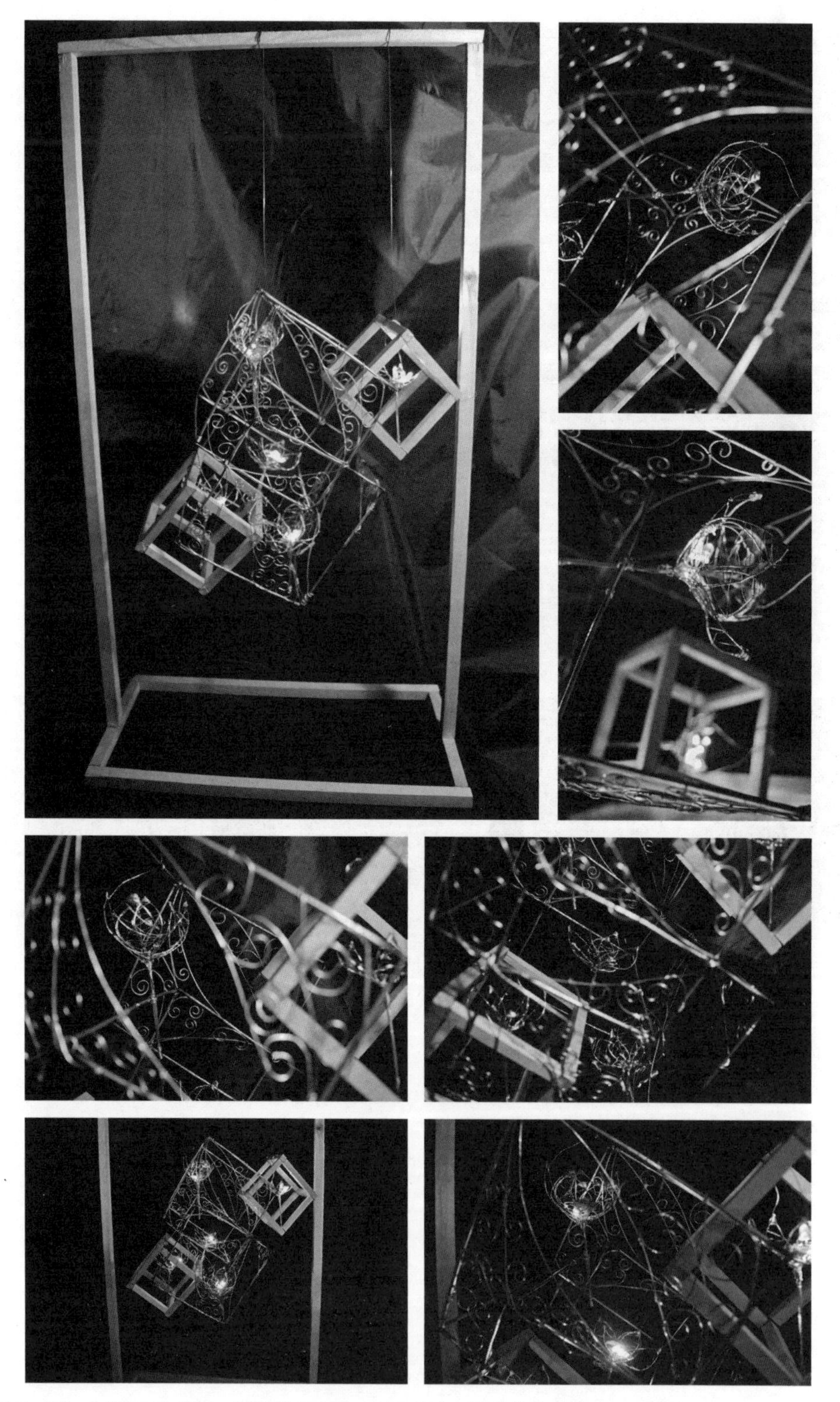

图 7-37　灯的设计 设计：刘梦琦（建筑 2015 级），薛冰琳（建筑 2014 级）

教师点评：设计主材上采用了铁丝和木材两种不同材料，铁丝感受偏冷，木材给予温暖的感觉。优美的曲线，在光线照射下产生多变的光影效果。

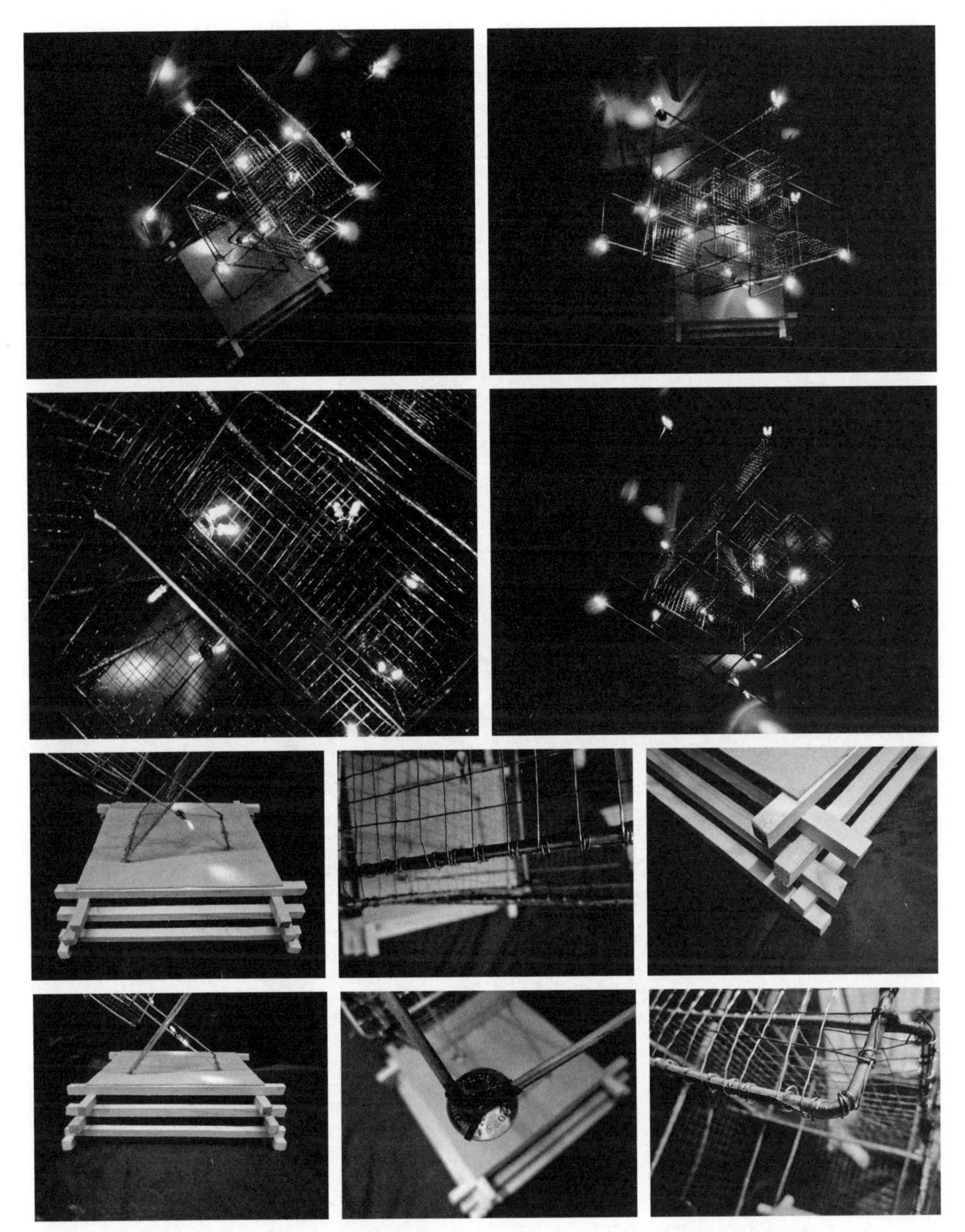

图 7-38　灯的设计 设计：董悦、侯雨欣（建筑 2015 级）

教师点评：设计为方形体块穿插形成相应的空间造型。采用细铁丝等间距缠绕成网，形成面体，手工工艺精良，制作仔细。

图 7-39　灯的设计 设计：郭梦真、张玥（建筑 2015 级）

教师点评：设计以钻石形态为基础，采用点和线光源，对造型有一定的吻合性。

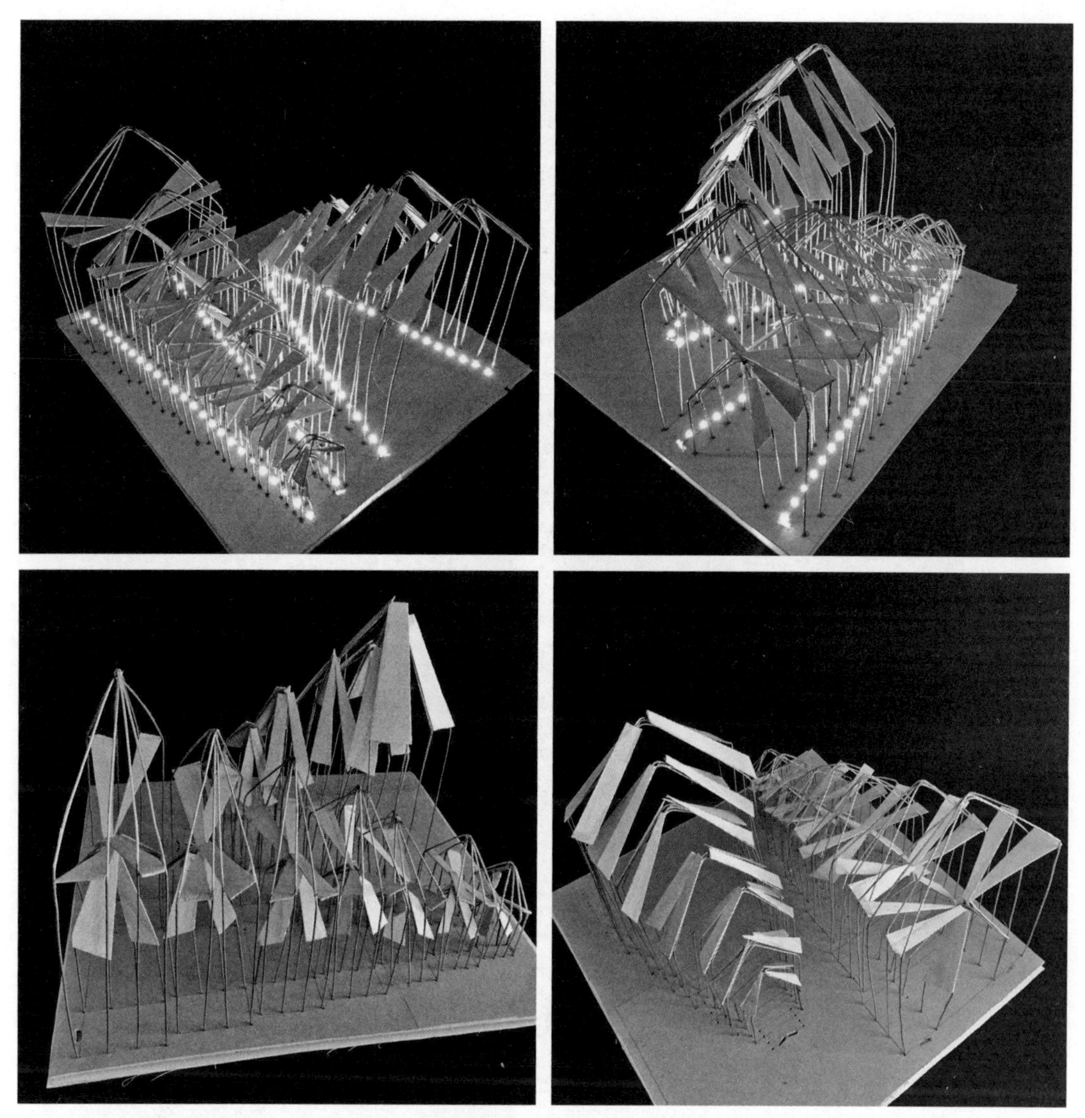

图 7-40　灯的设计 设计：庄恬、蔡立达（建筑 2015 级）

教师点评：铁丝和纸板形成门的形态，按大小规律放置形成整体富有韵律的造型。

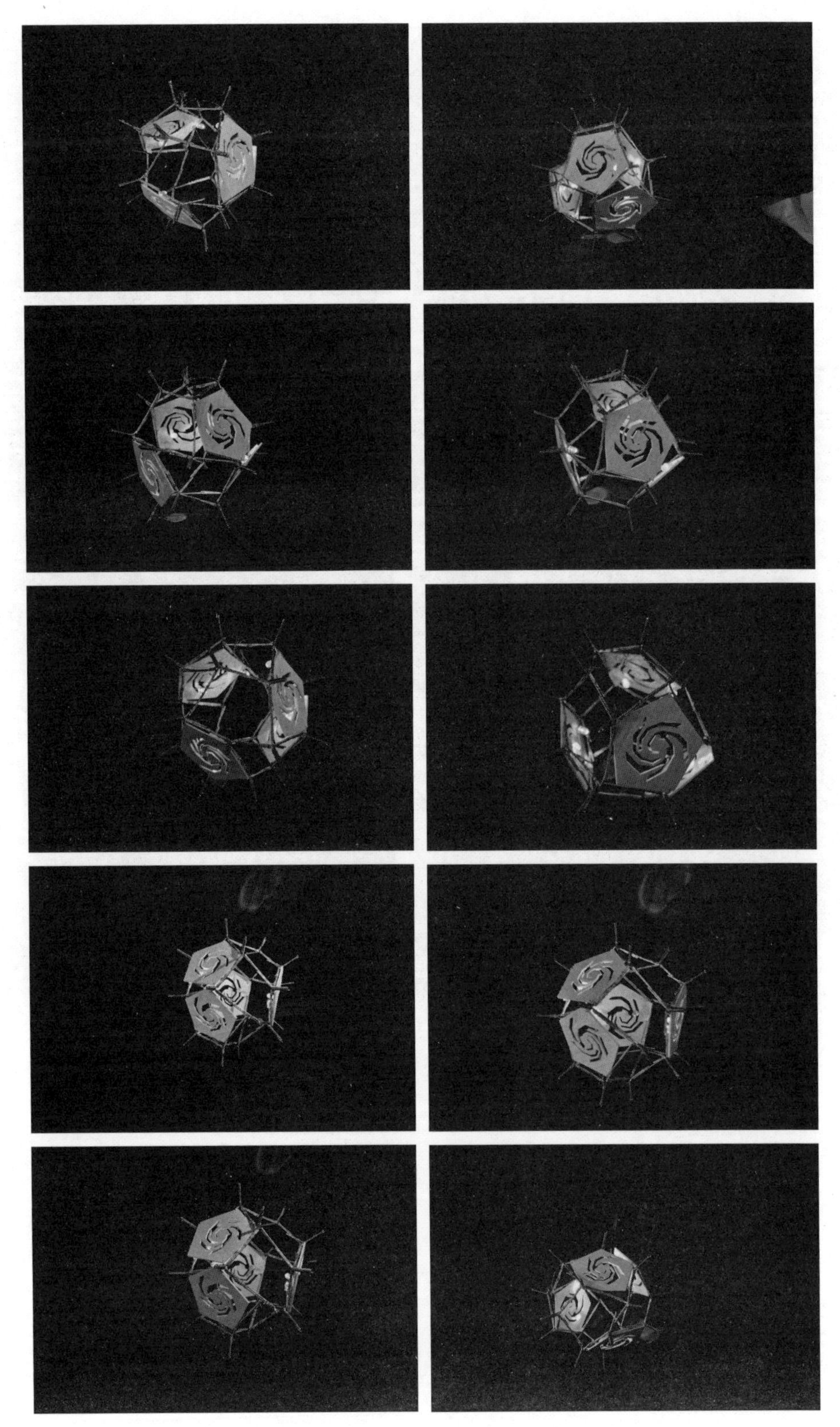

图 7-41　灯的设计 设计：谢亚宁（建筑 2015 级），秦晓萱（建筑 2014 级）

教师点评：设计源于传统的灯笼的造型，铁丝作为骨架，木片作为围护表面，形成多变的视觉感受。

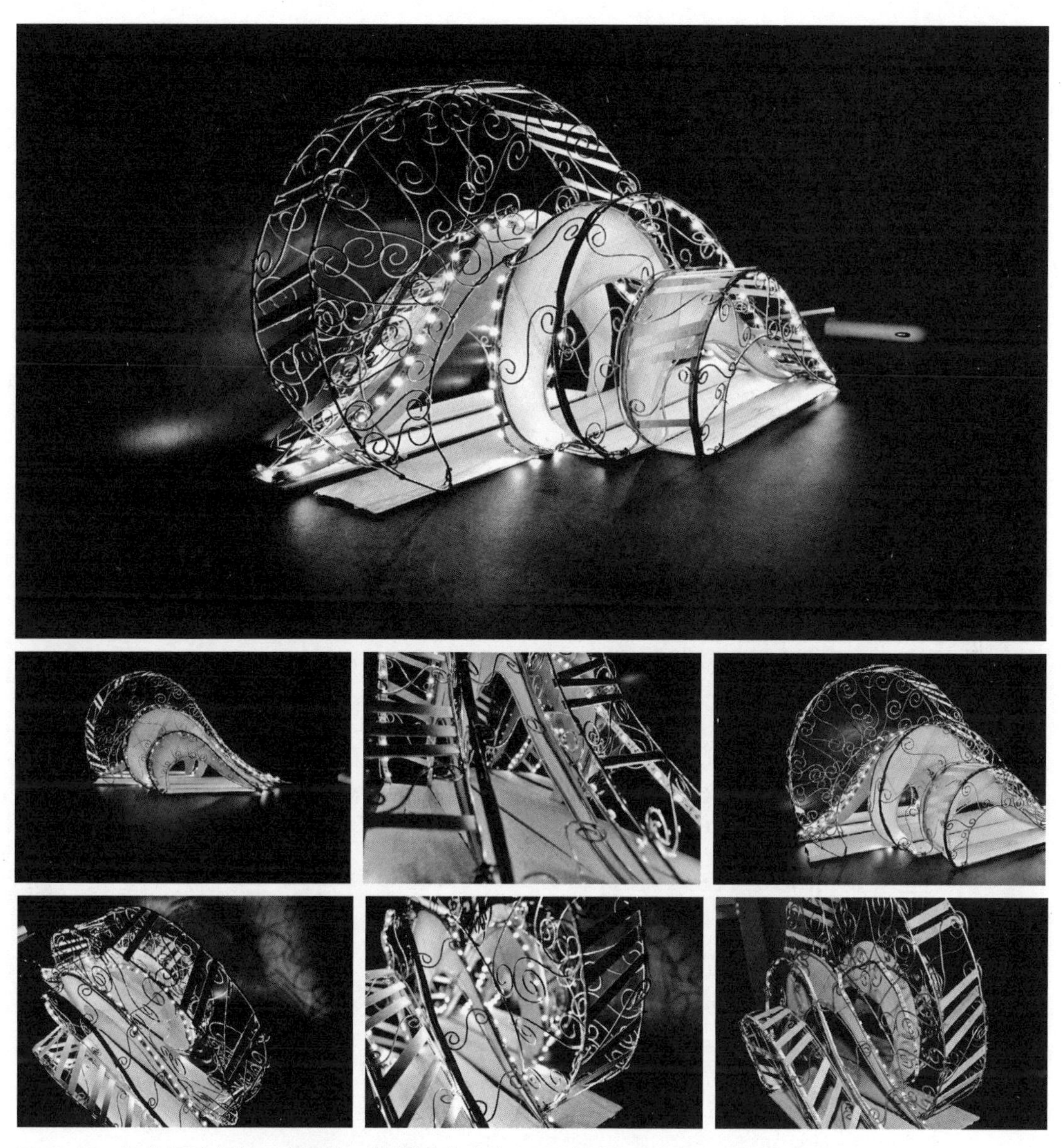

图 7-42　灯的设计 设计：李雨静、纪振男（建筑 2015 级）

教师点评：设计从铁丝和薄木板不同的材料性质出发，铁丝以柔性作为曲线框架，并制作相应装饰，木片以硬直为主，起到了面的作用，衬托了铁丝的曲线美感。

第8章 | 木造

中国古代建筑与木结缘，与木材的性质密不可分。木生于土，亲近自然。木材轻质高强，易于加工，并且具有丰富的纹理。古人形成了一套行之有效的木材加工与营造的方法，其中所蕴含的智慧仍然启迪今日。认知木结构体系，了解木材的特性、加工和连接方式是重要的学习内容。木造的核心教学目的是动手了解木材材料性质，以木枋为使用材料，通过细部设计，搭建形成空间。

木造的意义有三。第一，建立营造的概念。掌握基本的空间语言、行为语言及环境语言。强化学生“造建筑”，而非单纯“画建筑”的观念。第二，建立以材料为起点、以动手为先导的设计能力，激发以材料和建造为设计出发点的思维模式。研究其中的构造逻辑和营造手法，探究其在空间设计中的重要意义。第三，熟悉木质材料特性，理解木构件的连接方式，掌握木材的加工方法、构造形式、结构关系及形成不同空间形式的可能性，在实做的过程中感受建筑营造的含义。

8.1　初识材料

1. 材料性质

木材，广泛应用于建筑的木制材料，是在植物中形成的木质化组织。木材因取得和加工容易，自古以来就是主要的建筑材料。木材有很好的力学性质，抗拉和抗压强度高。木材加工性强，依据木质特征，可雕刻成风格各异的构件。在实际建筑工程中，木材主要有两方面的用途。一方面，用于建筑的承重结构构件。木材主要用于建筑的屋架和构架。木结构为主要特征的我国传统建筑，木材的应用达到很高造诣。另一方面，用于建筑的装饰工程中。木材主要用于室内装饰与构件装饰。木材质地多样，触感温和，用于室内装饰，可以营造出令人感到自然舒适的室内环境。精美的装饰构件也是我国传统建筑中细木装修的重要特征。

木材是模型制作最常使用的材料。从模型底座到建筑主体，木材在制作中应用广泛，表现力强。木材质地坚固、质感良好、成型稳定、表现力丰富，且易于裁切，加工便利，是建筑模型制作的主要用材。木造以木枋为材，材料本身既可以指代梁柱等屋架，也是真实的实际材料。

2. 材料种类

在模型制作中，常用木材主要有实木和木质成品。实木分为片材、板材、杆材等几种。木质成品分为贴面板、木芯板、纤维板等。

实木材料具有天然的纹理与色泽，有较坚硬的质地结构，同时也有与生俱来的审美特征。用于模型制作的木材，主要为软质树种，如杨木、榉木、橡木、杉木等。图 8-1 是各种常见的实木材料特性。通常在木材制作模型前，需要经过脱水处理，降低木材变形的程度。含水率会影响木材的收缩情况。当木材含水率高于环境平衡含水率时，木材会排湿收缩，反之吸收膨胀。实木片材，厚度为 0.4 ~ 1.2mm，与纸板相比较而言，质地更坚挺，且富有纹理变化，可作为纸板使用的替代材料。实木板材，厚度为 3 ~ 15mm，形态取决于树种和树龄不同。乔木树种和树龄长的树木截面面积大，板面宽。灌木很少按板材使用。实木板材大小与价格密切相关，同种树种板材越大的价格越高。实木杆材，粗度为 200-1000mm，截面分为方形和圆形，由轻质木材加工而成。杆材截面多样，便于从树木中获取，也有利于模型制作后期加工。

木质成品由原木材料配合胶粘剂压制成型。贴面板，又称胶合板，是由原木交叉粘贴，胶合成三层及以上的薄板材，层数奇数层，相邻层的纤维方向互相垂直排列胶合而成，增加材料强度。通常有三合、五合和七合板材。贴面板

红橡木：
重，硬而坚固，耐磨损，耐冲击。
用途：精细家具、地板、农用工具、小艇、桶装容器。

黄杨木：
多孔渗水，重量轻，相对稳定，易于加工。用途：家具、薄板芯、橱柜、模板原料、护墙板、内饰边缘。

软枫木：
木质柔软，重量轻，易于加工。
用途：家具、薄板、内部装饰、橱柜、壁炉、纸浆原料。

白橡木：
重，坚硬且坚固，环形多孔渗水。
用途：精细家具、地板、内饰边缘、农用工具，小艇，桶装容器。

樱桃木：
抗冲击、中等硬度、易弯曲、粘合性能好。用途：精细家具、精细薄板、内饰边缘、面板、橱柜、工具壳体。

硬枫木：
耐磨损、粘合性能好、易雕刻、磨光性能好。
用途：家具、内饰边缘、把手、面板。

图 8-1　常见实木材料的种类与特性

厚度一般为 0.4 ~ 1mm，具有强度高，幅面大等优点。木芯板，又称大芯板，是由原木切割成条，拼板机拼接而成，拼接后的木板两面各覆盖两层优质单板，再经冷、热压机胶压后制成。层数有三层、五层及多层大芯板。优质板材表面平整，无翘曲、无变形、无起泡、无凹陷，强度高，适宜机作加工。纤维板，又称密度板，是以木质纤维或其他植物素纤维为原料，交织成型并利用其固有胶粘性能制成的人造板。纤维板结构比天然木材均匀，也避免了腐朽、虫蛀等问题，同时中密度纤维板胀缩性小，便于加工。缺点是背面有网纹，造成板材两面表面积不等，吸湿后因产生膨胀力差异而使板材翘曲变形，需做防水处理。

相比较而言，木造中使用的木材，起到了受力和围护的作用，需要有一定的强度和节点加工性，所以实木杆类材料成为木造选择的主要材料。这类材料价格相对较低，易于获取。不足之处在于，杆件质量不高，在使用时需要进行再加工处理，避免使用杆件中的自然结疤处。

3. 材料加工

实木的纤维方向与其受力相关，切割与穿凿时应特别注意木材纹理特征。另外，实木杆材在选择时也应考虑到节点的加工。

8.2　工具认知

木材杆件加工，主要包括对木材的切割和穿凿，工具上可以使用手工和机作工具。

1. 手工工具

常见的工具有锯类、凿锉和锤子等。木锯是常用加工木材工具，木锯锯齿较粗，比较合适割锯木料横切面。凿子用于木条打眼，左手握住凿把，右手持锤，配合使用。根据用途不同，又分为平凿、斜凿、圆凿和菱凿等。锉刀是在碳素工具钢上刻上印痕，使用热处理过的工具，用于构件内外角的打磨。锉刀有很多品种，按照用途可以分为普通锉、什锦锉、特种锉等。锤子是用来敲打拉提钉子，敲打物体使其移动或变形的工具。锤子有着各式各样的形式，分为把手和顶部两个部分。顶部有金属质地和橡皮质地，用于木材榫卯拼装的多为橡皮锤（图8-2）。

2. 机作工具

主要包括切割机、钻孔机和打磨机。切割机主要利用高速旋转的切割刀锯对加工物件进行切割。常见的工具有带锯、曲线锯等。在切割小的构件时，由于电动带锯速度快，操作不当易发生危险，因此可以用其他废料固定要加工的材料的位置以保持材料的稳定性。切忌用手直接接触，以免发生危险。钻孔机主要是利用高速旋转的螺旋轴杆对加工物件进行钻孔。手持电钻是常用便捷工具，可通过不同的钻头大小，呈现不同大小孔洞。打磨机主要通过齿轮对模型表面进行平整加工处理（图8-3）。

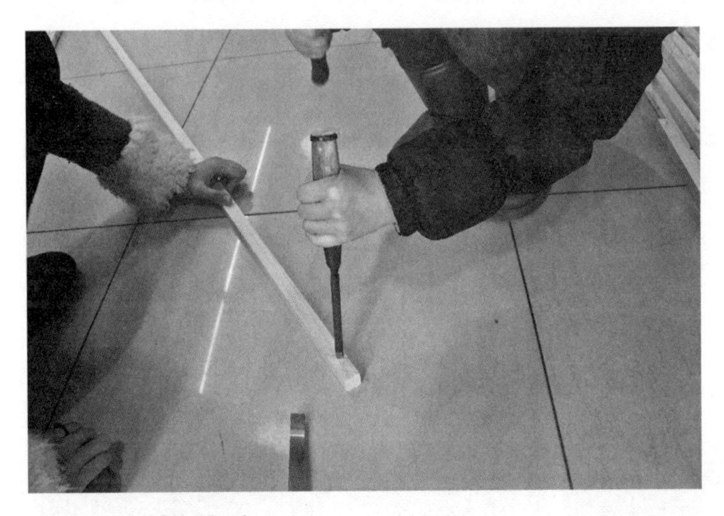

图8-2　木材的手工加工

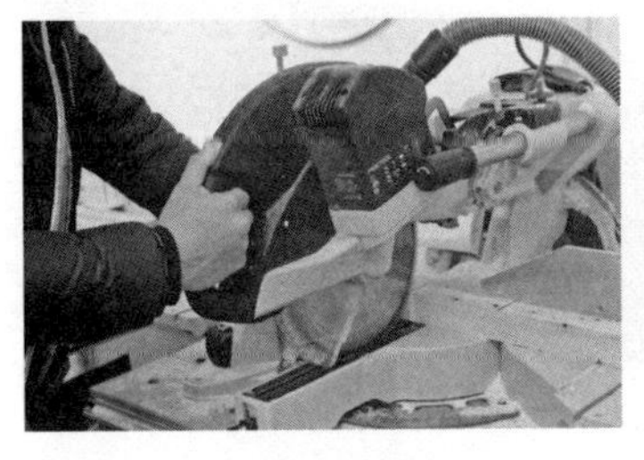

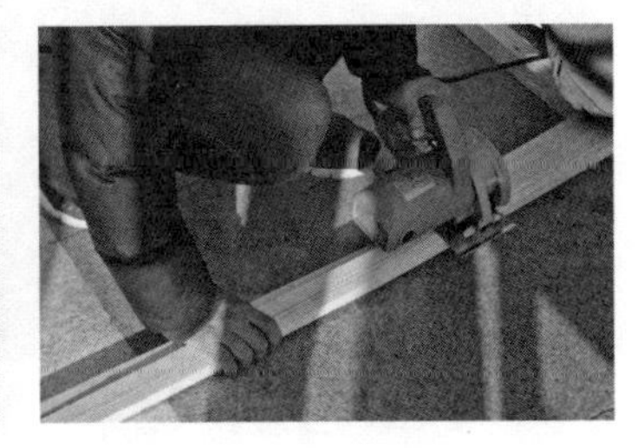

图8-3　木材的机器加工

值得注意的是，无论手工工具还是机作工具，都需要十分注意安全，佩戴防护设备，以免发生危险。

8.3 节点分析

木杆之间的连接方式是重点研究的内容。节点的连接方式可以采用榫卯连接、螺栓或钉连接、附件连接和粘接方式。

1. 榫卯连接

榫卯方式是中国古代匠师创造的一种木材之间的连接方式，是建筑、家具及其他器械的主要结构方式。在两个构件利用凹凸结合达到连接的目的。榫卯可以将面与面、面与边、边与边之间拼合起来。常见的结构有槽口榫、企口榫、燕尾榫、双榫、半榫、通榫等。榫卯结构也可以将三个构件组合在一起。常见的结构有托角榫、长短榫、抱肩榫、粽角榫等。榫卯利用木材承压传力，以简化梁柱连接的构造；利用榫卯嵌合作用，使结构在承受水平外力时，能有一定的适应能力（图 8-4 ~图 8-8）。

2. 螺栓或钉连接

螺栓或钉子都是金属构件，通过外力作用将其挤入木材中，阻止木构件的相对移动。这种连接方式，加工相对便捷，有一定的牢固性。但在连接处，木材受到集中的剪力与弯力作用，因此对木材质量有一定的要求。同时，在选取螺栓和钉子时避免截面过粗影响木材受力，栓钉的间距也应有最小距离的控制。操作时，还需要注意金属构件与木质构件在建造时的美学要素，满足结构稳定和工艺美感。

图 8-4　木条榫接 制作：窦博煜（建筑 2013 级）

三根木条连接。两根木条呈 90° 连接，第三根 45° 插于其间。节点形式清晰，几何关系明确，结构稳定性略差。

图 8-5　木条榫接 制作：盖以楠（建筑 2012 级）

三根木条连接。三根木条互呈 90° 相连。节点处理上巧妙，形式清楚，结构稳定。

图 8-6　木条榫接 制作：俄子鹤（风景 2012 级）

两根木条呈直角连接。单向开口连接，形式清楚，受力方向需受一定限制。

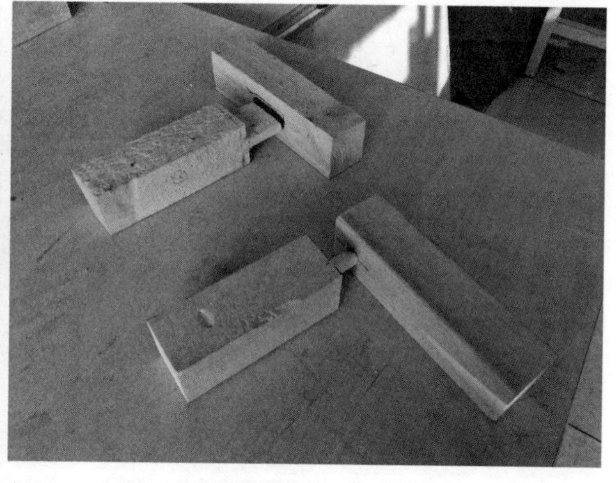

图 8-7　木条榫接 制作：李婷（风景 2014 级）

两根木条呈直角连接，呈 T 形或 L 形。两个节点都采用暗榫方式，在榫头处理上，除了传统的方形，还设计了圆形。

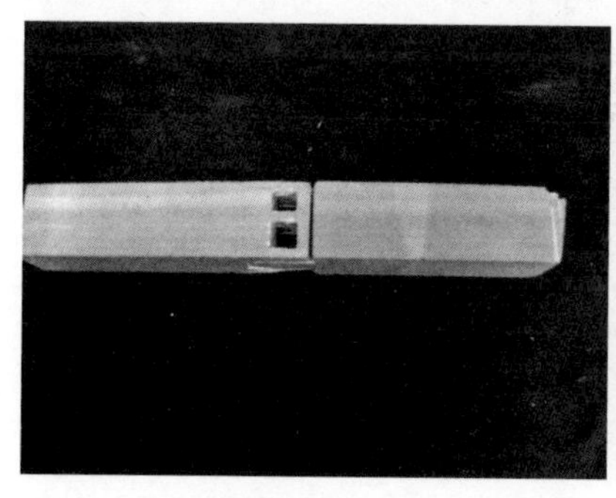

图 8-8　木条榫接 制作：花蕾（建筑 2012 级）

四根木条呈直角连接。采用双榫的形态，逐一插入成型。

3. 附件连接

附件连接主要通过连接构件将木材连接。这种连接方式，可以采用成型构件，如合页或角铁进行连接，也可采用软质构件，通过绑扎将构件连接。附件连接方式需要根据加工构件进行巧妙设计，使其较好附着在构件上，避免生硬连接（图 8-9 ~ 图 8-12）。

4. 粘接方式

主要采用胶粘剂进行连接。优点是操作简单，方便迅速。缺点是这种连接方式的牢固性相比较而言较差，无法承受较大的受力作用，不作为主要的方式，主要用于辅助非承力的装饰构件之间的连接。

图 8-9　附件连接 制作：相杨等（建筑 2013 级）

两根木条连接。通过 L 形或 T 形角铁连接。

图 8-10　附件连接 制作：尹天雄等（建筑 2013 级）

三根木条连接。通过 L 形角铁连接。

图 8-11　附件连接 制作：李民等（建筑 2013 级）

多根木条连接。多根木条中心汇聚，与中心木条互为固定，结构清晰，节点明确。

图 8-12　附件连接 制作：尹天雄等（建筑 2013 级）

多根木条连接。这种连接方式结构相对稳固，建造速度快，对工艺美感还需进一步考虑。

8.4　设计逻辑

木造设计强调材料连接的逻辑性，表现在构造逻辑、受力逻辑和形式逻辑。

1. 构造逻辑

建筑的构造是研究建筑物各组成部分的连接原理和方法的学科。构造设计中综合考虑结构选型、材料的选用、施工的方法、构配件的制造工艺，以及技术经济、艺术处理等问题。木造的构造逻辑主要是指连接方法和搭建方式应符合有一定的规律所遵循。连接方法上，应该依据材料截面大小、受力特征合理选择。截面较大的木材可以选用榫接的方式，而截面较小的材料可以选用钉接甚至粘接的方式。另外处理接口时，应符合材料的肌理特征，尽量避免开榫时发生劈裂。搭建方式主要考虑搭建过程的顺序问题，尤其是依靠榫接相连时，不同的搭建顺序之间影响了节点的牢固度。方案整体搭建设计也需要设计，具有一定的逻辑关系，主要可以采用以下两种不同的方式。第一种是先搭建主要框架，再搭建次要部分。这种方式适合结构形式有主次之分的方案。主要框架的搭建把承重部分搭建完成，次要部分起到围护作用。第二种是先搭建完成方案的一个完整部分，再进行组合拼装。这种方式适合结构形式成组布置的方案。方案由相同或相似的单元组成，每个单元相对独立，可以先行完成，之后再进行组合拼装。搭建逻辑顺畅的方案也反映出设计质量的良好。

2. 受力逻辑

木造杆件的受力逻辑清楚与否直接决定了设计方案稳固度的高低。杆件主要承受两个方面的力。一个是自身的重力，根据木材性质，重力是可以完全承受。但也应该注意，在对木枋进行穿孔操作时，孔的间距与大小应适当，不能过大过密导致材料失去稳定性。另一个是承受其他构件传导的力。应注意力的传导方向与大小，并符合木材的受力特征。杆件传导力由小至大并符合受力杆件的截面关系，并且能够自上而下符合重力特征。木材作为一种非均质各项异性的材料，其强度包括抗拉强度、抗压强度、抗弯强度、抗剪强度、扭曲强度等，其中木材顺纹抗拉强度较大，抗剪抗弯强度较低。因此受力设计时尽量避免单点受力过大，杆件也尽可能少受弯曲。

3. 形式逻辑

木造各个杆件之间在形式上应该有一定的逻辑感，符合一定的构成原理。形式美的构图原理主要有以下几个方面：①对称与均衡。对称是以形象和色彩在不同位置上的相同来求得统一。均衡是图案在不同位置上的量与力，在视觉心理上的平衡，求得的是一种内在的统一。对称是一种绝对的统一，主要是指在形状、重量、面积、位置等方面的统一平衡。均衡是一种变化的统一，主要表现为量等形不等，是视觉心理上的平衡，稳定力学上的平衡。②调和与对比。调和是构成美的对象在内部关系中无论质和量都应相辅相成，互为需要，其矛盾形成了秩序的动态，是一种变化的美。对比是相异的因素组合。一般情况下，是使各因素间的对立达到可以接纳的限度，对比是在调和的基础上强调特征的结果。③ 比例与尺度。完美的比例、适当的尺度是结构美的造型基础。比例是部分与部分或部分与全体之间的数量关系。尺度是依据人的自身活动而形成的相对尺寸标准。④ 整齐与参差。整齐与参差是最基本的形式美。整齐是指单元按照特定规律形态不断重复。参差是指在形态形成中有明显的对立。⑤节奏与韵律。节奏和韵律是时间艺术的用语。节奏在音乐中是指节拍的长短与快慢。节奏必须是有规律的重复、连续，产生韵律。韵律的构成具有积极的生机，富有能量的魅力。⑥ 对立与统一。对立与统一是自然和社会发展的根本法则，统一是一种秩序的表现，是一种协调的关系。统一是将对立的变化进行整体统辖，将变化进行有内在联系的设置与安排。

4. 设计实例

下面的实例展现了木造设计所强调的不同设计构思和搭建逻辑。以草模的形式来不断推进设计的深化（图 8-13，图 8-14，图 8-15）

图 8-13　木造方案草模 设计：相杨等（建筑 2013 级）

草模在构思方案是考虑形态构造逻辑。起到承重的构件设置在形体的几何中心点，有助于实际搭建中有序安排。

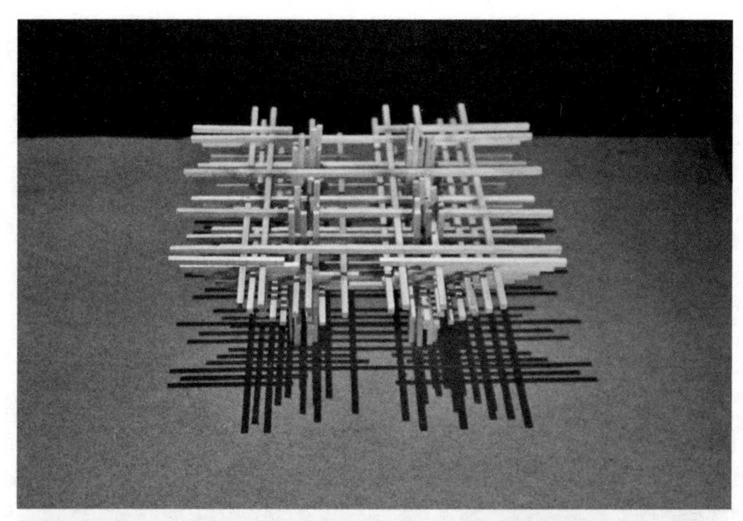

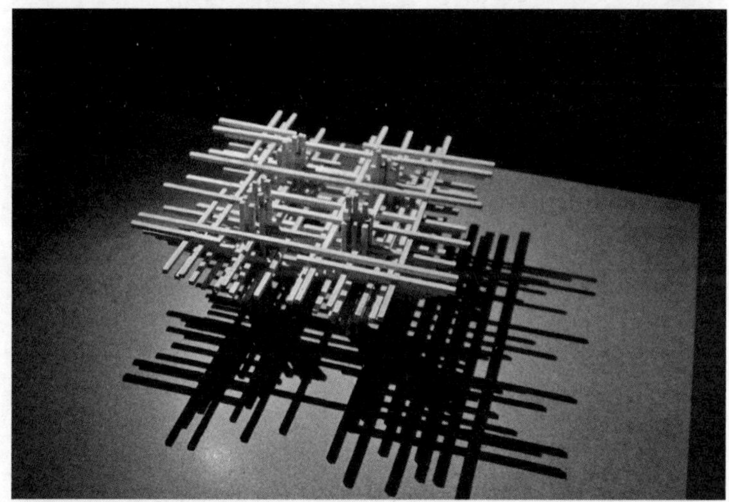

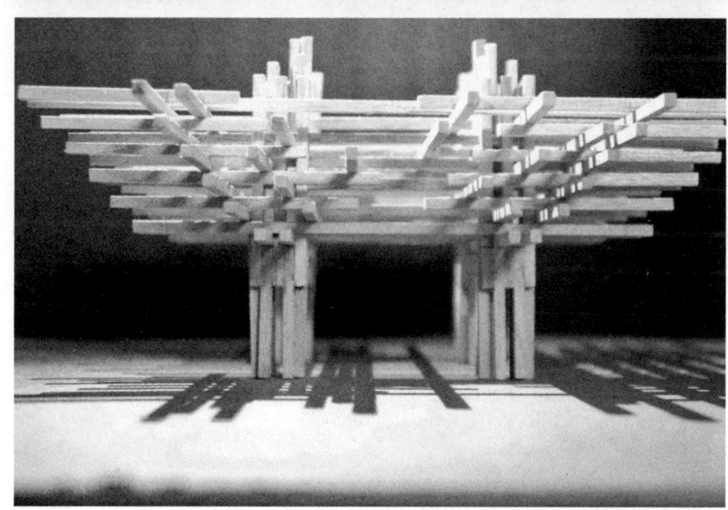

图 8-14　木造方案草模 设计：狄岳（建筑 2013 级）

构思从杆件之间受力作为设计的出发点。杆件通过纵横叠加，受力自上而下，类似建筑中从梁到柱的受力，逻辑清楚，形成稳定的形态。

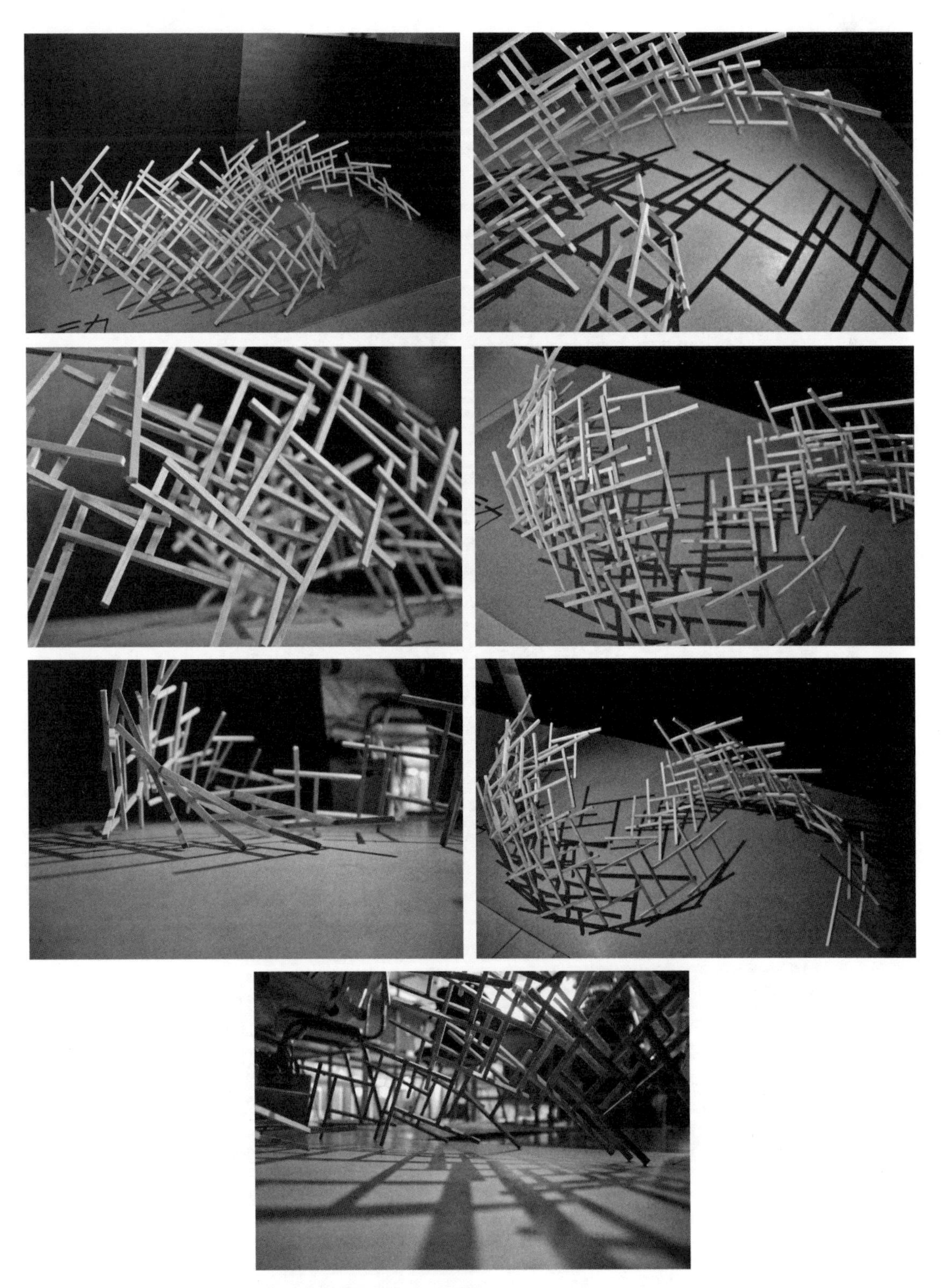

图 8–15 木造方案草模 设计：骆璐遥（建筑 2013 级）

方案以四根木枋形成的口字为基本形态，通过内在搭接，重复变化，形成曲面。从形态的角度考虑方案的发展，但节点实现较为复杂。

8.5　学习比较

1. 学习经典

节点的研究了解木材的性质与连接方法。在进一步研究中，对经典作品的学习仍是设计的重要思考来源。经典作品的分析，可以梳理设计思路，借鉴作品中的处理手法。木造的经典分析不仅可以分析现代与传统建筑的空间和细部处理手法，还可以借鉴中国传统园林的空间设计特点，同时还可以学习绘画中的构成手法。这种多方面比较借鉴，丰富了学习与认知的程度，有利于设计思维的培养（图 8-16）。

2. 比较方案

设计中多方案的比较有利于设计思维的完善。在共同分析经典作品的基础上，不同的分析点引发各异的设计构思。经过实物与口头的表达，师生之间互动，确定共同的发展方向。在这一过程中，既有方案碰撞时所产生的灵感火花，也有方案综合的合理取舍，体现出合作与分工的重要性。

图 8-17 至图 8-22 是木造设计的构思草模。这些模型展示了设计者的不同想法。材料上以木条为主，将线性材料组织成为面，再进一步形成空间，达到设计的最终目的。

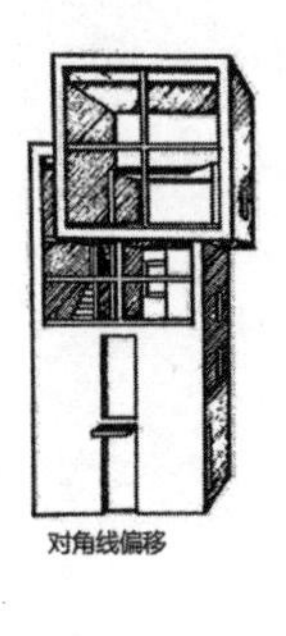

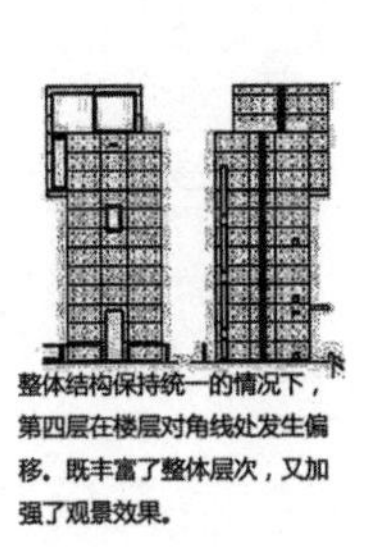

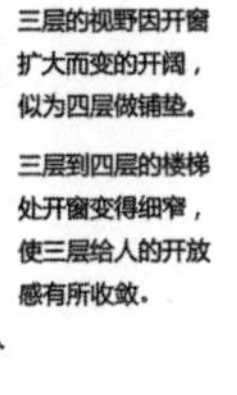

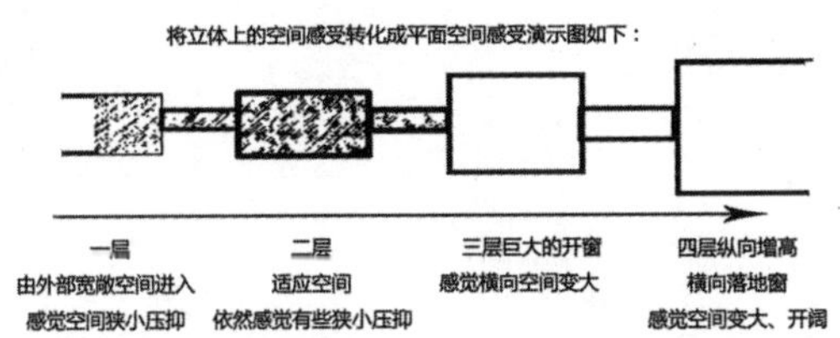

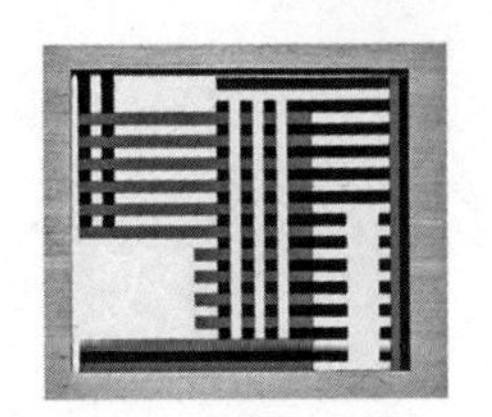

图 8-16　经典作品分析 设计：王欣、李雪飞、卢薪升、钱笑天（风园 2013 级），张亮亮（建筑 2013 级）

设计构思从经典作品中汲取产生。在设计说明中写道："接近自然，使人放松，规则宁静却不呆板生硬，在营造过程中认知和感受因组合形式不同而产生空间变化的可能性……我们借鉴了安藤忠雄先生的 4×4 house 和约瑟夫·艾伯斯先生的画作——《向方形致敬》……"

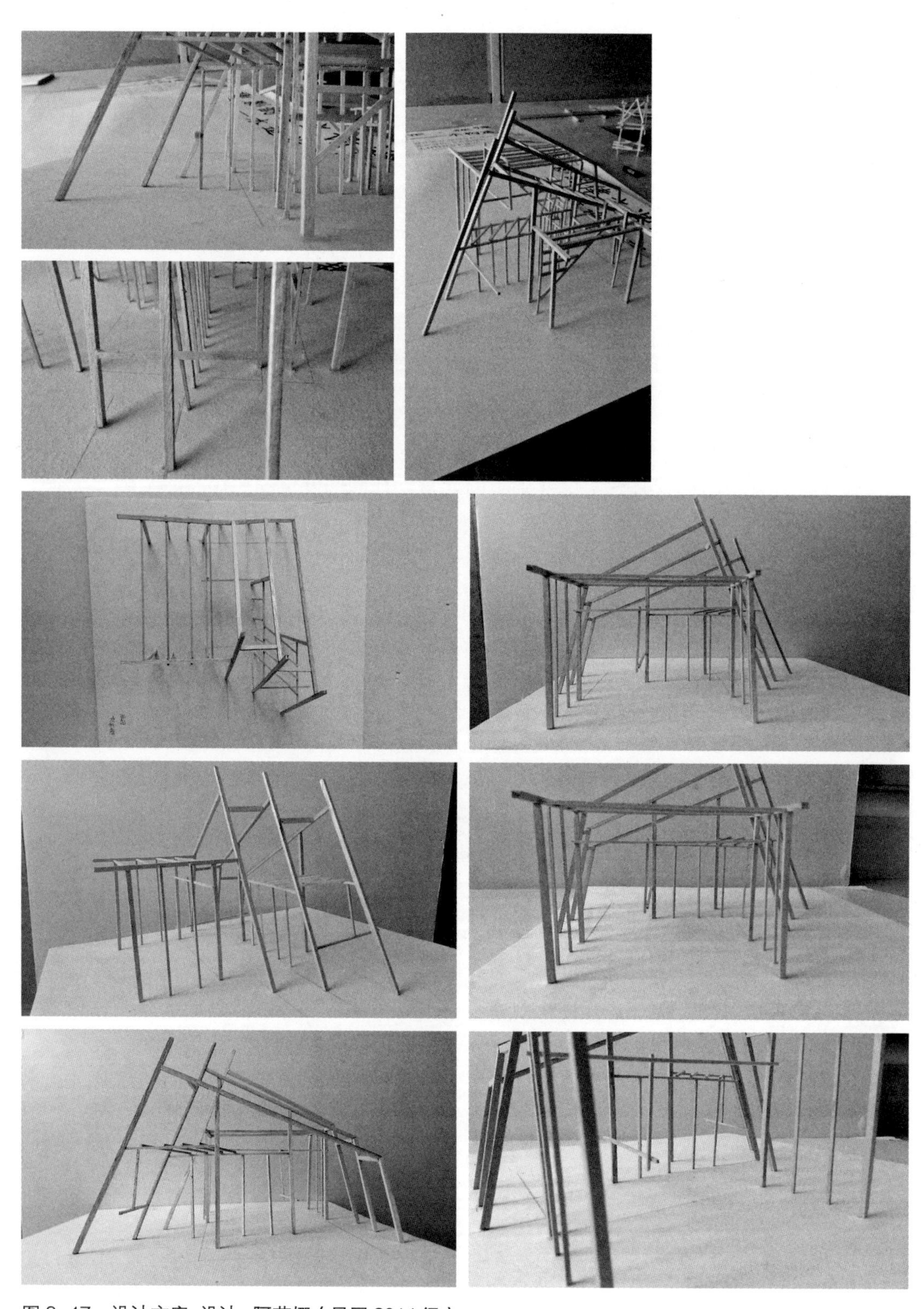

图 8-17 设计方案 设计：阿茹娜（风园 2014 级）

模型用小木头粘接而成。折线和直线混合使用，人字形屋架重复形成一定韵律。方案初期对空间形态考虑较多。

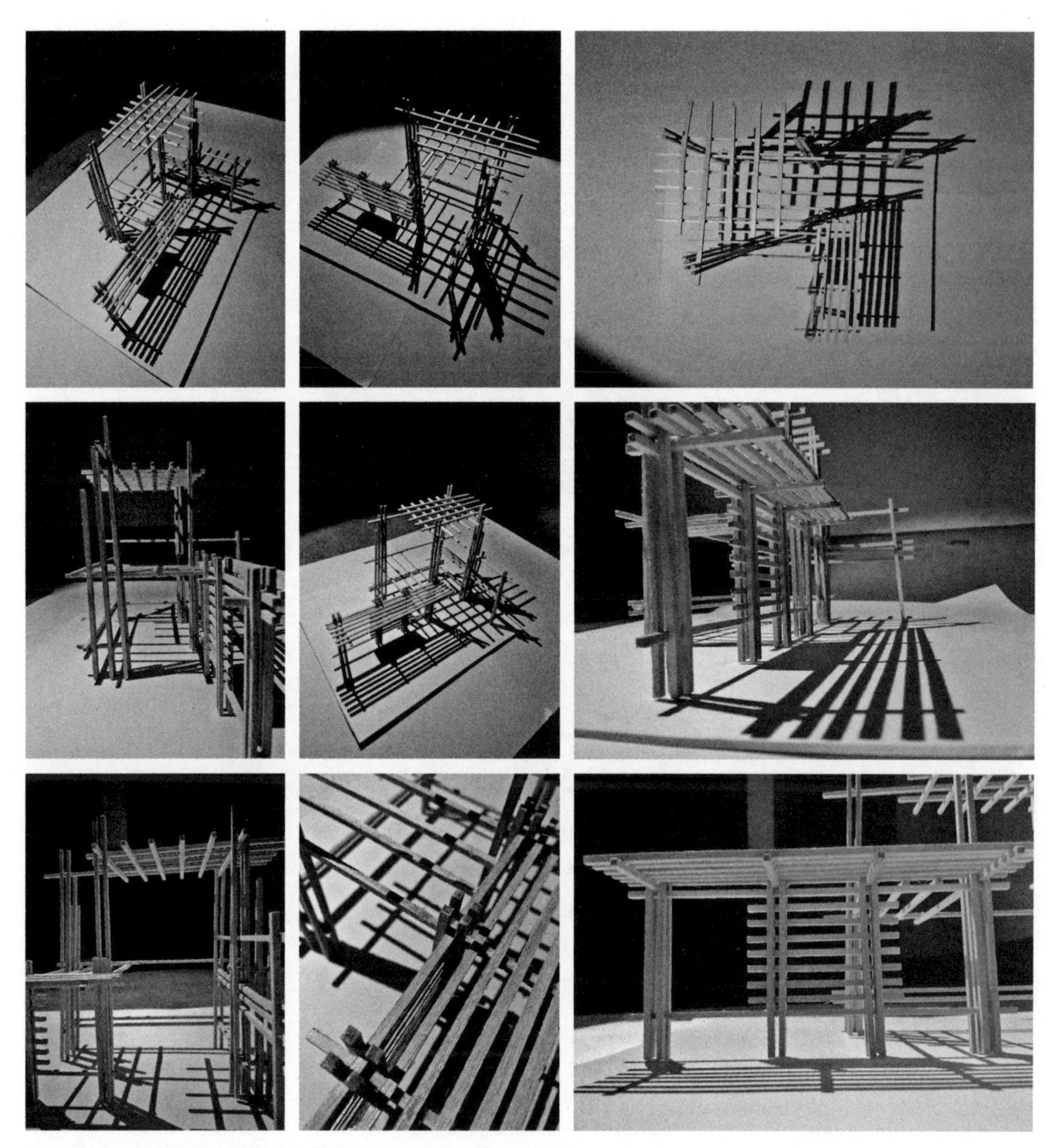

图 8-18　设计方案 设计：谢静萍（风园 2014 级）

模型的形式感强。通过木架构件的重复，强调出作品中的面要素，处理手法上开始有所尝试。

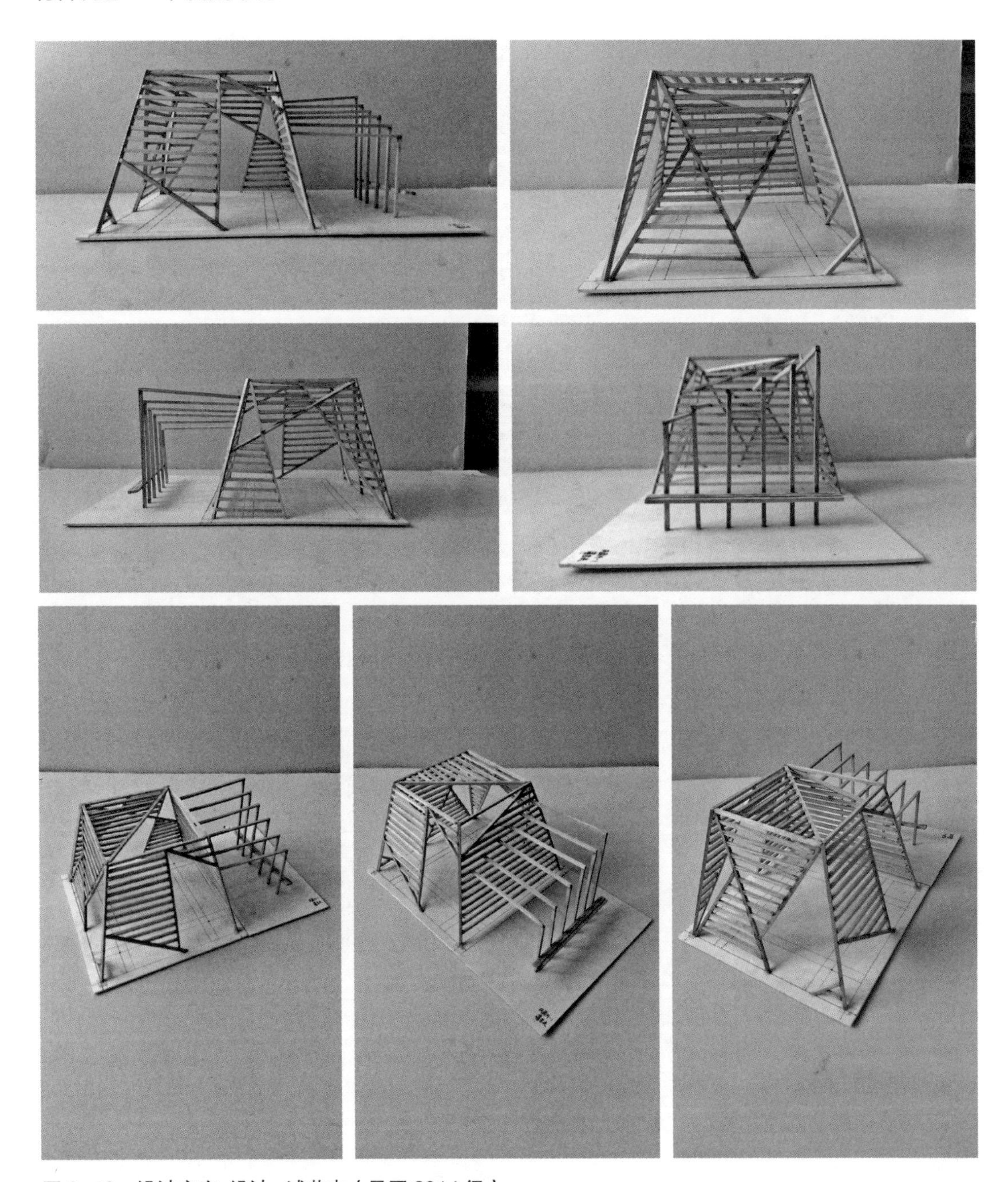

图 8-19　设计方案 设计：浦艺夫（风园 2014 级）

设计的特点是通过木架的变化，试图尝试不同的面的处理手法。整个体量一侧的几个构件，增加了空间的活跃度。

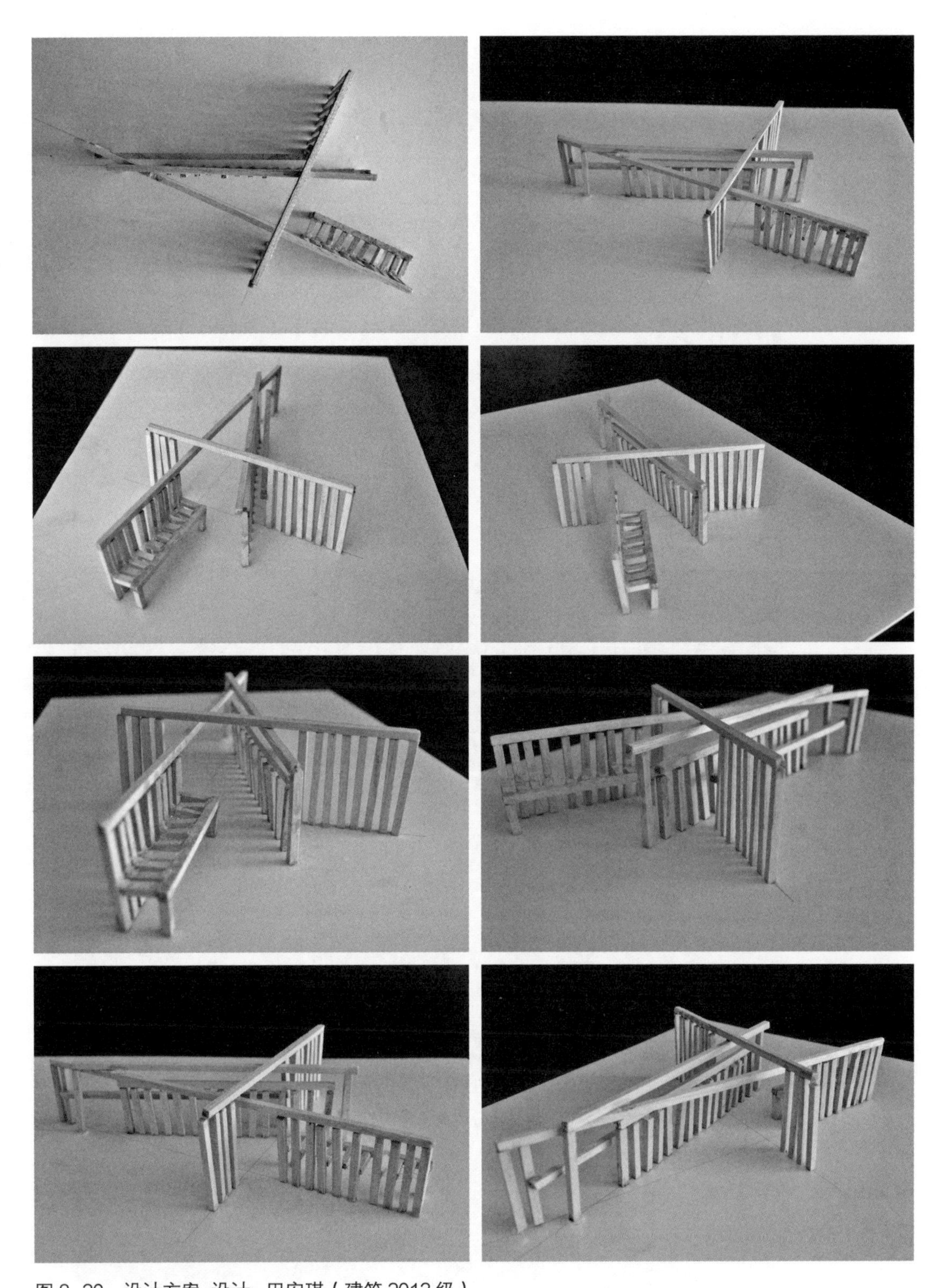

图 8-20　设计方案 设计：田安琪（建筑 2013 级）

设计吸收了京都名画廊的空间特点。简洁的三角形构图、垂直木条墙面、线性空间成为方案的主要特点。

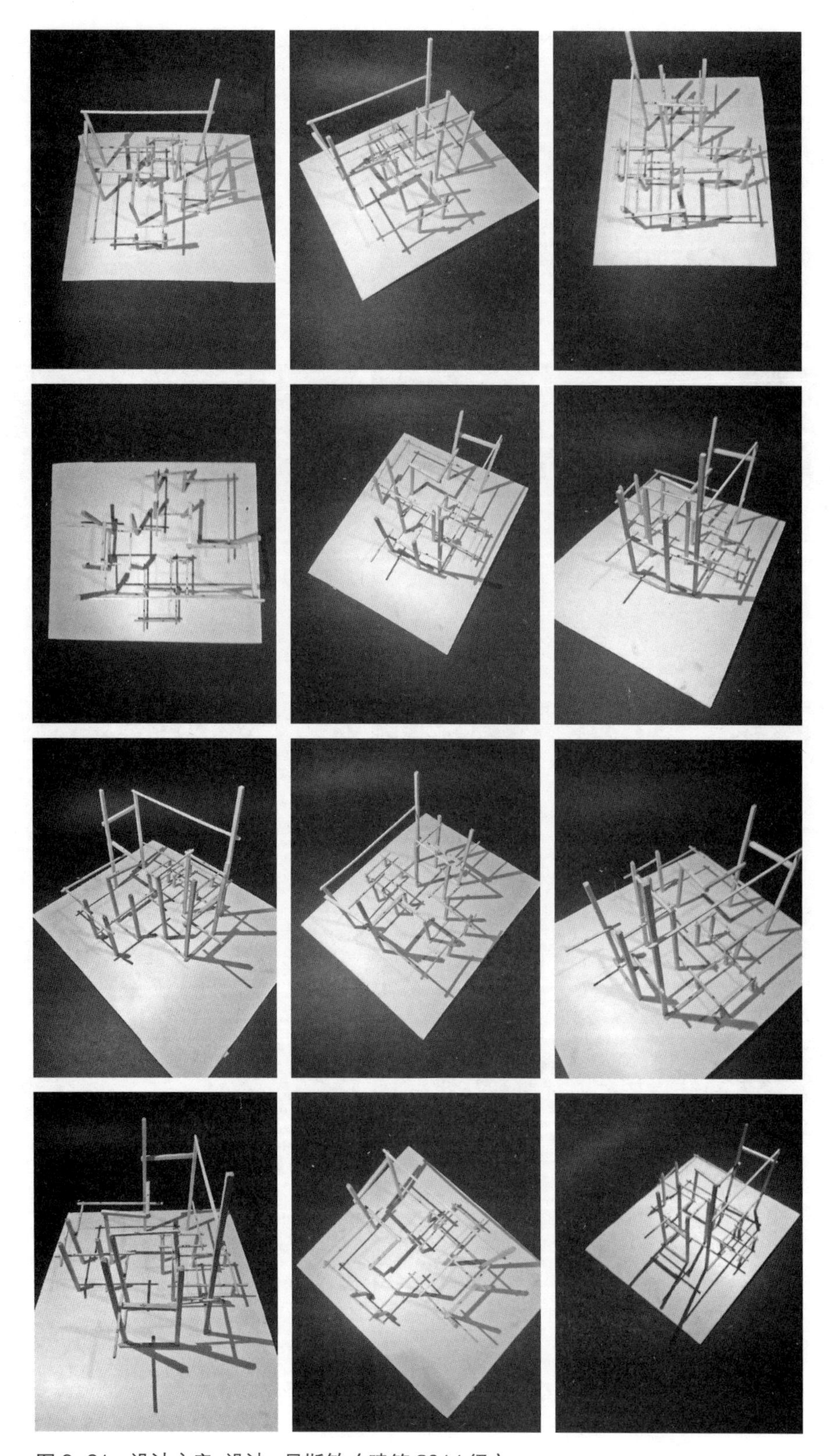

图 8-21　设计方案 设计：吴斯敏（建筑 2014 级）

以木条构成方形为母题，不断分解和生长，在高度上也有所变化，丰富了空间形态。

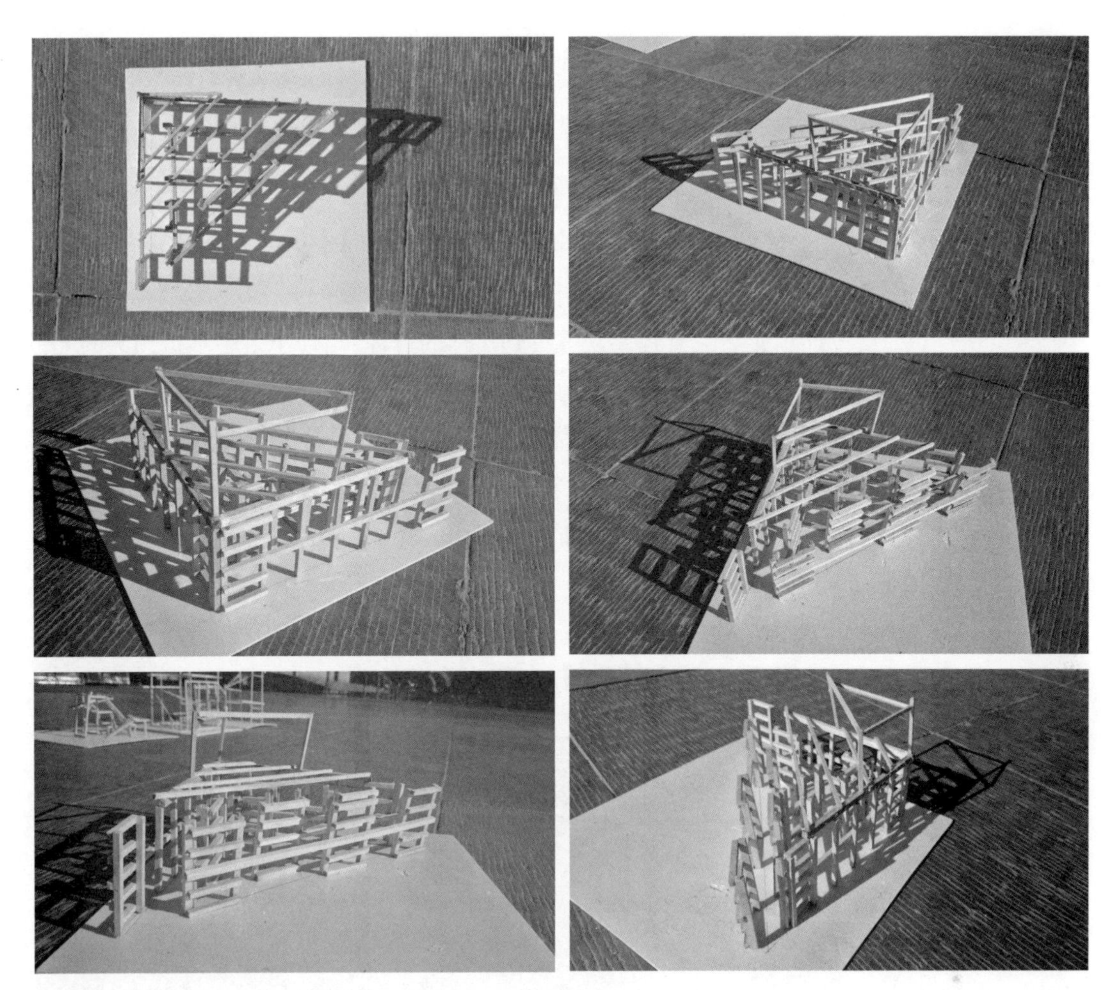

图8-22　设计方案 设计：叶文杰（建筑2014级）

设计以三角形为设计基础，三角构件之间构成稳定的空间形态。此外，光影变化为方案增添了活力。

8.6　似亭非屋

1. 题目解读

木造整个过程，是在了解材料性质与连接方式，结合经典作品的空间特征，将原本材料与模型材料同一的木杆件,进行设计组合的过程。除了设计要素之外，能实际把方案建造出来是考虑的重点内容。

从方案——模型——建造的整个过程，依托着“似亭非屋”的题目展开。亭是一种供人小憩赏景的小品建筑，多见于园林景观之中。亭一般具有开敞性结构，造型优美，形象生动活泼。其空间通透，内外交融，融入园林环境中，在空间上体现有限空间的无限性。屋就是一种空间相对明确供人使用的，有一定功能性的建筑。“似亭非屋”实际上是吸收了两者的特点，追求空间的流动性与灵活性，同时又有一定的功能。

2. 设计意义

“似亭非屋”的木造设计过程，需要 4 ~ 7 名同学共同完成，其意义有三：

（1）多方案比较的过程。方案发展中，与同组同学之间的比较，互相之间的交流，激发探究问题的动力，促进学习的热情。

（2）从设计到建造的过程。从方案到实际的过程，出现了太多不可预测的“意外”，多杆件的交接问题、杆件受力失稳问题、实施安装先后问题、恶劣天气挑战问题，诸多问题的出现与解决，体会到了建造中的乐趣。

（3）合作团队的过程。整个过程是一个“伟大”工程，尤其在建造中，多个人的齐心协力才能使工作顺利完成，体现出了合作的重要性。

3. 设计实例

图 8-23 展现了建造的一个结果。设计者从草模到实体模型，经过设计的不断深化，在共同合作下完成了设计作品。

图 8-23　木造模型 设计：相杨 王诗阳 王晓飞 骆璐遥 吴兴烨 张屹然（建筑 2013 级）

设计构思汲取了艾森曼的住宅 III 的空间特征，将空间中的寻味性和视觉体验结合一体。过程模型的推敲，逐步理清了方案生成过程。节点的分析与试作，为建造实施提供了修正。

在实施过程中，遇到了诸多问题。真实材料本身的尺寸误差，杆件偏转带来的节点难题、设计与加工过程的配合等等。通过设计中的不断完善，真实体会到不同尺度模型的实施差异性。

8.7　作品呈现

图 8-24 至图 8-32 为木造的学生作业实例。这些实例并不都是优秀作业，但各具特色，辅以点评分析，以释内涵。

图 8-24　构筑小品 设计：盖以楠 韩佳喧 黄秋实等（建筑 2012 级）

教师点评：构筑小品以相同界面的木枋，经过榫卯将木枋连接而成。形态以“L”形为主，考虑了木枋的受力、稳定等因素。

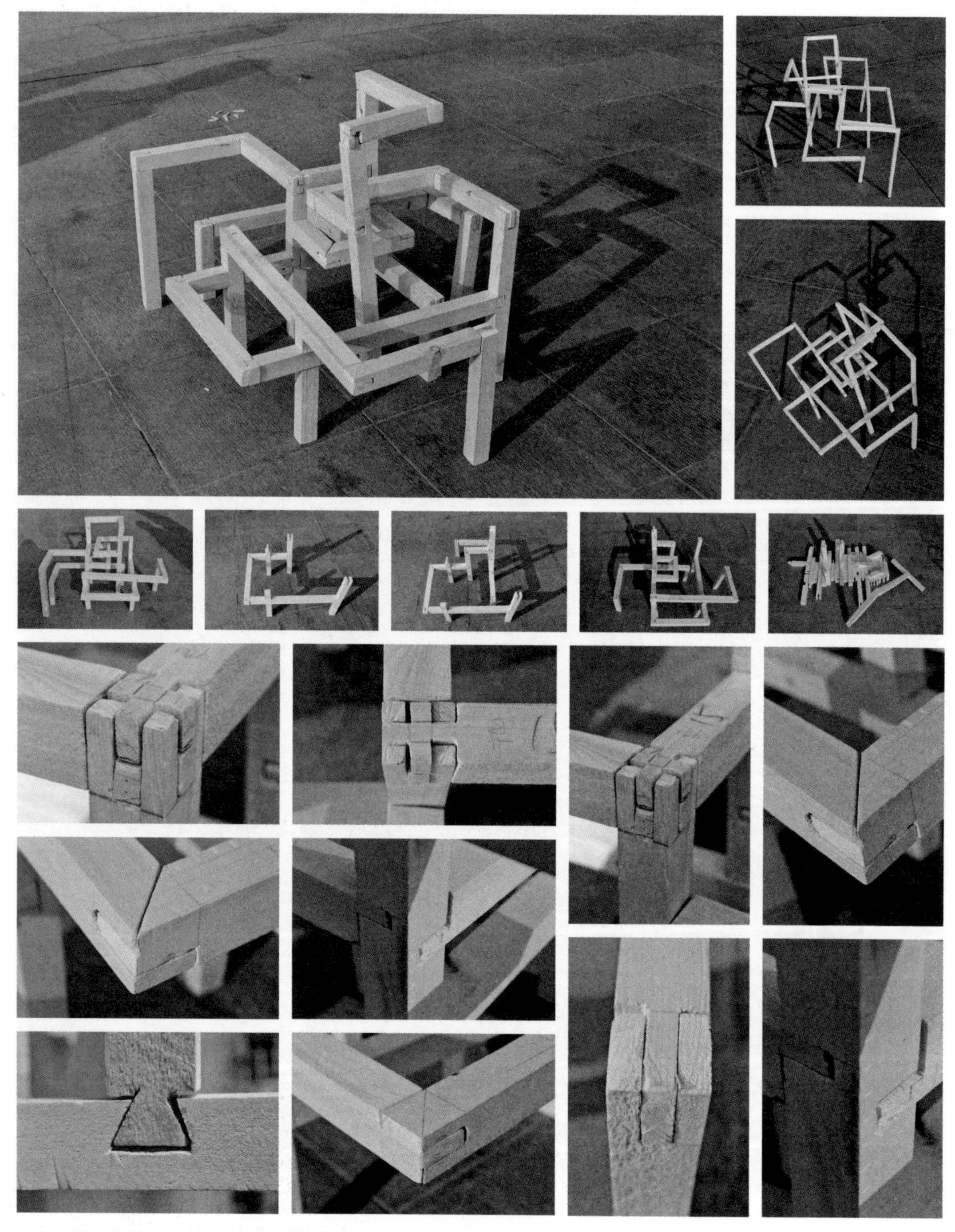

图 8-25　构筑小品 设计：蔡周等（建筑 2012 级）

教师点评：设计按照任务要求，将木枋组合成型。设计重点考虑了不同杆件之间的节点连接方式，对节点做了细致的设计与制作。

图 8-26 构筑小品 设计：林志云、张希、贺宇豪等（建筑 2012 级）

教师点评：设计考虑了木枋形态，形成了一定的韵律感，并设置了相应的取景框。节点采用榫卯连接。

图 8-27　木造模型 设计：黎洋、马格文心、游奕琦、曾程、韩雨晴、刘雅然、张亮亮、赵舒雅等（建筑 2013 级）

教师点评：设计以满足穿行、休憩等人的行为为着眼点，以 30X30 截面尺寸的木枋作为承重框架，10X10 截面尺寸的木枋起到围合作用。受力逻辑清楚，节点制作精致。细木枋整齐排列，起到了面的作用，并且为设计增加了变化的光影效果。

图8-28 木造模型 设计：叶文杰、杨兴正、刘伯文、贺润、吴佳依、吴思敏（建筑2014级）

教师点评：设计以方形为主体塑造空间，在整体立方体空间中，通过相应的数学比例关系，进一步划分内部，并且形成了在不同高度的水平面满足人站、坐、倚等行为。

图 8-29　木造模型 设计：郭梦真、王鲁托、丹增罗布、李科权等（建筑 2015 级）

教师点评：方案以大小几个不同的正立方体作为主体框架，通过细杆件的连接形成相应的面，丰富视觉感受，尤其是斜向杆件的连接形成了曲面，增加了空间层次感。

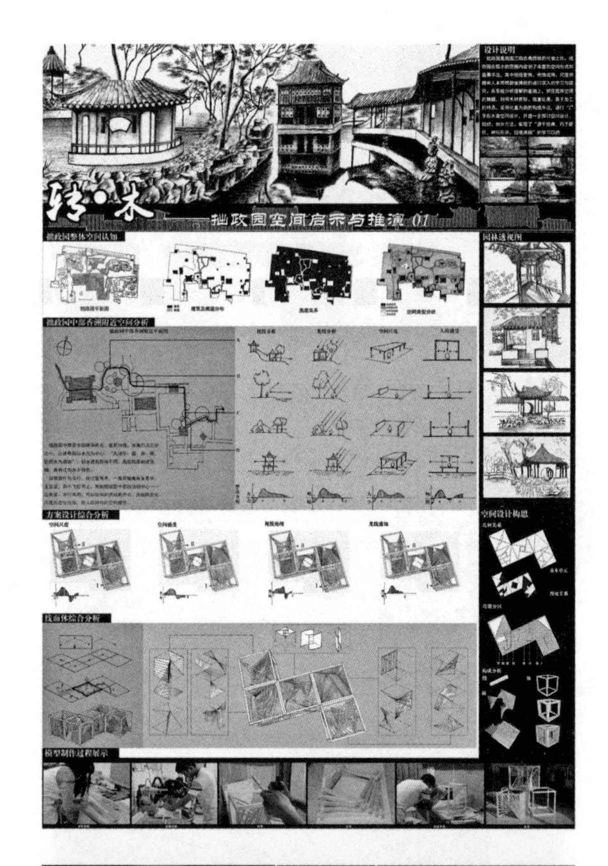

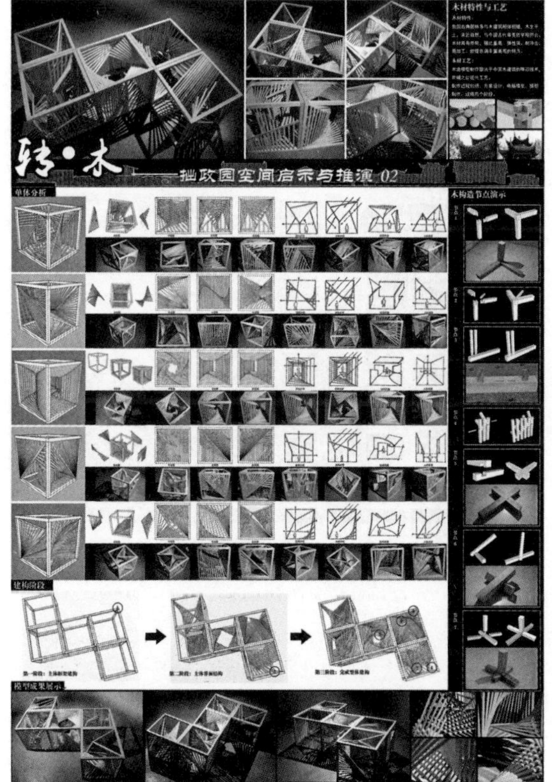

图 8-30 木造设计图纸表达 指导教师：蒋玲、靳铭宇、学生：孙艺畅、蔡晨、翁宇、李民、黄俊凯（建筑 2013 级）

教师点评：小组成员在对拙政园进行系统分析理解的基础上，抓住园林空间的精髓，利用木材质轻、强重比高、易于加工的特点，采用化直为曲的构成手法，进行了“Z”字形木造空间设计，并进一步探讨空间设计、组织、划分方法。

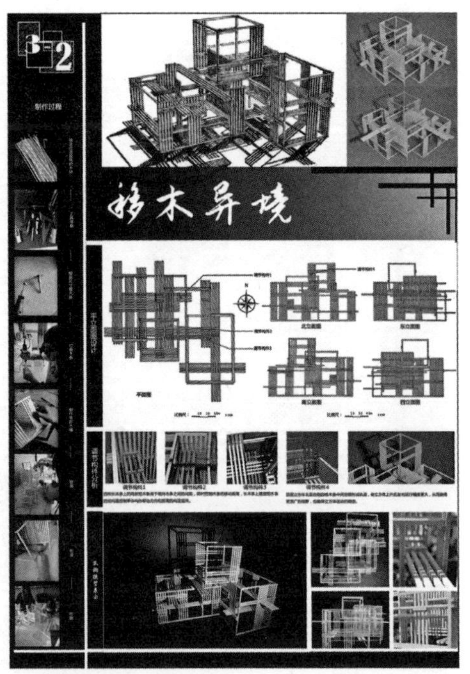

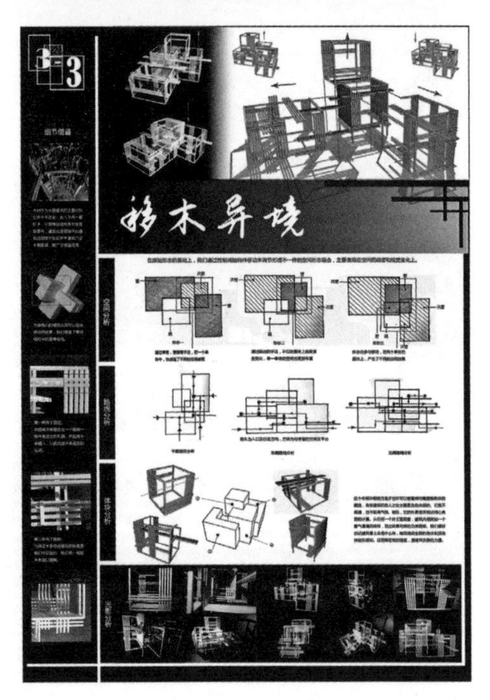

图 8-31　木造设计图纸表达 指导教师：彭历、秦珂，学生：王欣、李雪飞、卢薪升、钱笑天（风园 2013 级），张亮亮（建筑 2013 级）

教师点评：设计以对木构建筑及木构装置营造的研究为基础，结合安腾忠雄 4×4 小屋这一案例分析进行了独具创新的可移动木构空间设计及建造。作品以 4 根木枋为基本建构单位，通过结合真实建筑案例进行创作，对空间塑造、组合和变化、光影控制、构造工艺、节点处理有很好的体现，巧妙地设计了精确控制木构单体移动的调节构件，使建造的木构空间可以产生丰富有趣的变化，深化了对空间营造的理解。

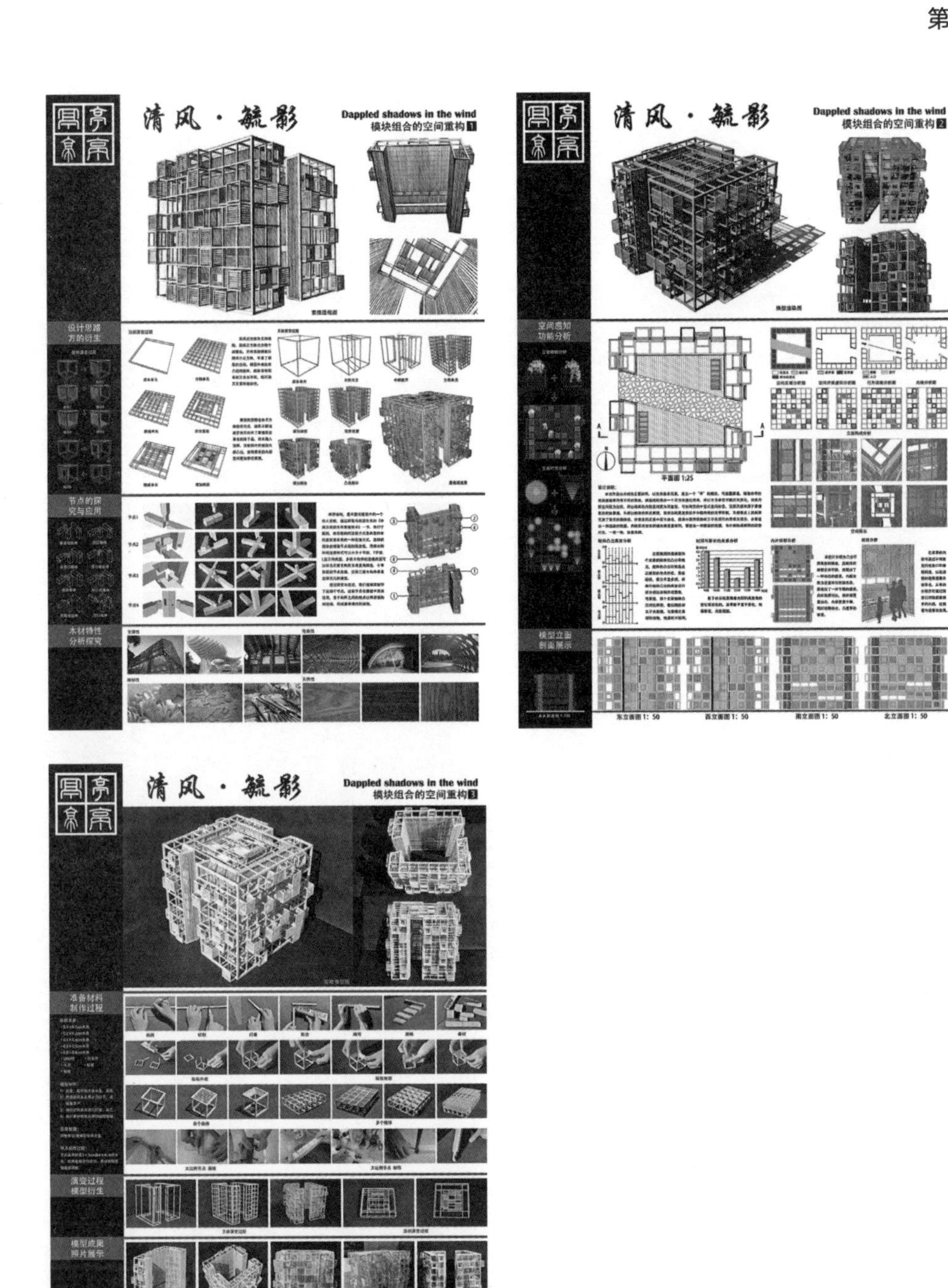

图 8-32　木造设计图纸表达　指导教师：安平，学生：李响、彭思琪、翁亚妮（规划 2013 级）

教师点评：本作品以木材为主要材料，以方为基本元素，建立一个“亭”的概念。可放置藤蔓，整座亭随着四季的变换而有不同景致。因其内部空间较为封闭，所以将其内部空间设计成开放性、可利用性的中空式空间形态。外部以“舱体”的形式展现，其突出的高度类似于中国传统的活字印刷，使表皮上的舱体充满了音乐的韵律感。顶部灵感来源于蒙德里安的抽象画。内外部形成疏密对比，一张一弛，独显风韵。

第9章 不止五造

五造的学习，五种材料依次出现分别应用，通过每种材料的性质、加工认识其中指代的意义。但应该清楚地知道，实际可以用发掘和认知的材料并不只有这五种，这五种材料也并不是所有材料的指代，学习和认知这五种材料，只是试图探寻出材料认知的角度，从材料的操作到设计的操作之间寻找之间联系的桥梁。

如何将五造所培养的能力综合运用到学习之中，我们在一些方面作了有益探索。一方面，参加学科竞赛，将所学知识举一反三，创新应用。另一方面，课程中设置综合环节，要求学生运用所学内容构建相应知识体系。

五造能力对学生学习能力的培养有着潜移默化的作用，从近年来参加学科竞赛中可有所体现。从全校范围举办的模型设计与制作大赛中可以看出，在以五造为依托的教学组织之后，模型大赛中涌现出的作品反映出学生的意识转变，从单纯的模仿制造到思考不同材质在设计中的综合运用。模型大赛主要有两个主要内容，其一是经典建筑作品的分析与模型制作，另一个是自己设计作品的模型制作与表达。下面内容以我校模型大赛中获奖作品福建土楼再造为例进行分析。

9.1　认知土楼

土楼是世界独一无二的民居形式，是中国传统民居的瑰宝（图 9-1）。土楼分布在福建、江西、广东三省的客家地区，其中分布最广、数量最多、品质最丰富、保存最完整的是福建土楼。2008 年永定土楼被列入世界遗产名录。

土楼产生于宋元时期，明末清初达到成熟。土楼的产生与北方居民南迁相关联，为了防御和宗族发展，形成了特有的对外封闭对内开敞的建筑形态。土楼形态多样，常见的有圆形、方形、长方形、府第式、五凤楼等形式。

之所以选择福建土楼作为再造对象，主要是由于土楼作为居住形态建筑具有别具一格的特点。①土楼具有完备的防御功能。其外墙厚达 1 ~ 2m，且一二层不对外开窗，形成坚不可摧的堡垒。②土楼具有良好的居住功能。土楼内部按层布置功能，贮藏、厨房、居住由低至高布置，清晰明确。聚族而居的土楼构成了具有生活内涵的小社会。③土楼具有适宜的生态环境。土楼冬暖夏凉，就地取材，是理想的绿色生态建筑。④土楼具有良好的抗震效果。外墙由土、石拌合而成，用夹板夯筑而成，内部采用传统中国木结构，具有天然抗震能力。⑤土楼具有复合材料的综合应用。土楼用材以当地材料为主，将土、木、石、竹等材料综合运用，是材料与建造完美结合的典范。

图 9-1　土楼

9.2 制作分解

模型制作以福建土楼代表作——集庆楼为原型。集庆楼位于永定县下洋镇初溪村北面溪边，建于明永乐年间，距今近六百年的历史，是永定现存圆楼中年代久远、结构特殊的一座。

集庆楼由两个圆环型楼组成，中间天井处有祖堂，外层楼高共有四层。该楼中轴线自北而南依次为门坪、楼门、门厅、天井、内环及内外环通道、天井、祖堂、后院。从功能上看，该楼底层为厨房，二三层为储物之用，四层为卧室。该楼外环直径达 66m。底层 53 开间，二层以上每层 56 开间。底层墙厚 1.6m，无石砌墙基。内环与外环以天井相连，内环为单层，26 个开间，设饭厅和杂物间。集庆楼内部分割上有自己独特之处，除底层采取内通廊式，其余各层采取了单元式的布局，使居住于此楼的人们能有一个相对独立的生活环境。内部结构连接采用中国传统榫卯结构，成为其独特的结构形式。天井内部为祖院。方形，单层，土木结构，与位于后向的厅堂、厅前两侧的回廊和正面的回廊围合而成，正面的门正对楼门。

通过对资料的分析，可以清楚地看到土楼的内部空间尺度变化。经过图纸与电脑模型的辅助，同学们把该楼分成了几个部分。首先将其分解成了外墙、屋面、主体部分和祖院四大部分。因为呈圆形，主体部分又分成了相等的四块。每个部分又由若干间和山墙组成。祖院为单层建筑，单独制作。为了表述清楚内部结构情况，模型制作采取可拼接方式，便于展示。此外，建筑周围环境需要一定抽象表达。

材料选择上，综合五造的材质特点。其中，木质材料作为主要的使用材料，石膏作为外墙的主要材料，聚苯作为石膏模具的主材，纸质材料和铁丝作为细节材料处理（图 9-2）。

9.3 内部结构

内部主体结构主要是以单元式的划分为主要特征。设计小组简化原集庆楼的建筑内部空间，以 8 个开间为一个制作单元，共分为 4 个单元拼接成整个建筑。每个单元从下至上分为四层，共计 32 个开间。除顶层外，每个开间分为两个山墙面，一个地面，一个立面，顶面借用了上层地面。顶层采用人字形山墙面与屋顶相接。每个单元配备 1 部楼梯连通上下。为了表达木质结构特点，采用短枝木棍制作结构，在结构上拼接面层的做法。由于呈扇形平面，每个部件制作和拼接要求有一定的精准度（图 9-3）。

图 9-2　模型的主要用材

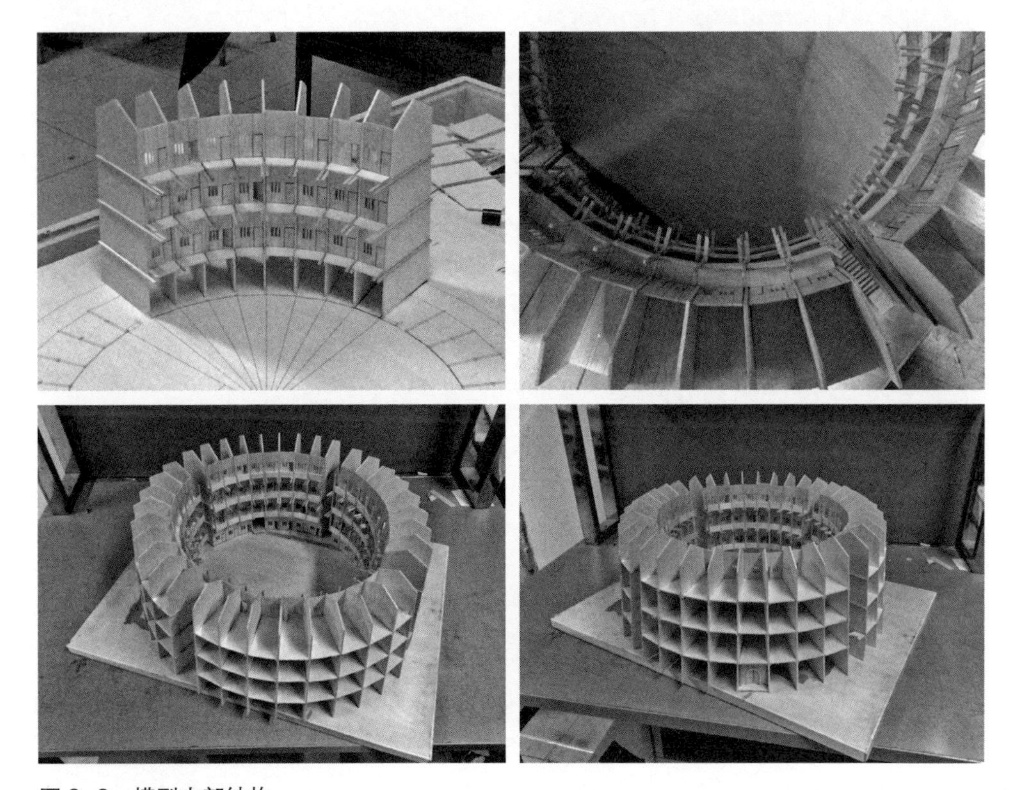

图 9-3　模型内部结构

9.4 外部墙体

外部墙体为一面曲形墙体，并且有一定洞口。采用石膏这种材料正好可准确表达出形态特点，石膏在这里指代了土夯实墙（图 9-4）。制作石膏模具时，对模具材料进行了比较。使用卡板材质制作，优点是易于制作，但在重力作用下模具易发生变形，因此没有被采用。经过比较，选用了聚苯作为模具制作材料，聚苯这种材料有一定的强度，能较好抵制石膏灌注时的冲击力量。经过前期学习，基本掌握了聚苯材料的加工方法。为了表现外墙的尺度，模具分成四层进行拼接制作。

9.5 其他表达

屋顶和内院采用木质材料表达。屋顶采用 68 片薄木片制成。屋顶部分有 2 块镂空，以展示屋顶与内部结构（图 9-5）。内院主要表达祖屋和内环部分，主要采用木质材料拼接制成（图 9-6）。

完成建筑主体，还需增加细节和环境。细节部分主要增加了两处，这两处都是围绕着内部主体结构增加的。采用短木条增加了内部的屋檐，丰富了内部空间的层次。红色薄纸制作的外部装饰灯笼，正好挂于结构短梁之上，红色和木色的对比增加了空间的活跃度，丰富了作品的观赏性（图 9-7、图 9-8）。

环境部分主要以抽象的形式表达。以纸箱板制作缓坡地形，铁丝配合木屑制作树木。环境的色彩与主体建筑一致，简洁明确，起到了衬托主体建筑的作用。

9.6 成果展示

图 9-9 是最终的成果展示。再建土楼，并不是完全对某一座土楼的复原，而是在理解认识之后的再创作，我们认为这样的再建设计，有其一定的意义：

（1）对经典作品的认知。经典作品的学习主要是认知其精髓之处。通过分析，把设计精华以模型的形式展现出来，可以清楚地体会到建筑的经典之处。

（2）对材料意识的培养。与以往不同的是，本次再建，首要考虑出发点就是材料的呈现，并不是与五造材料所用材料相吻合便是好，主要是从中看到了有意识地去思考材料与空间、建造之间的关系。

（3）对团队合作的强调。该设计模型相当复杂琐碎，曲线形态又增加了难度。模型以全手工的方式顺利完成，足以体现团队合作的重要性。

图 9–4　外部墙体表达

图 9–5　屋顶表达

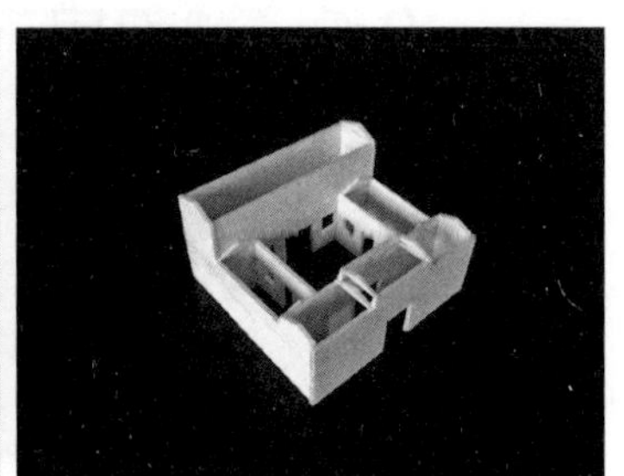

图 9–6　内院和祖屋表达

图 9-7　内部屋檐与灯笼装饰表达

图 9-8　其他细节

图 9-9　成果展示 制作：朱申、贺宇豪、邓一方、王天鹏（建筑 2012 级），张屹然、王威（建筑 2013 级）

9.7　不止五造

下面作业实例为教学阶段设置内容，目的是深化五造所培养的能力，主要由两组作业组成。一组是瓦楞纸实体建造，一组是小型建筑的设计。

1. 瓦楞纸实体建造

该题目为首届北京市建造节的竞赛内容。题目以“举重若轻”为主题，从材料的切割、交接手法、组合样式、叠加的层次等方面入手，以瓦楞纸为主要材料，并辅以其他材料，形成特点鲜明且能够表达主题的空间形式。题目要求关注如下方面：材料性能方面（材料的视觉与触觉效果、物理性质、加工方法、表皮肌理）；结构构造方面（结构稳定性、构造功能性、节点表现性）；建筑物理方面（防雨、防潮、通风、自然光照）；使用功能方面（集体活动时的聚合要求、体验尺寸要求）；空间尺度方面（满足集中活动的站、坐尺度要求）；并有一定的面积控制标准。 该题目为首届北京市建造节的竞赛内容。图 9-10 是我校正式参赛作品，获得一等奖。图 9-11、图 9-12 是其他优秀作品。

图 9-10　瓦楞纸建造 设计：藏恒义、牟鑫、罗宇寒、龚湜、谢恩枫、程帝（建筑 2015 级）

教师点评：设计以三角形为基本构件，在分析瓦楞纸材料组成结构的基础上合理开槽，再通过弯折与穿插形成一个稳定的结构构件。多个构件多方向延展，形成两片相互围绕的墙面，墙面限定了作品的主要使用空间，满足了坐与行的基本活动。设计最大优点在于，结构构造清晰明确，全部穿插形成，可以多次灵活搭建。该作品获得首届北京市建造节比赛一等奖。

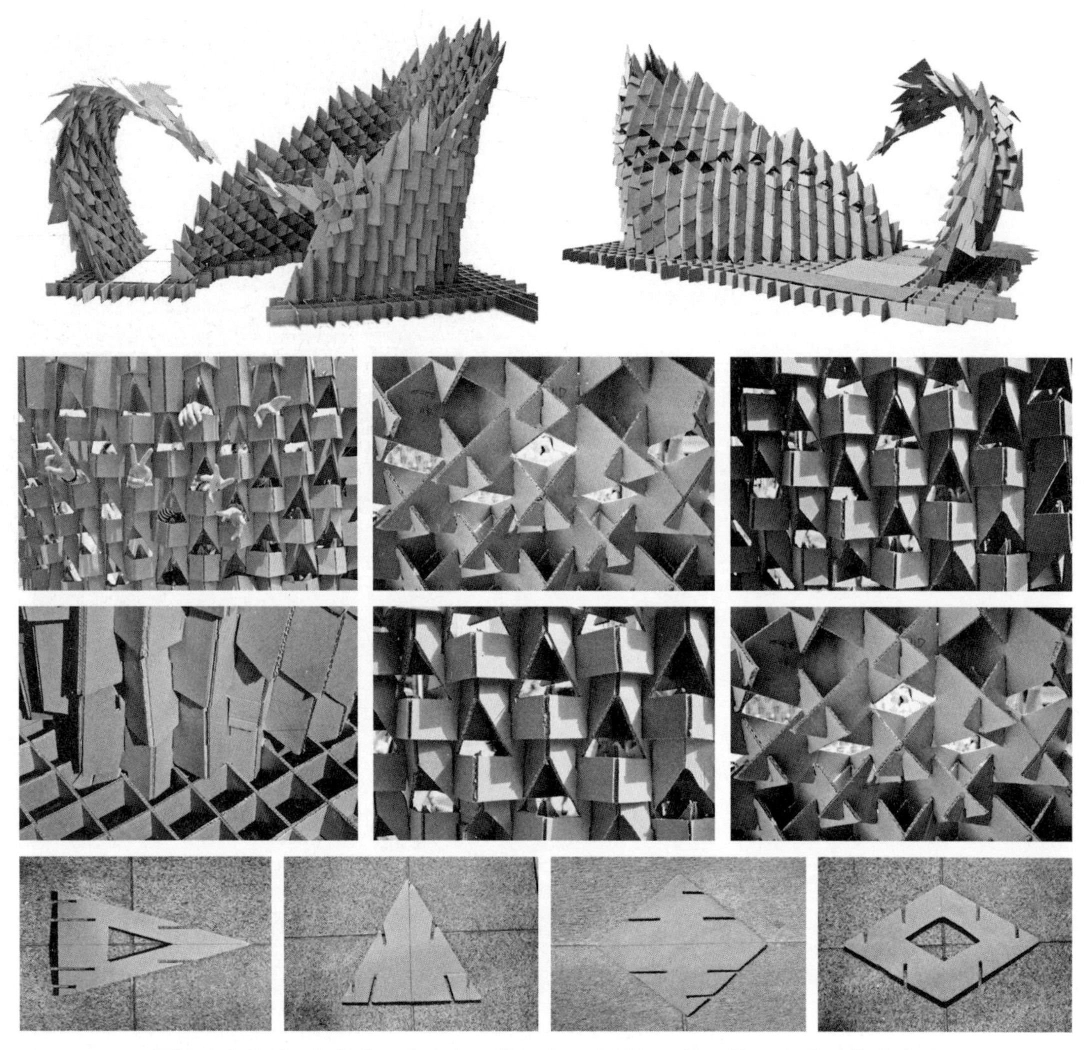

图 9-11　瓦楞纸建造 设计：郭梦真、高宇轩、毕可心、李科权、姚辰伟、李魏琪等（建筑 2015 级）

教师点评：设计题目为“触不可及”。作品以旋转的曲面为主要造型，试图通过瓦楞纸板塑造出曲面形态。在具体构件设计上，采用了三角形与菱形两种构件，通过不同深度的开口，实现曲面不同角度的弯曲。在实际搭建过程中，为了减轻材料自重，上部局部构件在保证承重支撑的前提下，内部进行挖空处理，为作品增加了光影效果。

图 9-12　瓦楞纸建造 设计：刘嘉雯、李智勇、闫旭、金秋彤、任毓瑶、侯雨欣 等（建筑 2015 级）

教师点评：设计构思主要设计连续的曲面并围合成相应的空间。在构件制作上，将瓦楞纸板裁成条状构件，通过条状构件弯折与插接，逐渐形成曲面。构件制作方法明确，成型速度快。但由于瓦楞纸长度限制，条状构件长度方向上依靠螺栓进行铆接，对整体设计的稳固性产生了一定影响。

2. 小型建筑设计

题目要求设计一个小型服务性建筑，满足相应的功能，总建筑面积为 100 ~ 150m^2，层数一层为主。题目以五造成果为基础，引导学生将材料和空间营造与功能组织结合起来。 这个题目有以下四个方面要求：①训练学生的环境意识。学生通过场地实地调研，在限定的地形条件下，从环境分析入手进行功能组织和把握空间构成关系的能力。②训练学生的建筑功能意识。引导学生通过对同类建筑中人的行为调研，理解建筑功能的涵义，并将功能合理布置到建筑中，满足一定的使用需求。③训练学生的空间设计意识。在之前营造训练的基础上，进一步理解和掌握空间组合的基本方法以及与空间关系相对应的形式审美规律。④强化建筑设计辅助及表达训练。学习通过手绘、模型等手段推进设计深化，并掌握方案设计的基本表现方法，包括徒手草图、墨线、模型和渲染等。

图 9-13 至图 9-27 是小型建筑设计成果展示，涉及小型游客中心和校园书吧

图 9-13　游客中心设计 设计：张迪（建筑 2012 级）

教师点评：设计将莫比乌斯环的意向引入到空间设计中，从一层逐渐步升高，直至屋面形成观景平台。围合院落与外部环境有一定的融合。 二层的悬挑应进一步考虑结构的可行性。

两个题目。通过题目的训练，学生们开始将前一阶段所学的知识综合运用到新的内容中，逐渐为转向更深层次设计学习作号前期准备。

图 9-14　游客中心设计 设计：李陈一（建筑 2013 级）

教师点评：设计考虑到地段环境，注意临水的特征。构思以蚌壳获得形态灵感，将大面开窗结合茶室功能面水布置，功能明确。屋面倾斜设置，与二层室外平台构成新的使用空间。

图 9-15　游客中心设计 设计：骆璐遥（建筑 2013 级）

教师点评：设计从几何形体出发，将长方形不断分解，运用减法与平移等手法，并结合内部功能、外部环境确定了方案的最终形态。

图 9-16　游客中心设计 设计：秦思惟（建筑 2013 级）

教师点评：设计以圆形为构思出发点，将圆形打破与平衡，形成了屋面的形态。入口处，将屋面延伸至墙面，对入口空间进行了限定与划分。

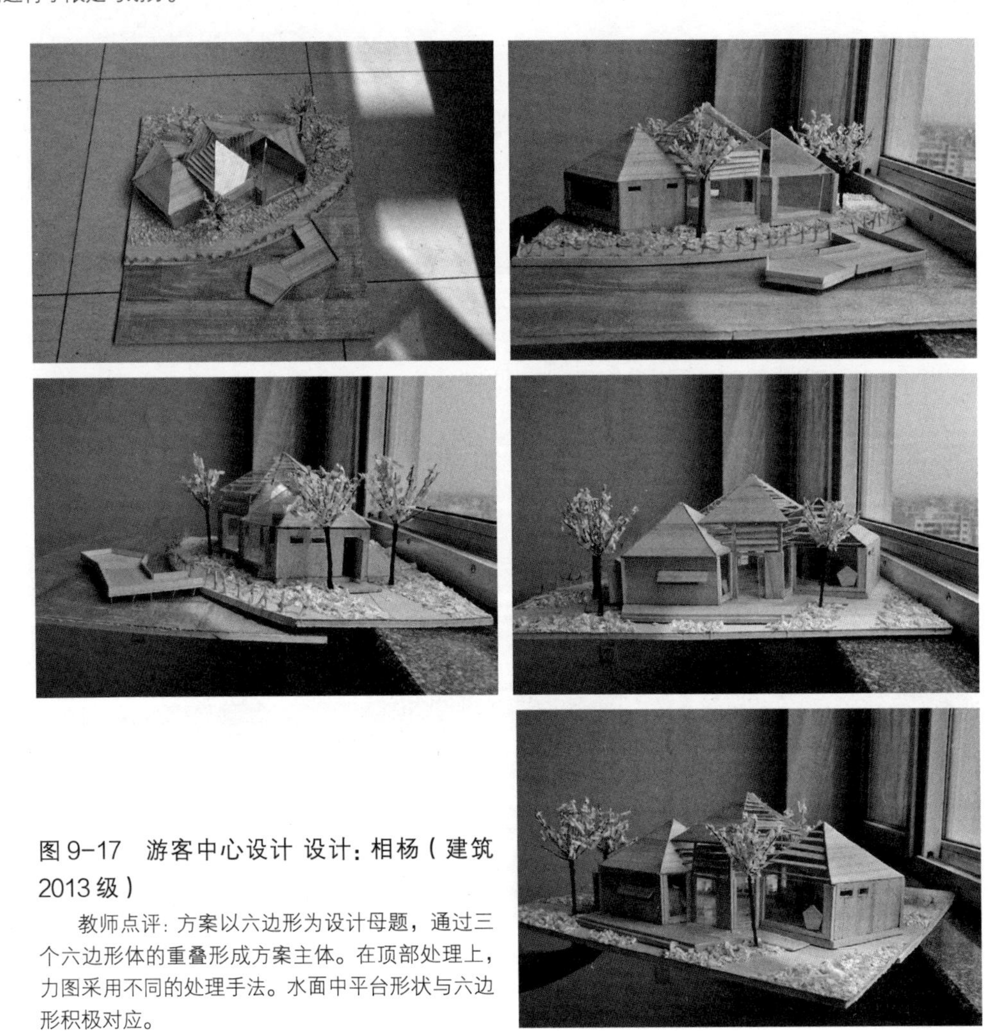

图 9-17　游客中心设计 设计：相杨（建筑 2013 级）

教师点评：方案以六边形为设计母题，通过三个六边形体的重叠形成方案主体。在顶部处理上，力图采用不同的处理手法。水面中平台形状与六边形积极对应。

图 9-18　游客中心设计 设计：游奕琦（建筑 2013 级）

教师点评：设计以远山近水为主题，突出建筑中的屋面设计，从地面到屋面用统一的大坡屋顶进行覆盖，造型有所变化。内部形成的院落，与中国传统建筑空间相吻合。

图 9-19　校园书吧设计 设计：赵冰（建筑 2013 级）

教师点评：校园书吧为校园内用于读书交流的场所。设计采用活泼的曲线造型，与原有环境中规则的长廊形成鲜明对比。

图 9-20　校园书吧设计 设计：顾思明（建筑 2014 级）

教师点评：方案以规则长方体为主要形态，结合功能布局实现不同体量大小的布置。入口处采用树干排列成曲线作为引导，营造了书吧的文化感受。

图 9-21　校园书吧设计 设计：关斓斓（建筑 2014 级）

教师点评：设计从所选地段的人流出发，采用了长方体交叉的空间处理手法，木质平台的引入划定了入口空间。

图 9-22　校园书吧设计 设计：刘雅静（建筑 2014 级）

教师点评：设计以地段已建凉亭出发，形态选择上呼应了原有方形特征，大小不等的方形组合，按照功能合理布局。

图 9-23　校园书吧设计 设计：杜旻玥（建筑 2014 级）

教师点评：构思汲取传统建筑中院落的空间意向，将院落、建筑、墙面结合设计。建筑在色彩设计上，突出了灰白的应用。

图 9-24　校园书吧设计 设计：马俪维（建筑 2014 级）（一）

教师点评：设计以方形体量为主，建筑注重色彩，以纯度较高的三原色赋予建筑和地面，与透明玻璃形成对比，强调了入口空间。

图 9-24　校园书吧设计 设计：马俪维（建筑 2014 级）（二）

教师点评：设计以方形体量为主，建筑注重色彩，以纯度较高的三原色赋予建筑和地面，与透明玻璃形成对比，强调了入口空间。

图 9-25　校园书吧设计 设计：叶文杰（建筑 2014 级）

教师点评：设计从几何形体出发，将方形进行错位布置，屋顶与之呼应，建筑体量之间营造了小院落的入口空间。

图 9-26　校园书吧设计 设计：吴斯敏（建筑 2014 级）

教师点评：设计将一个长方形，沿对角线切开，形成中间院落，并合理布置在所选地段之中。模型对院落中树木、石墙等做了细致的表现。

图 9-27　校园书吧设计 设计：张冉（建筑 2014 级）

教师点评：方案围绕着基地中的树木设计，建筑围绕中心树木形成空间中心，屋顶形态力求虚实变化，与内部空间功能相一致。

后　记 POSTSCRIPT

“五造”教学内容并不是一成不变的，在满足教学要求与技能训练的基础上，形成了丰富多样的训练题目库，与学生的实际需要相匹配，构建了“同源·同理·同步”的教学平台。“五造”教学内容的形成离不开教学团队全体老师的支持，尤其是贾东教授的亲自指导与建设。

还记是在2011年底，学科带头人贾东教授站在学科发展的前瞻高度，综合多年的初步课程教学探索和成果积累，提出整合与提高的延续发展工作。第一，把各年级各专业成熟的可作为基础训练的内容提取；第二，把基础训练的内容重新组合，进一步明确训练目的，增加训练限定；第三，奠定建筑、规划、风景三个本科专业的基础共识。特别要求一年级教学平台的教学组织上，将多年教学成果提取，把偶然性的成果闪现转化为有必然规律的教学过程。第一，始终围绕动手在先，动脑在中，植根素养的实践原则；第二，合理分解，阶段明确，要求具体；第三，把近年来行之有效的教学板块加以有机组合。

再有此想法之后，贾东教授又指导青年教师彭历和研究生，分别进行了石膏造教学内容的图纸绘制和模型试做工作。在取得初步教学成果后，组织系骨干教师进行教学研讨。教学研讨会上，各位教师针对试做成果展开热烈讨论。从成果中，老师们不仅感受到原有教学成果的核心精神，又体会到新的载体对教学内容的极大丰富，备受鼓舞。一场轰轰烈烈的教学试做在建筑系中展开。

参与试做的教师，以教授指导、中青年骨干教师试做为主，综合建筑、规划、风园三个不同专业的学科背景教师。经过多次教学研讨，反复试作题目的基础上，以纸板、石膏、聚苯、木、铁丝为五种材料的“五造”教学体系初具雏形。

2012年秋季学期，在试作准备的坚实基础下，“五造”教学组织得以顺利开展。在团队老师共同的努力下，五造之石膏造在当年的全国高校建筑设计教案和成果评选中获得优秀教案和作业奖，木造在之后一年的全国高校建筑设计教案和成果评选中再次获得优秀教案和作业奖，并在2012年和2016年分别获得北方工业大教育教学成果二等奖。

在此，需要特别感谢担任初步课程全体教师，他们是张勃、蒋玲、彭历、朱虎、秦柯、安沛君、孙帅、李道勇、张晋、安平、靳铭宇、李鑫、康宁、吴正旺、王新征、袁琳、王彪、张娟、王晓博、杨瑞、任雪冰、宋睿、滑歌、赵春喜、薛翊岚、杨爽、罗丹、刘鲁滨、闫明、肖江野、蒋婷、赵尤阳（排名不分先后）。正是这些教师不忘初心，孜孜以求，年复一年的认真工作，教学才取了初步的实践成果。

本书所选教学案例，选自北方工业大学建筑学、城乡规划、风景园林三个专业的2012级至2016级一年级部分学生的课程作业。由于涉及学生和指导教师较多，未能列出所有相关学生和指导教师姓名，在此深表歉意并一致表示感谢。

感谢诸位师长和同事们在本书的写作过程中给予的支持和帮助。

感谢中国建筑工业出版社同仁的大力支持，特别是唐旭、张华老师为本书的出版所做出的辛勤工作。

本书的撰写承蒙北京市人才强教计划——建筑设计教学体系深化研究项目、北方工业大学重点研究计划——传统聚落低碳营造理论研究与工程实践项目、北京市专项——专业建设-建筑学（市级）PXM2014_014212_000039、2014追加专项——促进人才培养综合改革项目—研究生创新平台建设-建筑学（14085-45）、本科生培养-教学改革立项与研究（市级）-以实践创新能力培养为核心的建筑学类本科设计课程群建设与人才培养模式研究（PXM2015_014212_000029）、北方工业大学校内专项——城镇化背景下的传统营造模式与现代营造技术综合研究的资助，特此致谢。